网站开发案例课堂

PHP 7 动态网站开发案例课堂
(第 2 版)

刘春茂　编著

清华大学出版社

北　京

内 容 简 介

本书以零基础讲解为宗旨，用实例引导读者深入学习，采取"基础入门→核心技术→高级技能→项目实战"的讲解模式，深入浅出地讲解 PHP 7 的各项技术及实战技能。

本书第 1 篇"基础入门"主要内容包括我的第一个 PHP 程序、PHP 的基本语法、函数的应用、程序控制结构、字符串、正则表达式；第 2 篇"核心技术"主要内容包括数组、PHP 与 Web 页面交互、管理日期和时间、Cookie 和会话管理、GD 绘图与图像处理、错误处理和异常处理、操作文件与目录、面向对象编程和 PHP 加密技术；第 3 篇"高级技能"主要内容包括 phpMyAdmin 操作 MySQL 数据库、MySQL 数据库与 SQL 查询、使用 MySQLi 操作 MySQL、使用 PDO 操作 MySQL 数据库、PHP 与 XML 技术、PHP 与 Ajax 技术、PHP 与 jQuery 技术、Zend Framework 框架；第 4 篇"项目实战"主要内容包括开发验证码系统、开发个人博客系统、开发用户权限系统、开发社区市场系统。

本书适合任何想学习使用 PHP 7 开发动态网站的人员，无论您是否从事计算机相关行业，无论您是否接触过 PHP 7，通过学习均可快速掌握 PHP 7 开发动态网站的方法和技巧。

图书在版编目(CIP)数据

PHP 7 动态网站开发案例课堂/刘春茂编著. —2 版. —北京：清华大学出版社，2018
(网站开发案例课堂)
ISBN 978-7-302-49097-5

Ⅰ. ①P… Ⅱ. ①刘… Ⅲ. ①PHP 语言—程序设计 Ⅳ. ①TP312.8

中国版本图书馆 CIP 数据核字(2017)第 300298 号

责任编辑：张彦青
装帧设计：李　坤
责任校对：王明明
责任印制：杨　艳
出版发行：清华大学出版社
　　　　　网　　　址：http://www.tup.com.cn, http://www.wqbook.com
　　　　　地　　　址：北京清华大学学研大厦 A 座　　　邮　　　编：100084
　　　　　社 总 机：010-62770175　　　　　　　　　邮　　　购：010-62786544
　　　　　投稿与读者服务：010-62776969, c-service@tup.tsinghua.edu.cn
　　　　　质量反馈：010-62772015, zhiliang@tup.tsinghua.edu.cn
印 装 者：清华大学印刷厂
经　　　销：全国新华书店
开　　　本：190mm×260mm　　　印　张：29.5　　　字　数：717 千字
版　　　次：2016 年 3 月第 1 版　2018 年 2 月第 2 版　印　次：2018 年 2 月第 1 次印刷
印　　　数：1～3000
定　　　价：69.00 元

产品编号：077894-01

前　言

"网站开发案例课堂"系列图书是专门为网页设计和动态网站开发初学者量身定制的一套学习用书。整套书涵盖网页设计、网站开发、数据库设计等方面。整套书具有以下特点。

前沿科技

无论是网站建设、数据库设计还是 HTML 5、CSS 3、JavaScript、PHP，我们都精选较为前沿或者用户群最大的领域推进，帮助大家认识和了解最新动态。

权威的作者团队

组织国家重点实验室和资深应用专家联手编著该套图书，融合丰富的教学经验与优秀的管理理念。

学习型案例设计

以技术的实际应用过程为主线，全程采用图解和同步多媒体结合的教学方式，生动、直观、全面地剖析使用过程中的各种应用技能，降低难度，提升学习效率。

为什么要写这样一本书

PHP 是世界上最为流行的 Web 开发语言之一。目前学习和关注 PHP 的人越来越多，而很多 PHP 的初学者都苦于找不到一本通俗易懂、容易入门和案例实用的参考书。为此，作者组织有丰富经验的开发人员编写了这本书。通过本书的实训，读者可以快速地学会开发动态网站，提高职业化能力，从而帮助解决公司与求职者的双重需求问题。

本书特色

- 零基础、入门级的讲解

无论您是否从事计算机相关行业，无论您是否接触过 PHP 7 动态网站开发，都能从本书中找到最佳起点。

- 超多、实用、专业的范例和项目

本书在编排上紧密结合深入学习 PHP 开发动态网站的先后过程，从 PHP 7 的基本概念开始，带领大家逐步深入地学习各种应用技巧，侧重实战技能，使用简单易懂的实际案例进行分析和操作指导，让读者读起来简明轻松，操作起来有章可循。

- 随时检测自己的学习成果

内容讲解章节最后的"疑难解惑"板块，均根据本章内容精选，从而帮助读者解决自学过程中最常见的疑难问题。

■ 细致入微、贴心提示

本书在讲解过程中，在各章中使用了"注意""提示""技巧"等小贴士，使读者在学习过程中更清楚地了解相关操作、理解相关概念，并轻松掌握各种操作技巧。

■ 专业创作团队和技术支持

您在学习过程中遇到任何问题，可加入 QQ 群(案例课堂 VIP)451102631 进行提问，专家人员会在线答疑。

超值资源大放送

■ 全程同步教学录像

涵盖本书所有知识点，详细讲解每个实例及项目的过程及技术关键点。可以比看书更轻松地掌握书中所有的动态网站开发的知识，而且扩展的讲解部分使您得到比书中更多的收获。

■ 超多容量王牌资源

赠送大量王牌资源，包括本书实例源代码、教学幻灯片、本书精品教学视频、16 个经典项目开发完整源代码、常用 SQL 语句速查手册、MySQLi 函数速查手册、PHP 7 废弃特性速查手册、PHP 7 的新功能速查手册、PHP 常用函数速查手册、PHP 网站开发工程师面试技巧、PHP 网站开发工程师常见面试题、优秀网站开发工程师之路——网站开发经验及技巧大汇总等。读者可以通过 QQ 群(案例课堂 VIP)451102631 获取赠送资源，也可以扫描二维码，下载本书资源。

读者对象

- 没有任何网页设计基础的初学者。
- 有一定的 PHP 7 基础，想精通 PHP 7 动态网站开发的人员。
- 有一定的 PHP 7 网页设计基础，没有项目经验的人员。
- 正在进行毕业设计的学生。
- 大专院校及培训学校的老师和学生。

创作团队

本书由刘春茂编著，参加编写的人员还有刘玉萍、张金伟、蒲娟、周佳、付红、李园、郭广新、侯永岗、王攀登、刘海松、孙若淞、王月娇、包慧利、陈伟光、胡同夫、王伟、展娜娜、李琪、梁云梁和周浩浩。在编写过程中，我们竭尽所能地将最好的讲解呈现给读者，但也难免有疏漏和不妥之处，敬请不吝指正。若您在学习中遇到困难或疑问，或有何建议，可写信至邮箱 357975357@qq.com。

编　者

目　　录

第1篇　基　础　入　门

第 2 篇 核 心 技 术

第 3 篇 高 级 技 能

第 4 篇 项目实战

第1篇

基础入门

第 1 章
揭开 PHP 的神秘面纱
——我的第一个 PHP 程序

在学习 PHP 之前，读者需要了解 PHP 的基本概念、PHP 7 的新特征、配置 PHP 服务器和如何学习 PHP 7 等知识。本章主要讲述 PHP 的入门知识。通过本章的学习，读者将对 PHP 先有一个初步的了解。最后通过一个测试案例，读者可以检查 Web 服务器建构是否成功。

1.1 认识 PHP

PHP 语言与其他语言有什么不同？读者首先需要了解 PHP 的概念和发展历程。

1.1.1 什么是 PHP

PHP 全名为 Personal Home Page，是英文 Hypertext Preprocessor(超级文本预处理语言)的别名。PHP 作为在服务器端执行的嵌入 HTML 文档的脚本语言，其风格类似于 C 语言，被运用于动态网站制作。PHP 借鉴了 C 和 Java 等语言的部分语法，并有自己独特的特性，使 Web 开发者能够快速地编写出动态生成页面的脚本。

对初学者而言，PHP 的优势是可以快速入门。与其他编程语言相比，PHP 是将程序嵌入到 HTML 文档中去执行的，执行效率比完全生成 HTML 标记的方式要高许多。PHP 还可以执行编译后的代码。编译可以起到加密和优化代码运行的作用，使代码运行得更快。另外，PHP 具有非常强大的功能，能实现所有的 CGI 功能，而且支持几乎所有流行的数据库和操作系统。最重要的是，PHP 还可以用 C、C++进行程序扩展。

1.1.2 PHP 的发展历程

在当今诸多 Web 开发语言中，PHP 是比较出众的一种。与其他脚本语言不同，PHP 是经过全世界免费代码开发者共同努力才发展到今天的规模的。要想了解 PHP，首先应该从它的发展历程谈起。

1994 年，Rasmus Lerdorf 首次开发了 PHP 程序设计语言。1995 年 6 月，Rasmus Lerdorf 在 Usenet 新闻组 comp.infosystems.www.authoring.cgi 上发布了 PHP 1.0 声明。这个早期版本提供了访客留言本、访客计数器等简单的功能。

1995 年，第 2 版的 PHP 问市，定名为 PHP/FI(Form Interpreter)。在这一版本中，加入了可以处理更复杂的嵌入式标记语言的解析程序，同时加入了对数据库 MySQL 的支持。自此，奠定了 PHP 在动态网页开发上的影响力。自从 PHP 加入了这些强大的功能以后，它的使用量猛增。据初步统计，在 1996 年年底，有 15000 个 Web 网站使用了 PHP/FI；而在 1997 年中期，这一数字超过了 50000。

PHP 前两个版本的成功，让其设计者和使用者对 PHP 的未来充满信心。1997 年，Zeev Suraski 及 Andi GutmansPHP 加入了开发小组，他们自愿重新编写了底层的解析引擎，又有其他很多人也自愿加入了 PHP 的工作，使得 PHP 成为真正意义上的开源项目。

1998 年 6 月，发布了 PHP 3.0 声明。在这一版本中，PHP 可以跟 Apache 服务器紧密地结合；再加上它不断地更新及加入新的功能，且支持几乎所有主流和非主流数据库，拥有非常高的执行效率，这些优势使 1999 年使用 PHP 的网站超过了 150000。

PHP 经过 3 个版本的演化，已经变成一种非常强大的 Web 开发语言。这种语言非常容易使用，而且它拥有一个强大的类库。类库的命名规则也十分规范。新手就算对一些函数的功能不了解，也可以通过函数名猜测出来。这使得 PHP 十分容易学习，而且 PHP 程序可以直接使用 HTML 编辑器来处理，因此，PHP 变得非常流行。很多大的门户网站都使用了 PHP 作为自己的 Web 开发语言，如新浪网等。

2000 年 5 月，推出了划时代的版本 PHP 4。使用了一种"编译—执行"模式，核心引擎更加优越，提供了更高的性能，而且还包含了其他一些关键功能，比如支持更多的 Web 服务器、HTTP Sessions 支持、输出缓存、更安全地处理用户输入的方法和一些新的语言结构。

2004 年 7 月，PHP 5.0 发布。该版本以 Zend 引擎 II 为引擎，并且加入了新功能如 PHP Data Objects(PDO)。PHP 5.0 版本强化了更多的功能。首先，完全实现面向对象，提供名为 PHP 兼容模式的功能。其次是 XML 功能，PHP 5.0 版本支持可直观地访问 XML 数据、名为 SimpleXML 的 XML 处理界面。同时还强化了 XML Web 服务支持，而且标准支持 SOAP 扩展模块。

PHP 目前的最新版本是 PHP 7，功能更加强大，执行效率更高。本书将针对 PHP 7 版本讲解 PHP 的实用技能。

1.1.3　PHP 语言的优势

PHP 能够迅速发展并得到广大使用者的喜爱，主要原因是 PHP 不仅有一般脚本都具备的功能，而且有其自身的优势，具体特点如下。

(1)　源代码完全开放。所有的 PHP 源代码事实上都可以得到。读者可以通过 Internet 获得所需要的源代码，快速修改和利用。

(2)　完全免费。与其他技术相比，PHP 本身是免费的。使用 PHP 进行 Web 开发无须支付任何费用。

(3)　语法结构简单。PHP 结合了 C 语言和 Perl 语言的特色，编写简单，方便易懂。可以嵌入 HTML 语言中，相对于其他语言编辑简单，实用性强，更适合初学者学习。

(4)　跨平台性强。PHP 是服务器端脚本，可以运行于 UNIX、Linux、Windows 环境下。

(5)　效率高。PHP 消耗非常少的系统资源，并且程序开发快，运行速度快。

(6)　强大的数据库支持。PHP 支持目前所有的主流和非主流数据库，使 PHP 的应用对象非常广泛。

(7)　面向对象。在 PHP 中，面向对象方面有了很大的改进，现在 PHP 完全可以用来开发大型商业程序了。

1.2　PHP 7 的新特征

PHP 7 是 PHP 编程语言的一个主要版本，是开发 Web 应用程序的一次革命，可开发和交付移动企业和云应用。此版本被认为是 PHP 5 后最重要的变化。

和早期版本相比，PHP 7 有以下几个新特点。

1. 标量类型声明

PHP 7 增加了对返回类型声明的支持。返回类型声明指明了函数返回值的类型，可用的类型与参数声明中可用的类型相同。例如以下代码：

```php
<?php
function arraysSum(array ...$arrays): array
{
    return array_map(function(array $array): int {
        return array_sum($array);
    }, $arrays);
}
print_r(arraysSum([1,2,3], [4,5,6], [7,8,9]));
?>
```

以上例子会输出：

```
Array
(
[0] => 6
[1] => 15
[2] => 24
)
```

2. null 合并运算符

新增了 null 合并运算符 "??"，它可以替换三元表达式和 isset()。例如以下代码：

```php
$a = isset($_GET['a']) ? $_GET['a'] : 1;
```

可以用 null 合并运算符替换如下：

```php
$a = $_GET['a'] ?? 1;
```

这两个语句的含义都是：如果变量 a 存在且值不为 NULL，它就会返回自身的值，否则返回它的第二个操作数。可见，新增的??运算符可以简化判断语句。

3. 组合比较符

组合比较符<=>用于比较两个表达式。例如$a<=>$b，表示当$a 大于、等于或小于$b 时它分别返回 1、0 或-1。例如以下代码：

```php
<?php
//整型举例
echo 1 <=> 1;        //输出 0
echo 1 <=> 2;        //输出-1
echo 2 <=> 1;        // 输出 1
// 浮点型举例
echo 5.5 <=> 5.5     //输出 0
echo 5.5 <=> 7.0;    //输出-1
echo 7.0 <=> 5.5;    //输出 1
// 字符串型举例
echo "a" <=> "a";    //输出 0
echo "a" <=> "b";    //输出-1
echo "b" <=> "a";    //输出 1
?>
```

4. 通过 define() 定义常量数组

对于常量数组，可以使用 define()定义，例如以下代码：

```php
<?php
define('PERSON', ['xiaoming', 'xiaoli', 'xiaolan']);
echo PERSON[1]; // 输出 "xiaoli"
?>
```

5. 匿名类

现在支持通过 new class 来实例化一个匿名类，这可以用来替代一些"用后即焚"的完整类定义。

6. 支持 Unicode 字符格式

PHP 7 支持任何有效的 codepoint 编码，输出为 UTF-8 编码格式的字符串。例如以下代码：

```php
<?php
echo "\u{6666}";
?>
```

在 PHP 7 环境下输出为：晦，而在早期版本中则输出为：\u{6666}。

7. 更多的 Error 变为可捕获的 Exception

PHP 7 实现了一个全局的 throwable 接口，原来的 Exception 和部分 Error 都实现了这个接口(interface)，以接口的方式定义了异常的继承结构。于是，PHP 7 中更多的 Error 变为可捕获的 Exception 返回给开发者。如果不进行捕获则为 Error；如果捕获就变为一个可在程序内处理的 Exception。这些可被捕获的 Error 通常都是不会对程序造成致命伤害的 Error，如函数不存在。PHP 7 进一步方便开发者处理，让开发者对程序的掌控能力更强。在默认情况下，Error 会直接导致程序中断，而 PHP 7 则提供捕获并且处理的能力，让程序继续执行下去，为程序员提供更灵活的选择。

例如，执行一个不确定是否存在的函数，PHP 5 兼容的做法是在函数被调用之前追加判断 function_exist，而 PHP 7 则支持捕获 Exception 的处理方式。

8. 性能大幅度提升

PHP 7 较 PHP 5 相比，速度快 2 倍以上。另外，PHP 7 降低内存消耗，优化后 PHP 7 使用较少的资源，比 PHP 5.6 低了 50% 的内存消耗。同时，PHP 7 也支持 64 位架构机器，运算速度更快。PHP 7 可以服务于更多的并发用户，无须任何额外的硬件。

1.3 PHP 服务器概述

在学习 PHP 服务器之前，读者需要了解 HTML 网页的运行原理。网页浏览者在客户端通过浏览器向服务器发出页面请求，服务器接收到请求后将页面返回到客户端的浏览器，这样网页浏览者即可看到页面显示效果。

PHP 语言在 Web 开发中作为嵌入式语言,需要嵌入到 HTML 代码中执行。要想运行 PHP 网站,需要搭建 PHP 服务器。PHP 网站的运行原理如图 1-1 所示。

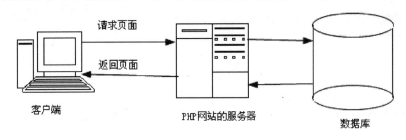

图 1-1　PHP 网站运行原理

从图 1-1 可以看出,PHP 程序运行的基本流程如下。

(1) 网页浏览者首先在浏览器的地址栏中输入要访问的主页地址,按 Enter 键触发该申请。

(2) 浏览器将申请发送到 PHP 网站服务器,而网站服务器根据申请读取数据库中的页面。

(3) 通过 Web 服务器向客户端发送处理结果,客户端的浏览器显示最终页面。

 　　　　由于在客户端显示的只是服务器端处理过的 HTML 代码页面,所以网页浏览者看不到 PHP 代码,这样可以提高代码的安全性。同时,在客户端不需要配置 PHP 环境,只要安装浏览器即可。

1.4　新手的福音——安装 WampServer 集成开发环境

对于刚开始学习 PHP 的程序员,往往为了配置环境而不知所措,为此本节讲述 WampServer 组合包的使用方法。WampServer 组合包是将 Apache、PHP、MySQL 等服务器软件安装配置完成后打包处理。因为其安装简单、速度较快、运行稳定,所以受到广大初学者的青睐。

 　　　　在安装 WampServer 组合包之前,需要确保系统中没有安装 Apache、PHP 和 MySQL。否则,需要先将这些软件卸载,然后才能安装 WampServer 组合包。

安装 WampServer 组合包的具体操作步骤如下。

step 01 到 WampServer 官方网站 http://www.wampserver.com/en/下载 WampServer 的最新安装包 WampServer3.0.6-x32.exe 文件。

step 02 直接双击安装文件,打开选择安装语言界面,如图 1-2 所示。

step 03 单击 OK 按钮,在弹出的对话框中选中 I accept the agreement 单选按钮,如图 1-3 所示。

step 04 单击 Next 按钮,弹出 Information 对话框,在其中可以查看组合包的相关说明信息,如图 1-4 所示。

step 05 单击 Next 按钮,在弹出的对话框中设置安装路径,这里采用默认路径 c:\wamp,如图 1-5 所示。

图 1-2　选择安装语言界面

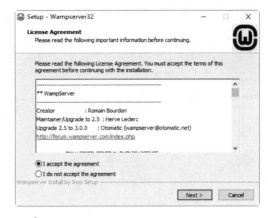

图 1-3　接受许可证协议

图 1-4　信息界面

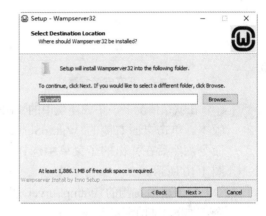

图 1-5　设置安装路径

step 06 单击 Next 按钮，在弹出的对话框中选择开始菜单文件夹，这里采用默认设置，如图 1-6 所示。

step 07 单击 Next 按钮，在弹出的对话框中确认安装的参数后，单击 Install 按钮，如图 1-7 所示。

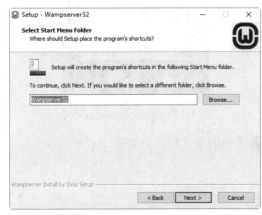

图 1-6　设置开始菜单文件夹

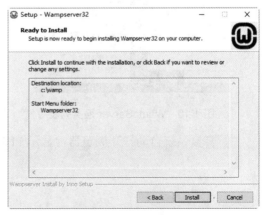

图 1-7　确认安装

step 08 程序开始自动安装，并显示安装进度，如图 1-8 所示。

step 09 安装完成后，进入安装完成界面，单击 Finish 按钮，完成 WampServer 的安装操作，如图 1-9 所示。

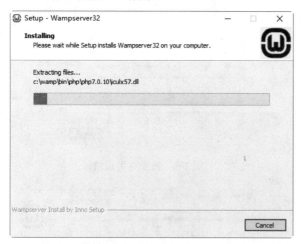

图 1-8　正在安装程序 　　　　　　　　图 1-9　安装完成界面

step 10 在默认情况下，集成环境中的 PHP 版本为 5.6.25，这里需要修改为最新的 PHP 7 版本。单击桌面右侧的 WampServer 服务按钮█，在弹出的下拉菜单中选择 PHP 命令，然后在弹出的子菜单中选择 Version 命令，选择 PHP 的版本为 7.0.10，如图 1-10 所示。

step 11 单击桌面右侧的 WampServer 服务按钮，在弹出的下拉菜单中选择 Localhost 命令，如图 1-11 所示。

图 1-10　WampServer 服务列表 　　　　图 1-11　选择 Localhost 命令

step 12 系统自动打开浏览器，显示 PHP 配置环境的相关信息，如图 1-12 所示。

图 1-12　PHP 配置环境的相关信息

1.5　常用的开发利器

可以编写 PHP 代码的工具很多，常见的有 Dreamweaver、PHPEdit、PHPed 和 FrontPage 等，甚至用 Word 和记事本等常用工具也可以书写 PHP 源代码。

1.5.1　PHP 代码开发工具

常见的 PHP 代码开发工具如下。

1. PHPEdit

PHPEdit 是一款 Windows 下优秀的 PHP 脚本 IDE(集成开发环境)。它为快速、便捷地开发 PHP 脚本提供了多种工具，功能包括：语法关键词高亮；代码提示、浏览；集成 PHP 调试工具；帮助生成器；自定义快捷方式；150 多个脚本命令；键盘模板；报告生成器；快速标记和插件等。

2. gPHPedit

gPHPedit 是在 Linux 下十分流行的免费的 PHP 编辑器，小巧而功能强大。它是以 Linux 下的 gedit 文本编辑器为基础，专门设计用于编辑 PHP 和 HTML 的编辑器，可以突出显示 PHP、HTML、CSS 和 SQL 语句。在编写代码的过程中能够提供函数列表参考、函数参数参考，可以搜索和检测编程语法等。总之，这是一款完全免费的优秀 PHP 编辑器。

3. phpDesigner

phpDesigner 是一款功能强大的、运行高效的、优秀的 PHP 编辑平台，是结合 PHP、XHTML、JavaScript、CSS 等技术的综合 Web 应用开发平台。它能够自动捕获代码文件中的 class、function、variables 等编程元素，并加以整理，在编程过程中给予提示。除此以外，它还兼容了各种流行的类库和框架，可以协同工作，如 JavaScript 的 jQuery 库、YUI 库、prototype 库等，此外还有 PHP 流行的 zend 框架、symfony 框架、cakephp 框架、yii 框架等。另外，它还拥有 xdebug、svn 版本管理等工具。可以说，phpDesigner 是独立于 Eclipse 之外的，集 PHP 开发需求之大成的又一款优秀的平台。

4. Zend Studio

Zend Studio 是由 Zend 科技开发的一个针对 PHP 的全面的开发平台。这个 IDE 融合了 Zend Server 和 Zend 框架，并且融合了 Eclipse 开发环境。Eclipse 是最早用于 Java 的 IDE 环境，但是由于其优良的特性和对 PHP 的支持，已经成为很有影响力的 PHP 开发工具。Eclipse PHP 拥有支持 Windows、Linux 和 Mac 系统的软件包，可以说是十分全面的，拥有比较完备的体系，但它是一个收费的工具。

1.5.2 网页设计工具

Dreamweaver 是网页制作三剑客之一，其功能更多的是体现在对 Web 页面的 HTML 设计上。随着 Web 语言的发展，Dreamweaver 早已不再局限于网页设计方面，它更多地着重支持各种流行的 Web 前后台技术的综合运用。Dreamweaver CS6 对 PHP 的支持十分到位，不仅对 PHP 的不同方面能够清晰地进行表示，而且能够给出足够的编程提示，使编程过程相当流畅。

1.5.3 文本编辑工具

常见的文本编辑工具很多，如 UltraEdit 和记事本等。

1. UltraEdit

UltraEdit 是一款功能强大的文本编辑器，可以编辑文本、十六进制码、ASCII 码，完全可以取代记事本(如果电脑配置足够强大)。UltraEdit 内建英文单字检查、C++及 VB 指令突显，可同时编辑多个文件，而且即使开启很大的文件，速度也不会变慢。工具附有 HTML 标签颜色显示、搜寻替换以及无限制的还原功能，一般用来修改 EXE 或 DLL 文件，是能够满足我们一切编辑需要的编辑器。

2. 记事本

记事本是 Windows 系统自带的文本编辑工具，具备最基本的文本编辑功能，体积小巧，启动快，占用内存低，容易使用。记事本的主窗口如图 1-13 所示。

在使用记事本程序编辑 PHP 文档的过程中，需要注意保存方法和技巧。在"另存为"对话框中输入文件名称，后缀名为.php，同时"保存类型"设置为"所有文件"即可，如图 1-14 所示。

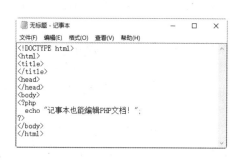

图 1-13　记事本的主窗口

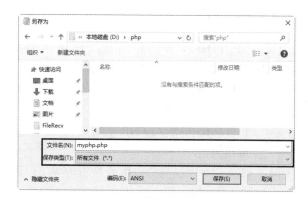

图 1-14　"另存为"对话框

1.6　案例实战——我的第一个 PHP 程序

　　下面通过一个实例讲解编写 PHP 程序并运行查看效果。下面以 WampServer 集成开发环境为例进行讲解。读者可以使用任意文本编辑软件，如记事本，新建名称为 helloworld 的文件，如图 1-15 所示，输入以下代码：

```
<HTML>
<HEAD>
</HEAD>
<BODY>
<h2>PHP Hello World - 来自 PHP 的问候。</h2>
<?php
  echo "Hello, World.";
  echo "你好世界。";
?>
</BODY>
</HTML>
```

　　将文件保存在 C:\wamp\www 目录下，保存格式为.php。在浏览器的地址栏中输入 http://localhost/helloworld.php，并按 Enter 键确认，运行结果如图 1-16 所示。

图 1-15　记事本窗口

图 1-16　程序运行效果

【代码剖析】

(1) "PHP Hello World - 来自 PHP 的问候。"是 HTML 中的"<h2>PHP Hello World - 来自 PHP 的问候。</h2>"所生成的。

(2) "Hello, World.你好世界。"则是由"<?php echo "Hello, World."; echo "你好世界。"; ?>"生成的。

(3) 在 HTML 中嵌入 PHP 代码的方法即是在<?php ?>标识符中间输入 PHP 语句，语句要以";"号结束。

(4) <?php ?>标识符的作用就是告诉 Web 服务器，PHP 代码从什么地方开始，到什么地方结束。<?php ?>标识符内的所有文本都要按照 PHP 语言进行解释，以区别于 HTML 代码。

1.7 如何能学好 PHP 7

对初学者而言，如何能快速学好 PHP 7，然后可以开发出功能齐全的动态网站，才是大家最关心的问题。根据多年的教学经验，编者为初学者规划了一个学习路线图，如图 1-17 所示。

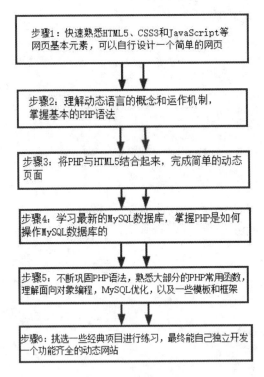

图 1-17 学习路线图

学习 PHP 编程语言，一定要反复地思考和不断地实践。在学习 PHP 语言之前，首先要熟悉 HTML 5、CSS 3 和 JavaScript 等基本技术，从而可以制作一个静态的网页，这是开发动态网站前的基本要求。其中 HTML 5 中常用元素可以通过亲自实践的方式快速理解。CSS 3 是网页优化中比较好的搭配技术，需要读者深刻理解，勤加练习。

当读者可以独立完成一个漂亮的静态页面后，可以进一步了解动态语言的运行原理和 PHP 的基本语法。这里读者一定要明白静态网页和动态网页的不同之处，理解动态语言是经过 PHP 解析后输出到浏览器的。

了解了 PHP 的基本语法，能制作出一些简单的动态网页后，读者即可开始学习 MySQL 数据库和 PHP 操作 MySQL 数据库的方法及技能。PHP+MySQL 是开发动态网页的黄金搭档，所以读者一定要掌握这些基本技能。

接下来就可以不断巩固所学的知识，学习 PHP 的高级技能，包括常用函数、面向对象编程、模板和框架等不容易理解的知识。PHP 框架是一个可以用来节省时间并强化自己代码的工具。对常见的框架，读者要进行对比学习，分析它们的优缺点，以便于后期的项目制作。

如果前面的学习比较顺利，就可以尝试做一些经典 PHP 项目，除了提升技能和积累项目经验，还可以了解项目开发的思路和技巧。

最后由衷地提醒大家，学习 PHP 技术可能会遇到一些困难，读者有时候会比较迷茫，这时候需要持之以恒的精神，多实践，多积累，才能把 PHP 技术学好。

1.8 疑 难 解 惑

疑问 1：如何快速了解 PHP 的应用技术？

答：在学习的过程中，用户可以随时查阅 PHP 的相关资料。启动 IE 浏览器，在地址栏中输入 http://www.baidu.com，打开搜索引擎，输入需要搜索的内容，即可了解相关的技术。

疑问 2：PHP 能干什么？

答：初学者也许会有疑问，PHP 到底能做什么呢？下面就来介绍 PHP 的应用领域。

1) 作为服务端脚本

PHP 最主要的应用领域是作为服务器端脚本。服务器端脚本的运行需要具备 3 项配置：PHP 解析器、Web 浏览器和 Web 服务器。在 Web 服务器上安装并配置 PHP，然后用 Web 浏览器访问 PHP 程序，获得输出。在学习的过程中，读者只要在本机上配置 Web 服务器，即可浏览制作的 PHP 页面。

2) 作为命令行脚本

命令行脚本与服务器端脚本不同，编写的命令行脚本并不需要任何服务器或浏览器，在命令行脚本模式下，只需要 PHP 解析器执行即可。这些脚本被用在 Windows 和 Linux 平台下作为日常运行脚本，也可以用来处理简单的文本。

3) 用来编写桌面应用程序

PHP 在桌面应用程序的开发中并不常用，但是如果用户希望在客户端应用程序中使用 PHP 编写图形界面应用程序，可以通过 PHP-GTK 来编写这些程序。PHP-GTK 是 PHP 的扩展，并不包含在标准的开发包中，开发用户需要单独编译它。

疑问3：查看PHP文件时中文显示为乱码，而英文和数字显示正常，如何解决？

答：在使用 IE 浏览器查看 PHP 文件时，如果结果显示中只有中文为乱码，而英文和数字显示正常，可以通过修改编码方式来解决问题。

单击桌面右侧的 WampServer 服务按钮 ，在弹出的下拉菜单中选择 PHP 命令，然后在弹出的子菜单中选择 php.ini 命令，如图 1-18 所示。

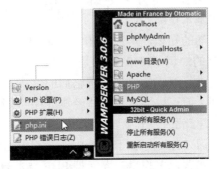

图 1-18　选择 php.ini 命令

在打开的 php.ini 配置文件中，找到 default_charset，将其值设置为 gb2312 即可解决问题，如图 1-19 所示。

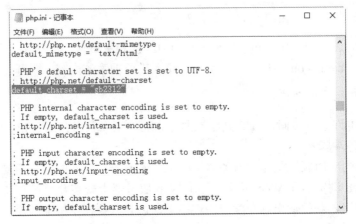

图 1-19　php.ini 配置文件

第 2 章

零基础开始学习——
PHP 的基本语法

上一章讲述了 PHP 环境的搭建方法，本章将开始学习 PHP 的基本语法，主要包括 PHP 的标识风格、编码规范、常量、变量、数据类型、运算符、表达式等内容。通过本章的学习，读者可以掌握PHP的基本语法知识和技能。

2.1　PHP 语言标识风格

作为嵌入式脚本语言，PHP 是以<?php ?>标识符为开始和结束标记的。当服务器解析一个 PHP 文件时，通过寻找开始标记和结束标记，告诉 PHP 开始和停止解析其中的代码，凡是标记语言以外的内容都会被 PHP 解释器忽略。但是，PHP 代码有不同的标识风格。下面来学习其他类型的标识风格。

1. 脚本风格

有的编辑器对 PHP 代码完全采用另外一种表示方式，如<script></script>的表示方式。例如：

```
<script language="php">
    echo "这是 PHP 的 script 表示方式。";
</script>
```

这种表示方式类似于 HTML 页面中 JavaScript 的表示方式。

2. 简短风格

有时候，读者会看到一些代码中出现用<? ?>标识符表示 PHP 代码的情况。这种就是所谓的"短风格"(Short Style)表示法。例如：

```
<? echo "这是 PHP 短风格的表示方式。"?>
```

这种表示方式在正常情况下并不推荐。并且在 php.ini 文件中，short_open_tags 设置默认是关闭的。另外，以后提到的一些功能设置会与这种表示方法相冲突，比如与 XML 的默认标识符相冲突。

3. ASP 风格

受 ASP 的影响，为了照顾 ASP 使用者对 PHP 的使用，PHP 提供了 ASP 标识风格。例如：

```
<%
    echo "这是 PHP 的 ASP 的表示方式。";
%>
```

这种表示是在特殊情况下使用的，并不推荐正常使用。

2.2　熟悉编码规范

由于现在的 Web 开发往往是多人一起合作完成的，所以使用相同的编码规范显得非常重要。特别是新的开发人员参与时，往往需要知道前面开发的代码中变量或函数的作用等，如果使用统一的编码规范，就容易多了。

2.2.1　什么是编码规范

编码规范规定了某种语言的一系列默认编程风格，用来增强这种语言的可读性、规范性和可维护性。编码规范主要包括语言下的文件组织、缩进、注释、声明、空格处理、命名规则等。

遵守 PHP 编码规范有下列几点好处。

(1)　编码规范是团队开发中对每个成员的基本要求。对编码规范遵循得好坏是一个程序员成熟程度的表现。

(2)　能够提高程序的可读性，利于开发人员互相交流。

(3)　良好一致的编程风格在团队开发中可以达到事半功倍的效果。

(4)　有助于程序的维护，可以降低软件成本。

2.2.2　PHP 的一些编码规范

PHP 作为高级语言的一种，十分强调编码规范。以下是规范在 5 个方面的体现。

1. 表述

比如在 PHP 的正常表述中，每一条 PHP 语句都是以“;”结尾，这个规范就告诉 PHP 要执行此语句。例如：

```php
<?php
    echo "PHP 以分号表示语句的结束和执行。";
?>
```

2. 注释

在 PHP 语言中，常见的注释包括以下几种风格。

(1)　C 语言风格。例如：

```
/*这是 C 语言风格的注释内容*/
```

这种方法还可以多行使用。例如：

```
/*这是
  C 语言风格
  的注释内容
*/
```

注意：注释不能嵌套，因为 PHP 不进行块注释的嵌套检查，所以以下写法是错误的：

```
/*这是
echo "这里开始嵌套注释";/*嵌套注释时 PHP 会报错*/
*/
```

(2)　C++风格。例如：

```
//这是 C++风格的注释内容行一
//这是 C++风格的注释内容行二
```

这种方法只能一句注释占用一行。使用时可单独一行，也可以使用在 PHP 语句之后的同一行。

(3) Shell 风格。例如：

```
#这是 Shell 风格的注释内容
```

这种方法只能一句注释占用一行。使用时可单独一行，也可以使用在 PHP 语句之后的同一行。

3. 空白

PHP 对空格、回车造成的新行、Tab 链等留下的空白的处理也遵循编码规范。PHP 对它们都进行忽略。这跟浏览器对 HTML 语言中的空白的处理是一样的。

合理地运用空白符，可以增强代码的清晰性和可读性。

(1) 下列情况应该总是使用两个空白行。

① 两个类的声明之间。

② 一个源文件的两个代码片段之间。

(2) 下列情况应该总是使用一个空白行。

① 两个函数声明之前。

② 函数内的局部变量和函数的第一个语句之间。

③ 块注释或单行注释之前。

④ 一个函数内的两个逻辑代码段之间。

(3) 合理利用空格可以通过代码的缩进提高可读性。

① 空格通常用于关键字与括号之间，但是，函数名称与左括号之间不使用空格分开。

② 函数参数列表中的逗号后面通常会插入空格。

③ for 语句的表达式应该用逗号分开，后面添加空格。

4. 指令分隔符

在 PHP 代码中，每个语句后需要用分号结束命令。一段 PHP 代码中的结束标记隐含表示了一个分号，所以在 PHP 代码段中的最后一行可以不用分号结束。例如：

```
<?php
echo "这是第一个语句";          // 每个语句都加入分号
echo "这是第二个语句";
echo "这是最后一个语句"?>       // 结束标记 "?>" 隐含了分号，这里可以省略分号
```

5. 与 HTML 语言混合搭配

凡是在一对 PHP 开始和结束标记之外的内容都会被 PHP 解析器忽略，这使得 PHP 文件可以具备混合内容。可以使 PHP 嵌入到 HTML 文档中去。例如：

```
<HTML>
<HEAD>
<TITLE>PHP 与 HTML 混合搭配</TITLE>
</HEAD>
<BODY>
```

```
<?php
    echo "嵌入的 PHP 代码";
?>
</BODY>
<HTML>
```

2.3 常 量

常量和变量是构成 PHP 程序的基础。下面讲解常量的相关内容。

2.3.1 声明和使用常量

在 PHP 中，常量是一旦声明就无法改变的值。PHP 通过 define()命令来声明常量，格式如下：

```
define("常量名", 常量值, mixed value);
```

常量名是一个字符串，往往在 PHP 编码规范的指导下使用大写的英文字符来表示，例如 CLASS_NAME、MYAGE 等；常量值也可为表达式；mixed value 是可选参数，表示常量的名字是否区分大小写，如果设置为 true，则表示不区分大小写，默认为 false。

常量就像变量一样储存数值。但是，与变量不同的是，常量的值只能设定一次，并且无论在代码的任何位置，它都不能被改动。

常量声明后具有全局性，函数内外都可以访问。

【例 2.1】声明和使用常量(示例文件 ch02\2.1.php)。

```
<?php
define("SHIGE","日出江花红胜火，春来江水绿如蓝。");//定义常量 SHIGE
echo SHIGE; //输出常量 SHIGE
?>
```

本程序的运行结果如图 2-1 所示。

【案例剖析】

(1) 用 define 函数声明一个常量 SHIGE，常量的全局性体现在可在函数外进行访问。

(2) 常量只能储存布尔值、整型、浮点型和字符串数据。

图 2-1 声明和使用常量

2.3.2 使用系统预定义常量

PHP 的系统预定义常量是指 PHP 在语言内部预先定义好的一些常量。PHP 中预定了很多系统内置常量，这些常量可以被随时调用。例如，下面是一些常见的内置常量。

1. _FILE_

这个默认常量是 PHP 程序文件名。若引用文件(include 或 require)，则在引用文件内的该常量为引用文件名，而不是引用它的文件名。

2. _LINE_

这个默认常量是 PHP 程序行数。若引用文件(include 或 require)，则在引用文件内的该常量为引用文件的行数，而不是引用它的文件的行数。

3. PHP_VERSION

这个内置常量是 PHP 程序的版本，如 3.0.8-dev。

4. PHP_OS

这个内置常量指执行 PHP 解析器的操作系统名称，如 Linux。

5. TRUE

这个常量就是真值(true)。

6. FALSE

这个常量就是伪值(false)。

7. E_ERROR

这个常量指到最近的错误处。

8. E_WARNING

这个常量指到最近的警告处。

9. E_PARSE

该常量为解析语法有潜在问题处。

10. E_NOTICE

这个量为发生异常(但不一定是错误)处，例如存取一个不存在的变量。

下面举例说明系统常量的使用方法。

【例 2.2】使用内置常量(示例文件 ch02\2.2.php)。

```php
<?php
echo(_FILE_);          // 输出文件的路径和文件名
echo "<br/>";          // 输出换行
echo(_LINE_);          // 输出语句所在的行数
echo "<br/>";
echo(PHP_VERSION);     // 输出 PHP 的版本
echo "<br/>";
echo(PHP_OS);          // 输出操作系统名称
?>
```

本程序的运行结果如图 2-2 所示。

图 2-2　使用内置常量

【案例剖析】

(1) echo "<br/>"语句表示为输出换行。

(2) echo(_FILE_)语句输出文件的文件名,包括详细的文件路径。echo(_LINE_)语句输出该语句所在的行数。echo(PHP_VERSION)语句输出 PHP 程序的版本。echo(PHP_OS)语句输出执行 PHP 解析器的操作系统名称。

2.4 变　　量

变量像是一个贴有名字标签的空盒子。不同的变量类型对应不同种类的数据,就像不同种类的东西要放入不同种类的盒子一样。

2.4.1　PHP 中的变量声明

与 C 或 Java 语言中不同的是,PHP 中的变量是弱类型的。在 C 或 Java 中,需要对每一个变量声明类型,而在 PHP 中不需要这样做。这是极其方便的。

PHP 中的变量一般以$作为前缀,然后以字母 a~z 的大小写或者 "_"(下划线)开头。这是变量的一般表示。

合法的变量名可以是:

```
$hello
$Aform1
$_formhandler
```

非法的变量名如:

```
$168
$!like
```

PHP 中不需要显式地声明变量,但是定义变量前进行声明并带有注释,这是一个好的程序员应该养成的习惯。PHP 的赋值方式有两种,即传值和引用,它们的区别如下。

(1) 传值赋值。使用 "="直接将赋值表达式的值赋给另一个变量。

(2) 引用赋值。将赋值表达式内存空间的引用赋给另一个变量。需要在 "="左右的变量前面加上一个 "&"符号。在使用引用赋值的时候,两个变量将会指向内存中同一个存储空间,所以任意一个变量的变化都会引起另外一个变量的变化。

【例 2.3】 传值赋值和引用赋值(实例文件:ch02\2.3.php)。

```php
<?php
echo "使用传值方式赋值:<br/>";          // 输出 使用传值方式赋值
$a = "稻云不雨不多黄";
$b = $a;                        // 将变量$a 的值赋值给$b,两个变量指向不同内存空间
echo "变量 a 的值为".$a."<br/>";        // 输出 变量 a 的值
echo "变量 b 的值为".$b."<br/>";        // 输出 变量 b 的值
$a = "荞麦空花早着霜";             // 改变变量 a 的值,变量 b 的值不受影响
echo "变量 a 的值为".$a."<br/>";        // 输出 变量 a 的值
echo "变量 b 的值为".$b."<p>";          //输出 变量 b 的值
```

```
echo "使用引用方式赋值:<br/>";        //输出 使用引用方式赋值
$a = "已分忍饥度残岁";
$b = &$a;                    // 将变量$a的引用赋给$b,两个变量指向同一块内存空间
echo "变量a的值为".$a."<br/>";      // 输出 变量a的值
echo "变量b的值为".$b."<br/>";      // 输出 变量b的值
$a = "更堪岁里闰添长";
/*
改变变量a在内存空间中存储的内容,变量b也指向该空间,b的值也发生变化
*/
echo "变量a的值为".$a."<br/>";      // 输出 变量a的值
echo "变量b的值为".$b." <br/>";     // 输出 变量b的值
?>
```

本程序运行结果如图2-3所示。

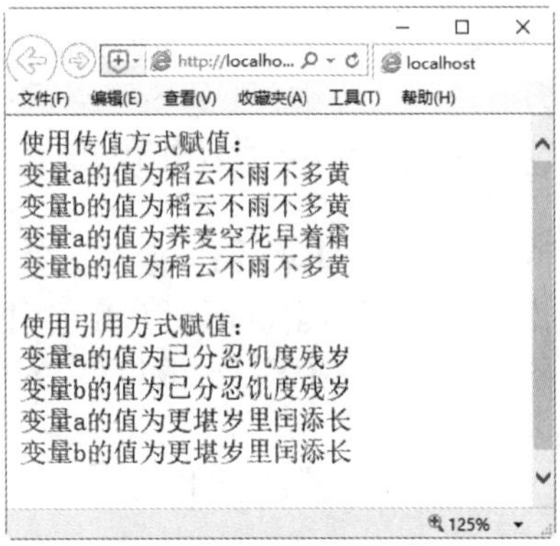

2.4.2 可变变量和变量的引用

一般的变量很容易理解,但是有两种变量的概念比较难以理解,这就是可变变量和变量的引用。下面通过具体示例对它们进行讲解。

【例 2.4】使用可变变量与变量的引用(示例文件ch02\2.4.php)。

```
<?php
$value0 = "guest";        //定义变量$value0 并赋值
$$value0 = "customer"; // 再次给变量赋值
echo $guest."<br/>";      // 输出变量
$guest = "张飞";          // 定义变量$guest 并赋值
echo $guest."\t".$$value0."<br/>";
$value1 = "王小明";       // 定义变量$value1
$value2 = &$value1;       // 引用变量并传递变量
echo $value1."\t".$value2."<br/>";
$value2 = "李丽";
echo $value1."\t".$value2;
?>
```

本程序运行结果如图2-4所示。
【案例剖析】

(1) 在代码的第一部分中,$value0 被赋值为guest。而$value0 相当于 guest,则$$value0 相当于$guest。所以当$$value0 被赋值为 customer 时,打印$guest 就得到 customer。反之,当$guest 变量被赋值为"张飞"时,打印$$value0 同样得到"张飞"。这就是可变变量。

(2) 在代码的第二部分中,$value1 被赋值为"王小明",然后通过"&"引用变量$value1 并赋值给$value2。而这一步的实质是,给变量$value1 添加了一个别名$value2。所以打印时,都得

图2-3 程序运行结果

图2-4 使用可变变量和变量的引用

出原始赋值"王小明"。由于$value2 是别名，与$value1 指的是同一个变量，所以$value2 被赋值为"李丽"后，$value1 和$value2 都得到新值"李丽"。

(3) 可变变量其实是允许改变一个变量的变量名。允许使用一个变量的值作为另外一个变量的名。

(4) 变量引用相当于给变量添加了一个别名。用"&"来引用变量，其实两个变量名指的都是同一个变量。就像是给同一个盒子贴了两个名字标签，两个名字标签指的都是同一个盒子。

2.4.3 变量作用域

所谓变量作用域(Scope)，是指特定变量在代码中可以被访问到的位置。在 PHP 中，有 6 种基本的变量作用域法则，具体介绍如下。

(1) 内置超全局变量：在代码中的任意位置都可以访问到。

(2) 常数：一旦声明，它就是全局性的。可以在函数内外使用。

(3) 全局变量：在代码中声明，可在代码中访问，但是不能在函数内访问。

(4) 在函数中声明为全局变量的变量：就是同名的全局变量。

(5) 在函数中创建和声明为静态变量的变量：在函数外是无法访问的，但是这个静态变量的值是得以保留的。

(6) 在函数中创建和声明的局部变量：在函数外是无法访问的，并且在本函数终止时终止并退出。

1. 超全局变量

超全局变量英文是 Superglobal 或者 Autoglobal(自动全局变量)。这种变量的特性是，不管在程序的任何地方，也不管是函数内或是函数外，都可以访问。而这些"超全局变量"就是由 PHP 预先定义好以方便使用的。

这些"超全局变量"或"自动全局变量"介绍如下。

- $GLOBALS：包含全局变量的数组。
- $_GET：包含所有通过 GET 方法传递给代码的变量的数组。
- $_POST：包含所有通过 POST 方法传递给代码的变量的数组。
- $_FILES：包含文件上传变量的数组。
- $_COOKIE：包含 cookie 变量的数组。
- $_SERVER：包含服务器环境变量的数组。
- $_ENV：包含环境变量的数组。
- $_REQUEST：包含用户所有输入内容的数组(包括$_GET、$_POST 和$_COOKIE)。
- $_SESSION：包含会话变量的数组。

2. 全局变量

全局变量其实就是在函数外声明的变量，在代码中都可以访问，但是在函数内是不能访问的。这是因为函数默认就不能访问在其外部的全局变量。

下面通过示例介绍全局变量的使用方法和技巧。

【例 2.5】使用全局变量(示例文件 ch02\2.5.php)。

```php
<?php
$price = 3;       //定义全局变量
function showprice(){
    echo $price; //函数内调用全局变量
}
showprice();    //运行函数
echo '苹果的价格为'.$price.'元一公斤';
?>
```

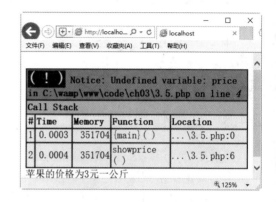

本程序运行结果如图 2-5 所示。

【案例剖析】

出现上述结果，是因为函数无法访问到外部全局变量，但是在代码中都可以访问全局变量。

图 2-5　使用全局变量

如果想让函数访问某个全局变量，可以在函数中通过 global 关键字来声明。也就是说，要告诉函数，它要调用的变量是一个已经存在或者即将创建的同名全局变量，而不是默认的本地变量。

下面通过示例介绍使用 global 关键字的方法和技巧。

【例 2.6】使用 global 关键字(示例文件 ch02\2.6.php)。

```php
<?php
$price = 3;            //定义全局变量
function showprice(){
    global price;     //函数内声明全局变量
}
showprice();
echo '苹果的价格为'$price.'元一公斤';
?>
```

本程序运行结果如图 2-6 所示。

另外，读者还可以通过"超全局变量"中的 $GLOBALS 数组进行访问。

图 2-6　使用 global 关键字

下面的例子介绍如何使用$GLOBALS 数组。

【例 2.7】使用$GLOBALS 数组(示例文件 ch02\2.7.php)。

```php
<?php
$aa = '九曲黄河万里沙';            // 定义全局变量
function showss(){
    $aa = $GLOBALS['aa'];        // 通过$GLOBALS 数组访问全局变量
    echo $aa.'<br/>';
}
showss();
echo $aa.',浪淘风簸自天涯';
?>
```

本程序运行结果如图 2-7 所示。

3. 静态变量

静态变量只在函数内存在，函数外无法访问。但是执行后，其值保留。

也就是说，这一次执行完毕后，这个静态变量的值保留，下一次再执行此函数，这个值还可以调用。

下面的例子介绍静态变量的使用方法和技巧。

【例 2.8】使用静态变量(示例文件 ch02\2.8.php)。

图 2-7　使用$GLOBALS 数组

```php
<?php
$aa = 15;
function sumaa(){
    static $aa = 6;    //初始化静态变量
    $aa++;
    echo '变量aa 的值为: '.$aa.'<br/>';
}
sumaa();
echo $aa.'<br/>';
sumaa();
?>
```

本程序运行结果如图 2-8 所示。

【案例剖析】

(1) 其中函数外的 echo 语句无法调用函数内的 static $aa，它调用的是$aa = 15。

(2) 另外，sumaa()函数被执行了两次，在这个过程中，static $aa 的运算值得以保留，并且通过$aa++进行了累加。

图 2-8　使用静态变量

2.4.4　变量的销毁

当用户创建一个变量时，相应地在内存中有一个空间专门用于存储该变量，该空间引用计数加 1。当变量与该空间的联系被断开时，则空间引用计数减 1，直到引用计数为 0，则成为垃圾。

PHP 有自动回收垃圾的机制，用户也可以手动销毁变量，通常使用 unset()函数来实现。该函数的语法格式如下：

```
void unset (变量)
```

其中，如果变量类型为局部变量，则变量被销毁；如果变量类型为全局变量，则变量不会被销毁。

【例 2.9】销毁变量(示例文件 ch02\2.9.php)。

```php
<?php
function showshi(){        //声明函数
    global $aa;            //函数内使用 global 关键字声明全局变量$aa
```

```
    unset ($aa);           //使用 unset()销毁不再使用的变量$aa
}
$aa= '如今直上银河去，同到牵牛织女家。';                //函数外声明全局变量
showshi();         //调用函数
echo  $aa;               //查看全局变量是否发生变化
?>
```

本程序运行结果如图 2-9 所示。

图 2-9　程序运行结果

2.5　理解变量的类型

从 PHP 4 开始，PHP 中的变量不需要事先声明，赋值即声明。声明和使用这些数据类型前，读者需要了解它们的含义和特性。

2.5.1　什么是类型

不同的数据类型其实就是所储存数据的不同种类。PHP 主要有下列数据类型。

(1)　整型(integer)：用来储存整数。

(2)　浮点型(float)：用来储存实数。

(3)　字符串(string)：用来储存字符串。

(4)　布尔值(boolean)：用来储存真(true)或假(false)。

(5)　数组(array)：用来储存一组数据。

(6)　对象(object)：用来储存一个类的实例。

作为弱类型语言，PHP 也被称为动态类型语言。在强类型语言中(如 C 语言)，一个变量只能储存一种类型的数据，并且这个变量在使用前必须声明变量类型。而在 PHP 中，给变量赋什么类型的值，这个变量就是什么类型的。例如以下几个变量：

```
$hello = 'hello world';
//由于'hello world'是字符串，则变量$hello 的数据类型就为字符串类型
$hello = 100;
//由于 100 为整型，所以$hello 也就为整型
$wholeprice = 100.0;
//由于 100.0 为浮点型，所以$wholeprice 就是浮点型
```

由此可见，对变量而言，如果没有定义变量的类型，则它的类型由所赋值的类型来决定。

2.5.2 整型(integer)

整型是数据类型中最为基本的类型。在 32 位的运算中，整型的取值范围是-2147483648 ~ +2147483647。整型可以表示为十进制、十六进制和八进制数。

例如：

```
3560        //十进制整数
01223       //八进制整数
0x1223      //十六进制整数
```

2.5.3 浮点型(float 或 double)

浮点型就是实数。在大多数运行平台下，这个数据类型的大小为 8 个字节。它的近似取值范围是 2.2E-308 ~ 1.8E+308(科学计数法)。

例如：

```
-1.432
1E+07
0.0
```

2.5.4 布尔型(boolean)

布尔型只有两个值，就是 true 和 false。布尔型是十分有用的数据类型，通过它，程序实现了逻辑判断的功能。

而对于其他数据类型，基本都有布尔属性。

(1) 整型：为 0 时，其布尔属性为 false，为非零值时，其布尔属性为 true。

(2) 浮点型：为 0.0 时，其布尔属性为 false，为非零值时，其布尔属性为 true。

(3) 字符串型：为空字符串"" 或者零字符串"0" 时，为 false，包含除此以外的字符串时为 true。

(4) 数组型：若不含任何元素，为 false；只要包含元素，则为 true。

(5) 对象型、资源类型：永远为 true。

(6) 空型：永远为 false。

2.5.5 字符串型(string)

字符串型的数据是引号之间的一串字符。引号有双引号""和单引号''两种。

但是这两种表示也有一定的区别。

双引号几乎可以包含所有的字符。但是其中显示的是变量的值，而不是变量的名。而有些特殊字符在使用时需要加上"\"这一转义符号。

单引号内的字符是被直接表示出来的。

下面通过一个例子来讲述上面 4 种类型的使用方法和技巧。

【例 2.10】使用各种数据类型(示例文件 ch02\2.10.php)。

```php
<?php
$int1 = 2018;
$int2 = 01223;          //八进制整数
$int3 = 0x1223;         //十六进制整数
echo "输出整数类型的值: ";
echo $int1;
echo "\t";              //输出一个制表符
echo $int2;             //输出 659
echo "\t";
echo $int3;             //输出 4643
echo "<br>";
$float1 = 54.66;
echo $float1;           //输出 54.66
echo "<br>";
echo "输出布尔型变量: ";
echo (Boolean)($int1);     //将 int1 整型转化为布尔变量
echo "<br>";
$string1 = "字符串类型的变量";
echo $string1;
?>
```

本程序的运行结果如图 2-10 所示。

2.5.6 数组型(array)

数组是 PHP 变量的集合,它是按照"键"与"值"对应的关系组织数据的。数组的键可以是整数,也可以是字符串。

在默认情况下,数组元素的键为从零开始的整数。

在 PHP 中,使用 list()函数或 array()函数来创建数组,也可以直接进行赋值。

图 2-10　使用各种数据类型

【例 2.11】使用 array()函数创建数组(示例文件 ch02\2.11.php)。

```php
<?php
$arr=array                              // 定义数组并赋值
(
    0=>"墨梅",
    2=>"元代: 王冕",
    1=>"吾家洗砚池头树, 个个花开淡墨痕。",
    3=>"不要人夸好颜色, 只留清气满乾坤。"
);
for ($i=0; $i<count($arr); $i++)     // 使用 for 循环输出数组的内容
{
    $arr1 = each($arr);
    echo "$arr1[value]<br>";
}
?>
```

本程序的运行结果如图 2-11 所示。

图 2-11 使用 array()函数创建数组

【案例剖析】

(1) 程序中用=>为数组赋值,数组的下标只是存储的标识,没有任何其他意义,数组元素的排列以加入的先后顺序为准。

(2) 本程序采用 for 循环语句输出整个数组,其中 count 函数返回数组的个数,each 函数返回当前数组指针的索引/值对,后面章节中将详细讲述函数的使用方法。

上面例子中的语句可以简化如下。

【例 2.12】 用简化的语句使用 array 函数(示例文件 ch02\2.12.php)。

```php
<?php
$arr = array("墨梅","元代:王冕","吾家洗砚池头树,个个花开淡墨痕。","不要人夸好颜色,
只留清气满乾坤。");
for ($i=0; $i<4; $i++)
{
    echo $arr[$i]."<br>";
}
?>
```

本程序的运行结果如图 2-12 所示。

从结果可以看出,两种写法的运行结果完全一样。

另外,读者还可以对数组的元素一个一个地赋值,上面的程序中的语句可以写成如下形式。

【例 2.13】 以逐个赋值的方式创建数组(示例文件 ch02\2.13.php)。

图 2-12 简化后的程序运行结果

```php
<?php
$arr[0] ="墨梅";                          // 对数组元素分别赋值
$arr[2] = "元代:王冕";
$arr[1] = "吾家洗砚池头树,个个花开淡墨痕。";
$arr[3] = "不要人夸好颜色,只留清气满乾坤。";
for ($i=0; $i<count($arr); $i++)    // 使用 for 循环输出数组的内容
{
    $arr1 = each($arr);
    echo "$arr1[value]<br>";
}
?>
```

程序运行结果如图 2-13 所示。

从结果可以看出，一个一个赋值的方法与上面两种写法的运行结果是一样的。

2.5.7 对象型(object)

对象就是类的实例。当一个类被实例化以后，这个生成的对象被传递给一个变量，这个变量就是对象型变量。对象型变量也属于资源型变量。

图 2-13 逐个赋值时的程序运行结果

2.5.8 NULL 型

NULL 类型用来标记一个变量为空。但一个空字符串与一个 NULL 是不同的。在数据库存储时，会把空字符串和 NULL 区分开处理。NULL 型在布尔判断时永远为 false。很多情况下，在声明一个变量的时候可以直接先赋值为 NULL 型，如$value = NULL。

2.5.9 资源类型(Resource)

Resource 类型就是资源类型，它也是十分特殊的数据类型，表示了 PHP 的扩展资源。它可以是一个打开的文件，可以是一个数据库连接，甚至可以是其他数据类型。但是在编程过程中，资源类型却是很难接触到的。

2.5.10 数据类型之间的相互转换

数据从一个类型转换到另外一个类型，就是数据类型转换。在 PHP 语言中，有两种常见的转换方式：自动数据类型转换和强制数据类型转换。

1. 自动数据类型转换

这种转换方法最为常用。直接输入数据的转换类型即可。

例如，float 型转换为整数 int 型，小数点后面的数将被舍弃。如果 float 数超过了整数的取值范围，则结果可能是 0 或者整数的最小负数。

【例 2.14】自动数据类型转换(示例文件 ch02\2.14.php)。

```php
<?php
$floaa=8.88;                    // 定义 float 类型
echo (int)$floaa."<br/>";  // 转换为整数类型输出
$flobb=4E32;                   // 超过整数取值范围
echo(int)$flobb;
?>
```

程序运行结果如图2-14所示。

2. 强制数据类型转换

在 PHP 中，可以使用 setType 函数强制转换数据类型。基本语法格式如下：

```
Bool setType(var, string type)
```

type 的可能值不能包含资源类型数据。

图 2-14　自动数据类型转换

【例 2.15】使用强制类型转换(示例文件 ch02\2.15.php)。

```php
<?php
$floaa = 6.66;
echo setType($floaa, "int")"<br/>";
echo $floaa;
?>
```

程序运行结果如图2-15所示。转型成功，则返回1，否则返回0。变量 floaa 转为整型后为6。

图 2-15　强制数据类型转换

2.6　PHP 7 的新变化——声明标量类型和函数返回值类型

在默认情况下，所有的 PHP 文件都处于弱类型校验模式。PHP 7 增加了标量类型声明的特性。标量类型声明有两种模式：强制模式(默认)和严格模式。

标量类型声明语法格式如下：

```
declare(strict_types=1);
```

指定 strict_types 的值(1 或者 0)，其中 1 表示严格类型校验模式，作用于函数调用和返回语句；0 表示弱类型校验模式。

可以声明标量类型的参数类型包括 int、float、bool、string、interfaces、array 和 callable。

1. 强制模式

下面通过案例来学习强制模式的含义。代码如下：

```php
<?php
// 强制模式
function sum(int $ints)
{
  return array_sum($ints);
}
print(sum(2, '3', 8.18));
?>
```

上面程序输出结果为 13。代码中的'3'先转化为 3，8.18 先转换为整数 8，然后再进行相加操作。

2. 严格模式

下面通过案例来学习严格模式的含义。代码如下：

```php
<?php
// 严格模式
declare(strict_types=1);
function sum(int $ints)
{
    return array_sum($ints);
}
print(sum(2, '3', 4.1));
?>
```

以上程序由于采用了严格模式，所以如果参数中出现不是整数的类型，程序执行时会报错，如图 2-16 所示。

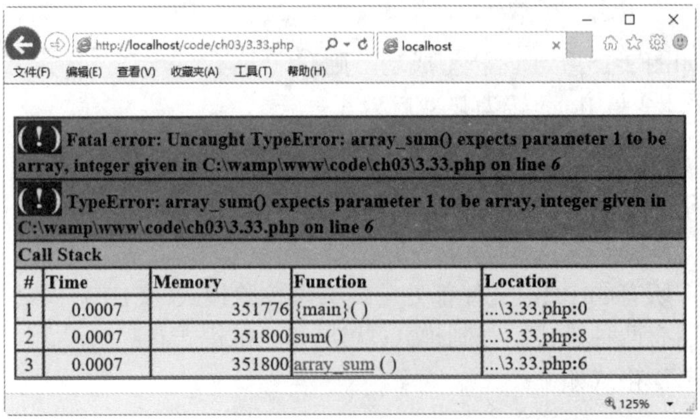

图 2-16　错误提示信息

在 PHP 7 中，用户可以声明函数返回值的类型。可以声明的返回类型包括 int、float、bool、string、interfaces、array 和 callable。

下面通过案例来学习 PHP 7 如何声明函数返回值的类型。代码如下：

```php
<?php
declare(strict_types=1);

function returnIntValue(int $value): int
{
    return $value;
}

print(returnIntValue(60));
?>
```

程序执行结果如图 2-17 所示。

图 2-17　声明函数返回值的类型

2.7 使用运算符

PHP 包含 3 种类型的运算符：一元运算符、二元运算符和三元运算符。一元运算符用在一个操作数之前；二元运算符用在两个操作数之间；三元运算符用在三个操作数之间。

2.7.1 算术运算符

算术运算符是最简单也是最常用的运算符。常见的算术运算符如表 2-1 所示。

表 2-1　算术运算符

运 算 符	名 称
+	加法运算
−	减法运算
*	乘法运算
/	除法运算
%	取余运算
++	累加运算
−−	累减运算

【例 2.16】使用算术运算符(示例文件 ch02\2.16.php)。

```php
<?php
$a=13;
$b=2;
echo $a."+".$b."=";
echo $a+$b."<br>";
echo $a."-".$b."=";
echo $a-$b."<br>";
echo $a."*".$b."=";
echo $a*$b."<br>";
echo $a."/".$b."=";
echo $a/$b."<br>";
echo $a."%".$b."=";
echo $a%$b."<br>";
echo $a."++"."=";
echo $a++."<br>";
echo $a."--"."=";
echo $a--."<br>";
?>
```

图 2-18　使用算术运算符

程序运行结果如图 2-18 所示。

 除了数值可以进行自增运算外，字符也可以进行自增运算操作。例如 b++，结果将等于 c。

2.7.2 字符串连接符

字符运算符"."把两个字符串连接起来，变成一个字符串。如果变量是整型或浮点型，PHP 也会自动地把它们转换为字符串输出。

【例 2.17】使用字符串连接符(示例文件 ch02\2.17.php)。

```php
<?php
$a = "等闲识得东风面，万紫千红总是春。";
$b = 10;
echo "我读了".$b."遍：".$a
?>
```

程序运行结果如图 2-19 所示。

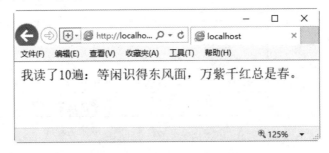

图 2-19　使用字符串连接符

2.7.3 赋值运算符

赋值运算符的作用是把一定的数值加载给特定的变量。

赋值运算符的具体含义如表 2-2 所示。

表 2-2　赋值运算符

运　算　符	名　　称
=	将右边的值赋值给左边的变量
+=	将左边的值加上右边的值，赋给左边的变量
-=	将左边的值减去右边的值，赋给左边的变量
*=	将左边的值乘以右边的值，赋给左边的变量
/=	将左边的值除以右边的值，赋给左边的变量
.=	将左边的字符串连接到右边
%=	将左边的值对右边的值取余数，赋给左边的变量

例如，$a-=$b 等价于$a=$a-$b，其他赋值运算符与之类似。从表 2-2 中可以看出，赋值运算符可以使程序更加简练，从而提高执行效率。

2.7.4　比较运算符

比较运算符用来比较其两端数值的大小。比较运算符的具体含义如表 2-3 所示。

表 2-3　比较运算符

运 算 符	名 称
==	相等
!=	不相等
>	大于
<	小于
>=	大于等于
<=	小于等于
===	精确等于(类型)
!==	不精确等于

其中，===和!==需要特别注意一下。$b===$c 表示$b 和$c 不只是数值上相等，而且两者的类型也一样；$b!==$c 表示$b 和$c 有可能是数值不等，也可能是类型不同。

【例 2.18】使用比较运算符(示例文件 ch02\2.18.php)。

```
<?PHP
$value="15";
echo "\$value = \"$value\"";
echo "<br>\$value==15: ";
var_dump($value==15);            //结果为:bool(true)
echo "<br>\$value==true: ";
var_dump($value==true);          //结果为:bool(true)
echo "<br>\$value!=null: ";
var_dump($value!=null);          //结果为:bool(true)
echo "<br>\$value==false: ";
var_dump($value==false);         //结果为:bool(false)
echo "<br>\$value === 100: ";
var_dump($value===100);          //结果为:bool(false)
echo "<br>\$value===true: ";
var_dump($value===true);         //结果为:bool(true)
echo "<br>(10/2.0 !== 5): ";
var_dump(10/2.0 !==5);           //结果为:bool(true)
?>
```

程序运行结果如图 2-20 所示。

图 2-20 使用比较运算符

2.7.5 逻辑运算符

一个编程语言最重要的功能之一就是进行逻辑判断和运算，如逻辑与、逻辑或、逻辑非。逻辑运算符的含义如表 2-4 所示。

表 2-4 逻辑运算符

运 算 符	名 称
&&、AND	逻辑与
‖、OR	逻辑或
!、NOT	逻辑非
XOR	逻辑异或

2.7.6 按位运算符

按位运算符是把整数以"位"为单位进行处理。按位运算符的含义如表 2-5 所示。

表 2-5 按位运算符

运 算 符	名 称
&	按位与
‖	按位或
^	按位异或

2.7.7 否定控制运算符

否定控制运算符用在操作数之前，用于对操作数真假的判断。否定控制运算符的含义如表 2-6 所示。

表 2-6 否定控制运算符

运 算 符	名 称
！	逻辑非
~	按位非

2.7.8 错误控制运算符

错误控制运算符是用@来表示的，在一个操作数之前使用，该运算符用来屏蔽错误信息的生成。

2.7.9 三元运算符

三元运算符"? :"是作用在三个操作数之间的。其语法格式如下：

```
(expr1) ? (expr2) : (expr3)
```

如果表达式 expr1 为真，则返回 expr2 的值；如果表达式 expr1 为假，则返回 expr3。从 PHP 5.3 开始，可以省略 expr2，表达式为(expr1) ?: (expr3)，表示如果表达式 expr1 为真，则返回 expr1 的值；如果表达式 expr1 为假，则返回 expr3。例如以下代码：

```php
<?php
$aa = '春花秋月何时了，往事知多少';
$bb = $aa ?: '没有古诗内容';
$cc = $aa ? '这里输出古诗的内容' : '没有古诗内容';
echo $bb;
echo $cc;
?>
```

代码运行结果如图 2-21 所示。

2.7.10 运算符的优先级和结合规则

运算符的优先级和结合规则其实与正常的数学运算符的规则十分相似，具体如下。

（1）加减乘除的先后顺序与数学运算中的完全一致。

（2）对于括号，则先运行括号内，再运行括号外。

图 2-21 使用三元运算符

(3) 对于赋值,则由右向左运行,也就是依次从右边向左边的变量进行赋值。

2.8 PHP 7 的新变化——合并运算符和组合运算符

PHP 7 新增加的合并运算符(??)用于判断变量是否存在且值不为 NULL,如果是,它就会返回自身的值,否则返回它的第二个操作数。

语法格式如下:

```
(expr1) ? ? (expr2)
```

如果表达式 expr1 为真,则返回 expr1 的值;如果表达式 expr1 为假,则返回 expr2。例如以下代码:

```php
<?php
$aa = '众鸟高飞尽,孤云独去闲。';
$bb = $aa ?? '没有古诗内容';
echo $bb;
?>
```

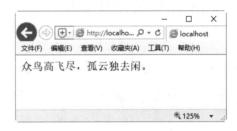

图 2-22　使用合并运算符

代码运行结果如图 2-22 所示。

PHP 7 新增加的组合运算符,用于比较两个表达式 $a 和 $b,如果 $a 小于、等于或大于 $b 时,它分别返回-1、0 或 1。例如以下代码:

```php
<?php
// 整型比较
echo( 5 <=> 5);echo "<br>";
echo( 5 <=> 6);echo "<br>";
echo( 6 <=> 5);echo "<br>";

// 浮点型比较
echo( 5.6 <=> 5.6);echo "<br>";
echo( 5.6 <=> 6.6);echo "<br>";
echo( 6.6 <=> 5.6);echo "<br>";
echo(PHP_EOL);

// 字符串比较
echo( "a" <=> "a");echo "<br>";
echo( "a" <=> "b");echo "<br>";
echo( "b" <=> "a");echo "<br>";
?>
```

图 2-23　使用组合运算符

代码运行结果如图 2-23 所示。

2.9 PHP 中的表达式

表达式是表达一个特定操作或动作的语句,由"操作数"和"操作符"组成。

(1) 操作数可以是变量,也可以是常量。

(2) 操作符则体现了要表达的各个行为，如逻辑判断、赋值、运算等。

例如$a=5 就是表达式，而"$a=5;"则为语句。另外，表达式也有值，如表达式$a=1 的值为 1。

 　　　　在 PHP 代码中，使用";"号来区分表达式和语句，即一个表达式和一个分号组成一条 PHP 语句。在编写代码程序时，应该特别注意表达式后面的";"，不要漏写或写错，否则会提示语法错误。

2.10　案例实战——创建多维数组

前面讲述了如何创建一维数组，下面讲述如何创建多维数组。多维数组和一维数组的区别是有两个或多个下标，它们的用法基本相似。

下面给出创建二维数组的例子。

【例 2.19】创建二维数组(示例文件 ch02\2.19.php)。

```php
<?php
$arr[0][0] = "月黑雁飞高";
$arr[0][1] = "单于夜遁逃";
$arr[1][0] = "欲将轻骑逐";
$arr[1][1] = "大雪满弓刀";
for ($i=0; $i<count($arr); $i++)
    {
        for ($k=0; $k<count($arr[$i]); $k++)
        {
            $arr1 = each($arr[$i]);
            echo "$arr1[value]<br>";
        }
    }
?>
```

程序运行结果如图 2-24 所示。

图 2-24　创建二维数组

2.11 疑 难 解 惑

疑问1：如何灵活运用命名空间(namespace)?

答：命名空间(namespace)作为一个比较宽泛的概念，可以理解为用来封装各个项目的手段。比如文件系统不同文件夹路径中的两个文件的文件名可以完全相同，但由于是在不同的文件夹中，所以是两个完全不同的文件。

PHP 的命名空间也是这样的一个概念。它主要用于在"类的命名""函数命名"及"常量命名"中避免代码冲突和在命名空间下管理变量名及常量名。

命名空间使用 namespace 关键字在文件头部定义。例如：

```php
<?php
namespace 2ndbuilding\number24;
class room{}
$room = new __NAMESPACE__.room;
?>
```

命名空间还可以拥有子空间，它们组合起来，就像文件夹的路径一样。可以通过内置变量__NAMESPACE__来使用命名空间及其子空间。

疑问2：如何快速区分常量和变量?

答：常量和变量的明显区别如下。
(1) 常量前面没有美元符号($)。
(2) 常量只能用 define()函数定义，而不能通过赋值语句定义。
(3) 常量可以不用理会变量范围的规则，可以在任何地方定义和访问。
(4) 常量一旦定义就不能被重新定义或者取消定义。
(5) 常量的值只能是标量。

疑问3：PHP 中的常见输出方式有哪几种?

答：在 PHP 中，常见的输出语句如下。
(1) echo 语句：可以一次输出多个值，多个值之间用逗号分隔。
(2) print 语句：只允许输出一个字符串。
(3) print_r()函数：可以把字符串和数字简单地打印出来，而数组则以括起来的键和值的列表形式显示，并以 Array 开头。但 print_r()输出布尔值和 NULL 的结果没有意义，因为都是打印"\n"。因此，用 var_dump()函数更适合调试。
(4) var_dump()函数：判断一个变量的类型与长度，并输出变量的数值。如果变量有值，则输出的是变量的值并回返数据类型。此函数显示关于一个或多个表达式的结构信息，包括表达式的类型与值。

第 3 章

实现定制功能——
函数的应用

在 PHP 7 语言中，提供了超过 1000 个以上的函数。这些函数在任何需要的时候都可以被随时调用，从而提高了开发软件的效率，也提高了程序的重用性和可靠性，使软件维护起来更加方便。这也是函数在 PHP 中的最大魅力。本章重点学习内置函数、自定义函数和包含文件等知识。

3.1 认 识 函 数

函数的英文为 function，这个词也是功能的意思。顾名思义，使用函数就是要在编程过程中实现一定的功能，也就是通过一段代码块来实现一定的功能。比如，通过一定的功能记录下酒店客人的个人信息，每到他生日的时候自动给他发送祝福 E-mail，并且这个发信"功能"可以重用，将来在某个客户的结婚纪念日也使用这个功能给他发送祝福 E-mail。可见，函数就是实现一定功能的一段特定的代码。

实际上，前面我们早已使用过函数了。例如，用 define()函数定义一个常量。如果现在再写一个程序，则同样可以调用 define()函数。

3.2 内 置 函 数

PHP 提供了大量的内置函数，方便程序员直接使用。常见的内置函数包括数学函数、变量函数、字符串函数、时间和日期函数等。由于字符串函数、时间和日期函数在后面的章节中将详细介绍，本节主要讲述内置的数学函数和变量函数。

3.2.1 数学函数

数学函数主要用于实现数学上的常用运算，主要处理程序中 int 和 float 类型的数据。

1. 随机函数 rand()

随机函数 rand()的语法格式如下：

```
int rand([int min,int max])
```

返回 min 到 max 之间的随机整数。如果 min 和 max 参数忽略，则返回 0 到 RAND_MAX 之间的随机整数。

下面以调用随机函数为例进行讲解。

【例 3.1】调用随机函数(示例文件 ch03\3.1.php)。

```php
<?php
echo rand ()."<br/>";          //返回随机整数
echo rand (100,200);           //产生一个100~200的随机整数
?>
```

程序运行结果如图 3-1 所示。每刷新一次页面，显示结果都不相同。

2. 舍去法取整函数 floor()

舍去法取整函数 floor 的语法格式如下：

```
float floor (float value)
```

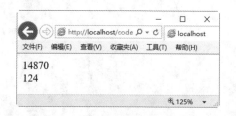

图 3-1　使用随机函数

返回不大于 value 的下一个整数，将 value 的小数部分舍去取整。

【例 3.2】使用 floor()函数(示例文件 ch03\3.2.php)。

```php
<?php
echo floor (5.66)."<br/>";        //舍去法取整数
   echo floor (8.1234);
   ?>
```

程序运行结果如图 3-2 所示。

3. 对浮点数四舍五入的函数 round()

四舍五入的函数 round()的语法格式如下：

```
int round(float val,int precision)
```

返回将 val 根据指定精度 precision 进行四舍五入的结果。其中 precision 可以为负数或者零(默认值)。

【例 3.3】使用 round()函数(示例文件 ch03\3.3.php)。

```php
<?php
echo round(5.66)."<br/>";                    //四舍五入法取整数
echo round(8.12)."<br/>";
echo round(8.1234,2)."<br/>";
echo round(1234.6,-2)."<br/>";
?>
```

程序运行结果如图 3-3 所示。

3.2.2　变量相关的函数

在 PHP 7 中，针对变量相关的函数比较多。下面挑选比较常用的函数进行讲解。

1. 检验变量是否为空的函数 empty()

```
bool empty(mixed var)
```

如果 var 是非空或非零的值，则 empty()返回 false；如果 var 为空，则返回 true。

【例 3.4】使用 empty()函数(示例文件 ch03\3.4.php)。

```php
<?php
$a=5;
$b="春花秋月何时了";
$c= null;
$d= 0;
var_dump(empty($a))."<br/>";      //输出变量的值和类型
   var_dump(empty ($b))."<br/>";
   var_dump(empty($c))."<br/>";
   var_dump(empty($d))."<br/>";
   ?>
```

图 3-2　使用 floor()函数

图 3-3　使用 round()函数

程序运行结果如图 3-4 所示。

2. 判断变量是否定义过的函数 isset()

```
bool isset ( mixed var [, mixed var
[, ...]] )
```

若变量 var 不存在则返回 false；若变量存在且其值为 null，也返回 false；若变量存在且值不为 null，则返回 true。同时检查多个变量时，当每个变量被检测时都返回 true，结果才为 true，否则结果为 false。

图 3-4　使用 empty()函数

【例 3.5】使用 isset()函数(示例文件 ch03\3.5.php)。

```php
<?php
$a=5;
$b="春花秋月何时了";
$c= null;
var_dump(isset($a))."<br/>";      //输出变量的值和类型
var_dump(isset($b))."<br/>";
var_dump(isset($c))."<br/>";
var_dump(isset($b,$c))."<br/>";
?>
```

程序运行结果如图 3-5 所示。

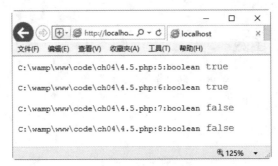

图 3-5　使用 isset()函数

3.3　自定义函数

PHP 不仅提供了大量的内置函数，用户还可以自定义函数。

3.3.1　定义和调用函数

在更多的情况下，程序员面对的是自定义函数。其语法格式如下：

```
function name_of_function(param1, param2, ...){
    statement;
}
```

其中，name_of_function 是函数名，param1、param2 是参数，而 statement 是函数的具体内容。

下面以自定义和调用函数为例进行讲解。

【例 3.6】定义和调用函数(示例文件 ch03\3.6.php)。

```php
<?php
function gushi($name){     //自定义函数 gushi
return $name."<br/>"."胜日寻芳泗水滨，无边光景一时新。"."<br/>"."等闲识得东风面，万
紫千红总是春。";
}
echo gushi('春日'); //调用函数 gushi
?>
```

程序运行结果如图 3-6 所示。

【案例剖析】

值得一提的是，此函数是以值的形式返回的。也就是说 return 语句返回值时，创建了一个值的拷贝，并把它返回给使用此函数的命令或函数，在这里是使用echo 命令。

图 3-6　定义和调用函数

3.3.2　向函数传递参数值

由于函数是一段封闭的程序，很多时候，程序员都需要向函数内传递一些数据，来进行操作。

可以接收传入参数的函数定义形式如下：

```
function 函数名称(参数1，参数2){
算法描述，其中使用参数1和参数2;
}
```

下面通过案例来学习如何向函数传递参数值。

【例 3.7】向函数传递参数值(示例文件 ch03\3.7.php)。

```php
<?php
function cou($a,$b){      //定义函数
$c= $a*$b;
echo "计算结果为：".$c;
}
$a = 5;      //定义全局变量
$b = 8;
cou($a,$b);  //调用函数 count()
echo "<br/>";
cou(5,8);  //调用函数 count()
?>
```

程序运行结果如图 3-7 所示。

【案例剖析】

(1) 以这种方式传递参数值的方法就是向函数传递参数值。

图 3-7　向函数传递参数值

(2) 其中 function cou ($a,$b){}定义了函数和参数。

(3) 不管是通过变量$a 和$b 向函数内传递参数值，还是像 cou (5,8)这样直接传递参数值，效果都是一样的。

3.3.3 向函数传递参数引用

向函数传递参数引用，其实就是向函数传递变量引用。参数引用一定是变量引用，静态数值是没有引用一说的。变量引用其实就是对变量名的使用，即是对变量位置的使用。

下面通过案例来学习。

【例 3.8】向函数传递参数引用(示例文件 ch03\3.8.php)。

```php
<?php
$a = 300;
$b = 50;
function total(&$a, $b){
$a = $b + $b;
echo "求和运算的结果为:$b";
}
total($a, $b);
echo "<br/>";
total($a, $b);
?>
```

图 3-8　向函数传递参数引用

程序运行结果如图 3-8 所示。

【案例剖析】

(1) 以这种方式传递参数值的方法就是向函数传递参数引用。使用"&"符号表示参数引用。

(2) 其中 function total(&$a, $b){}定义了函数、参数和参数引用。变量$a 是以参数引用的方式进入函数的。当函数的运行结果改变了变量$a 引用的时候，在函数外的变量$a 的值也发生了改变。也就是函数改变了外部变量的值。

3.3.4 从函数中返回值

以上的一些例子都是把函数运算完成的值直接打印出来。但是，在很多情况下，程序并不需要直接把结果打印出来，而是仅仅给出结果，并且把结果传递给调用这个函数的程序，为其所用。

这里需要用到 return 关键字。

【例 3.9】从函数中返回值(示例文件 ch03\3.9.php)。

```php
<?php
function lian($a,$b){
return $a.$b;
}
$a = "应怜屐齿印苍苔，小扣柴扉久不开。";
$b = "春色满园关不住，一枝红杏出墙来。";
echo lian($a,$b);
?>
```

程序运行结果如图 3-9 所示。

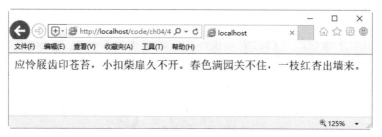

图 3-9　从函数中返回值

【案例剖析】

(1)　在函数 function lian($a,$b)的算法中，直接使用 return 把运算的值返回给调用此函数的程序。

(2)　其中"echo lian($a,$b);"语句调用了此函数，lian()把运算结果值返回给了 echo 语句，才有上面的显示。当然，这里也可以不用 echo 来处理返回值，而是对其进行其他处理，比如赋值给变量等。

3.3.5　引用函数

不管是 PHP 中的内置函数，还是程序员在程序中的自定义函数，都可以直接简单地通过函数名调用。但是在操作过程中也有些不同，大致分为以下 3 种情况。

(1)　如果是 PHP 的内置函数，如 date()，可以直接调用。

(2)　如果是 PHP 的某个库文件中的函数，则需要用 include()或 require()命令把此库文件加载，然后才能使用。

(3)　如果是自定义函数，若与引用程序在同一个文件中，则可直接引用；若此函数不在当前文件内，则需要用 include()或 require()命令加载。

对函数的引用，实质上是对函数返回值的引用。

【例 3.10】引用函数(示例文件 ch03\3.10.php)。

```php
<?php
function &example($aa=1){          //定义一个函数，别忘了加"&"符号
return $aa;                        //返回参数$aa
}
$bb = &example("引用函数的实例");    //声明一个函数的引用$str1
echo $bb;
?>
```

程序运行结果如图 3-10 所示。

【案例剖析】

(1)　本例首先定义一个函数，然后变量$bb 将引用函数，最后输出变量$bb，实质上是$aa 的值。

(2)　与参数传递不同，使用函数引用时，定义函数和引用函数都必须使用"&"符号，表明返回的是一个引用。

图 3-10　引用函数

3.3.6 取消函数引用

对于不需要引用的函数,可以做取消操作。取消引用函数使用 unset()函数来完成,目的是断开变量名和变量内容之间的绑定,此时并没有销毁变量内容。

【例 3.11】取消函数引用(示例文件 ch03\3.11.php)。

```php
<?php
$a = 86;                              //声明一个整型变量
$b = &$a;                             //声明一个对变量$a的引用$b
echo "变量b的值为:".$b."<br/>";      //输出引用$b
unset($b);                            //取消引用$b
echo "变量b的值为:".$b."<br/>";      //再次输出引用
echo "变量a的值为: ".$a;             //输出原变量
?>
```

程序运行结果如图 3-11 所示。

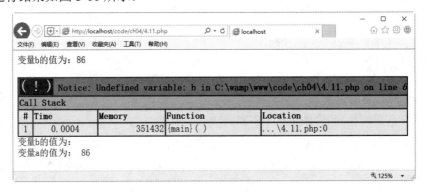

图 3-11 取消函数引用

【案例剖析】

本程序首先声明一个变量和变量的引用,输出引用后取消引用,再次调用引用和原变量。从图 3-11 可以看出,取消引用后,再次调用引用$b,将会提示警告信息;再次调用原变量$a,可以发现取消函数引用后,对原变量没有任何影响。

3.3.7 变量函数

所谓变量函数,是指通过变量来访问的函数。当变量后有圆括号时,PHP 将自动寻找与变量的值同名的函数,然后执行该函数。

【例 3.12】变量函数(示例文件 ch03\3.12.php)。

```php
<?php
function ff() {                        // 声明 ff()函数
echo '墙角数枝梅,凌寒独自开。<br/>';
    echo '遥知不是雪,为有暗香来。<br/>';
}
function fc($string)                    {// 声明 fc()函数
    echo '调用 ff() 函数!<br/>';
```

```
    echo $string;
}
$var_ff = 'ff';    // 将 fun 函数名赋值给变量
$var_ff();          //调用该变量值同名函数并执行，调用 ff() 函数
$var_ff = 'fc';     //重新赋值
$var_ff('泉眼无声惜细流，树阴照水爱晴柔。');
/*
调用 ff() 函数!
通过改变变量的值，实现调用其他函数
*/
?>
```

程序运行结果如图 3-12 所示。

图 3-12 变量函数

3.4 PHP 7 的新变化——新增 intdiv()函数

在 PHP 7 中，新增了整除函数 intdiv()。其语法格式如下：

```
intdiv(a, b);
```

该函数返回值为 a 除以 b 的值并取整。

【例 3.13】 使用 intdiv() 函数 (示例文件 ch03\3.13.php)。

```
<?php
echo intdiv(10, 3)."<br/>";
echo intdiv(6, 3) ."<br/>";
echo intdiv(1, 2) ."<br/>";
?>
```

图 3-13 使用 intdiv()函数

程序运行结果如图 3-13 所示。

3.5 包 含 文 件

如果想让自定义的函数被多个文件使用，可以将自定义函数组织到一个或者多个文件中，这些收集函数定义的文件就是用户自己创建的 PHP 函数库。通过使用 require 和 include 等语句可以将函数库载入到脚本程序中。

3.5.1　require 和 include

require 和 include 语句不是真正意义上的函数，属于语言结构。通过 include 和 require 语句都可以实现包含并运行指定文件。

(1) require：在脚本执行前读入它包含的文件，通常在文件的开头和结尾处使用。

(2) include：在脚本读到它的时候才将包含的文件读进来，通常在流程控制的处理区使用。

require 和 include 语句在处理失败方面是不同的。当文件读取失败后，require 将产生一个致命错误，而 include 则产生一个警告。可见，如果遇到文件丢失时需要继续运行，则使用 include，如果想停止处理页面，则使用 require。

【例 3.14】使用 include(示例文件 ch03\3.14.php 和 test.php)。

其中，3.14.php 代码如下：

```php
<?php
$aaa = '杨柳青青江水平';          //定义一个变量 aaa
$bbb = '闻郎江上唱歌声';          //定义一个变量 bbb
?>
```

test.php 代码如下：

```php
<?php
echo " $aaa $bbb";              //未载入文件前调用两个变量
include '3.14.php';
echo " $aaa $bbb ";            //载入文件后调用两个变量
?>
```

运行 test.php 的结果如图 3-14 所示。从结果可以看出，使用 include 时，虽然出现了警告，但是脚本程序仍然在运行。

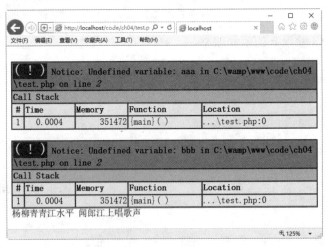

图 3-14　运行 test.php 的结果

3.5.2　include_once 和 require_once

include_once 和 require_once 语句在脚本执行期间包含并运行指定文件，作用与 include 和

require 语句类似。唯一的区别是，如果该文件的代码被包含了，则不会再次包含，只会包含一次，从而避免函数重复定义以及变量重复赋值等问题。

3.6 疑难解惑

疑问 1: 什么是递归函数?

答: 在 PHP 语言中，函数直接或间接调用函数本身，则该函数称为递归函数。在使用递归函数时，需要注意死循环问题。

下面通过案例来了解递归函数的使用方法。

【例 3.15】使用递归函数(示例文件 ch03\3.15.php)。

```php
<?php
function tt($n) {              // 声明自定义函数
echo $n."<br/>";              // 函数体内可执行语句，显示实参值
if($n<0)                      //条件判断是否执行或终止递归动作
        tt($n+1);            //开始递归，并给出附加条件改变变量的值，防止死循环
}
tt(-15);                      // 执行递归函数
?>
```

程序运行结果如图 3-15 所示。

图 3-15　使用递归函数

疑问 2: 如何销毁指定的变量?

答: 在 PHP 中，用户可以通过 unset()函数销毁指定的变量，还可以同时销毁多个变量。例如同时销毁变量 a、b 和 c，代码如下:

```
unset(a,b,c)
```

值得注意的是，对全局变量而言，如果在函数内部销毁，只是在函数内部起作用，而函

数调用结束后，全局变量依然存在并有效。

疑问 3: 如何合理运用 include_once 和 require_once？

答：include 和 require 语句在其他 PHP 语句执行之前运行，引入需要的语句并加以执行。但是每次运行包含此语句的 PHP 文件时，include 和 require 语句都要运行一次。include 和 require 语句如果在先前已经运行过，并且引入了相同的文件，则系统就会重复引入这个文件，从而产生错误。而 include_once 和 require_once 语句只是在此次运行的过程中引入特定的文件或代码，但是在引入之前，会先检查所需文件或者代码是否已经引入，如果已经引入，将不再重复引入，从而不会造成冲突。

疑问 4: 程序检查后正确，却显示 Notice: Undefined variable，为什么？

答：PHP 默认配置会报这个错误，就是将警告在页面上打印出来，虽然这有利于暴露问题，但实际使用过程中会存在很多问题。

通用的解决办法是修改 php.ini 的配置，需要修改的参数如下。

(1) 找到 error_reporting = E_ALL，修改为 error_reporting = E_ALL & ~E_NOTICE。

(2) 找到 register_globals = Off，修改为 register_globals = On。

第 4 章

程序的执行方向——
程序控制结构

编程语言都是由各种程序结构组成的，常见的有顺序结构、条件结构和循环结构。理解程序的结构，对于学习 PHP 非常重要。本章主要介绍 PHP 语言中的程序结构的使用方法和技巧。

4.1 流程控制概述

流程控制，也叫控制结构，是在一个应用中用来定义执行程序流程的程序。它决定了某个程序段是否会被执行和执行多少次。

PHP 中的控制语句分为 3 类：顺序控制语句、条件控制语句和循环控制语句。其中顺序控制语句是从上到下依次执行的，这种结构没有分支和循环，是 PHP 程序中最简单的结构。下面主要讲述条件控制语句和循环控制语句。

4.2 条件控制结构

条件控制语句中包含两个主要的语句：一是 if 语句；二是 switch 语句。

4.2.1 单一条件分支结构(if 语句)

if 语句是最为常见的条件控制语句。其语法格式如下：

```
if(条件判断语句) {
    执行语句;
}
```

这种形式只是对一个条件进行判断。如果条件成立，则执行命令语句，否则不执行。

if 语句的控制流程如图 4-1 所示。

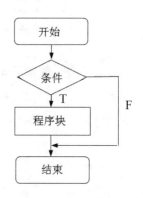

图 4-1　if 语句的控制流程

【例 4.1】使用 if 语句(示例文件 ch04\4.1.php)。

```php
<?php
$a = rand(1,200);              //使用 rand()函数生成一个随机数
echo "变量 a 值为: ".$a."<br/>";
if ($a>50){                    //判断变量 a 是否大于 50
    echo "变量 a 大于 50";     //输出信息，变量 a 的值大于 50
}
?>
```

运行后刷新页面，结果如图 4-2 所示。

【案例剖析】

(1) 此案例首先使用 rand()函数随机生成一个整数$a。然后判断这个随机整数是不是大于 50，如果是，则输出上述结果；如果不是，则不输出任何内容。所以如果页面内容显示为空，则刷新页面即可。

(2) rand()函数返回随机整数。其语法格式如下：

图 4-2　使用 if 语句

```
rand(min,max)
```

此函数主要是返回 min 和 max 之间的一个随机整数。如果没有提供可选参数 min 和 max，rand()将返回 0 到 RAND_MAX 之间的伪随机整数。

4.2.2 双向条件分支结构(if…else 语句)

如果是非此即彼的条件判断，可以使用 if…else 语句。其语法格式如下：

```
if(条件判断语句){
    执行语句A;
}else{
    执行语句B;
}
```

这种结构形式首先判断条件是否为真，如果为真，则执行语句 A，否则执行语句 B。

if…else 语句的控制流程如图 4-3 所示。

【例 4.2】使用 if…else 语句(示例文件 ch04\4.2.php)。

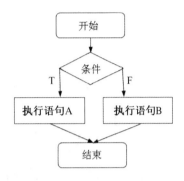

图 4-3　if…else 语句的控制流程

```
<?php
$a = rand(1,200);                    //使用 rand()函数生成一个随机数
echo "变量 a 值为："  .$a."<br/>";
if ($a>50){                          //判断变量 a 是否大于 50
    echo "变量 a 大于 50";            //输出信息，变量 a 的值大于 50
}else{
    echo "变量 a 小于或等于 50";      //否则输出变量小于或等于 50
}
?>
```

程序运行结果如图 4-4 所示。

4.2.3 多向条件分支结构(elseif 语句)

在条件控制结构中，有时会出现多于两种的选择，此时可以使用 elseif 语句。其语法格式如下：

```
if(条件判断语句){
    命令执行语句;
}elseif(条件判断语句){
    命令执行语句;
}
...
else{
    命令执行语句;
}
```

elseif 语句的控制流程如图 4-5 所示。

图 4-4　使用 if…else 语句

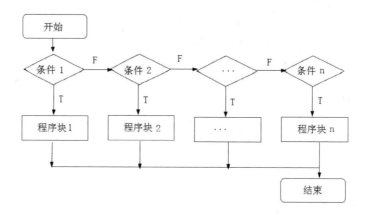

图 4-5　elseif 语句的控制流程

【例 4.3】使用 elseif 语句(示例文件 ch04\4.3.php)。

```php
<?php
    $score = 75;                                   //设置成绩变量$score
    if ($score >= 0 and $score <= 60){             //判断成绩变量是否为 0~60
        echo "您的成绩为差";                        //如果是，说明成绩为差
    }elseif($score > 60 and $score <= 80){         //否则判断成绩变量是否为 61~80
        echo "您的成绩为中等";                      //如果是，说明成绩为中等
    }else{                                         //如果两个判断都是 false，则输出默认值
        echo "您的成绩为优等";                      //说明成绩为优等
    }
?>
```

程序运行结果如图 4-6 所示。

4.2.4　多向条件分支结构(switch 语句)

switch 语句的结构给出不同情况下可能执行的程序块，条件满足哪个程序块，就执行哪个。其语法格式如下：

图 4-6　使用 elseif 语句

```
switch(条件判断语句){
    case 判断结果为 a:
        执行语句 1;
        break;
    case 判断结果为 b:
        执行语句 2;
        break;
    ...
    default:
        执行语句 n;
}
```

"条件判断语句"的结果符合哪个可能的"判断结果"，就执行其对应的"执行语句"。如果都不符合，则执行 default 对应的默认"执行语句 n"。

switch 语句的控制流程如图 4-7 所示。

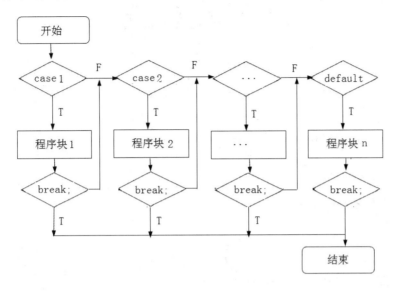

图 4-7 switch 语句的控制流程

【例 4.4】使用 switch 语句(示例文件 ch04\4.4.php)。

```php
<?php
$x = 10;
switch ($x)
{
    case 1:
        echo "数值为 1";
        break;
    case 2:
        echo "数值为 2";
        break;
    case 3:
        echo "数值为 3";
        break;
    case 4:
        echo "数值为 4";
        break;
    case 5:
        echo "数值为 5";
        break;
    default:
        echo "数值不在 1~5 之间";
}
?>
```

程序运行结果如图 4-8 所示。

图 4-8 使用 switch 语句

4.3 循环控制结构

循环控制语句中主要包括 3 个语句，即 while 循环、do...while 循环和 for 循环。while 循环在代码运行的开始检查条件的真假；而 do...while 循环则是在代码运行的末尾检查条件的真假，所以，do...while 循环至少要运行一次。

4.3.1 while 循环语句

while 循环的语法格式如下：

```
while (条件判断语句){
    执行语句;
}
```

其中当"条件判断语句"为 true 时，执行后面的"执行语句"，然后返回到条件判断语句继续进行判断，直到表达式的值为假，才能跳出循环，执行后面的语句。

while 循环语句的控制流程如图 4-9 所示。

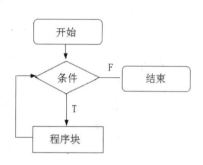

图 4-9 while 循环语句的控制流程

【例 4.5】使用 while 循环语句(示例文件 ch04\4.5.php)。

```php
<?php
$num = 1;
$str = "15以内的奇数为：";
while($num <=15){
    if($num % 2!= 0){
      $str .= $num." ";
        }
        $num++;
    }
    echo $str;
?>
```

程序运行结果如图 4-10 所示。

【案例剖析】

本例主要实现 15 以内的奇数输出。从 1~15 依次判断是否为奇数，如果是，则输出；如果不是，则继续下一次循环。

4.3.2 do...while 循环语句

do...while 循环的语法格式如下：

图 4-10 使用 while 循环语句

```
do{
    执行语句;
}while(条件判断语句)
```

首先执行 do 后面的"执行语句"，其中的变量会随着命令的执行发生变化。当此变量通过 while 后的"条件判断语句"判断为 false 时，将停止循环执行"执行语句"。

do…while 循环语句的控制流程如图 4-11 所示。

【例 4.6】使用 do…while 循环语句(示例文件 ch04\4.6.php)。

```php
<?php
$aa = 0;
                    //声明一个整数变量$aa
while($aa != 0){
                    //使用 while 循环输出
    echo "不会被执行的内容";
                    //这句不会被输出
}
do{
                    //使用 do...while 循环输出
    echo "被执行的内容";
                    //这句会被输出
}while($aa != 0);
?>
```

程序运行结果如图 4-12 所示。从结果可以看出，while 语句和 do…while 语句有很大的区别。

4.3.3 for 循环语句

for 循环的语法格式如下：

```
for(expr1; expr2; expr3)
{
    命令语句;
}
```

其中 expr1 为条件的初始值，expr2 为判断的最终值，通常都是用比较表达式或逻辑表达式充当判断的条件；执行完"命令语句"后，再执行 expr3。

for 循环语句的控制流程如图 4-13 所示。

【例 4.7】使用 for 循环语句(示例文件 ch04\4.7.php)。

```php
<?php
for($i=0; $i<4; $i++){
```

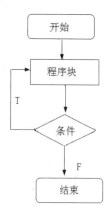

图 4-11　do…while 循环语句的控制流程

图 4-12　使用 do…while 循环语句

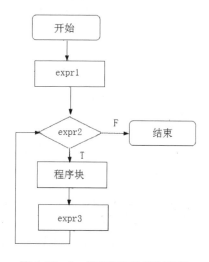

图 4-13　for 循环语句的控制流程

网站开发案例课堂

```
    echo "迢迢牵牛星, 皎皎河汉女。<br/>";
}
?>
```

程序运行结果如图 4-14 所示。从中可以看出,
语句执行了 4 次。

4.3.4　foreach 循环语句

foreach 语句是十分常用的一种循环语句,它经
常被用来遍历数组元素。其语法格式如下:

图 4-14　使用 for 循环语句

```
foreach(数组 as 数组元素){
    对数组元素的操作命令;
}
```

可以把数组分为两种情况,即不包含键值的数组和包含键值的数组。

(1)　不包含键值的数组:

```
foreach(数组 as 数组元素值){
    对数组元素的操作命令;
}
```

(2)　包含键值的数组:

```
foreach(数组 as 键值 => 数组元素值){
    对数组元素的操作命令;
}
```

每进行一次循环,当前数组元素的值就会被赋值给数组元素值变量,数组指针会逐一地
移动,直到遍历结束为止。

【例 4.8】使用 foreach 循环语句(示例文件 ch04\4.8.php)。

```
<?php
$arr = array("苹果", "香蕉", "西红柿");
foreach ($arr as $value)
{
    echo "水果名称: " . $value . "<br />";
}
?>
```

图 4-15　使用 foreach 循环语句

程序运行结果如图 4-15 所示。从中可以看出,语句
执行了 3 次。

4.3.5　流程控制的另一种书写格式

在一个含有多条件、多循环的语句中,包含多个{},查看起来比较烦琐。流程控制语句
的另外一种书写方式是以 ":" 来代替左边的大括号,使用 endif、endwhile、endfor、endreach
和 endswitch 来替代右边的大括号,这种描述程序结构的可读性比较强。

例如常见的格式如下。

(1) if 语句：

```
if(条件判断语句):
    执行语句1;
elseif(条件判断语句):
    执行语句2;
elseif(条件判断语句):
    执行语句3;
...
else:
    执行语句n;
endif;
```

(2) switch 语句：

```
switch(条件判断语句):
    case  判断结果a:
        执行语句1;
    case  判断结果b:
        执行语句2;
    ...
    default:
        执行语句n;
endswitch;
```

(3) while 循环：

```
while(条件判断语句):
    执行语句;
endwhile;
```

(4) for 循环：

```
for(初始化语句;条件终止语句;增幅语句):
    执行语句;
endfor;
```

【例 4.9】使用流程控制的另一种书写格式(示例文件 ch04\4.9.php)。

```php
<?php
$mixnum = 1;
$maxnum = 10;
$tmparr[][] = array();
$tmparr[0][0] = 1;
for($i = 1; $i < $maxnum; $i++):
    for($j = 0; $j <= $i; $j++):
        if($j == 0 or $j == $i):
                $tmparr[$i][$j] = 1;
            else:
                $tmparr[$i][$j] = $tmparr[$i - 1][$j - 1] + $tmparr[$i - 1][$j];
        endif;
    endfor;
endfor;
foreach($tmparr as $value):
    foreach($value as $vl)
        echo $vl.' ';
```

```
    echo '<p>';
endforeach;
?>
```

程序运行结果如图 4-16 所示。从中可以看出，该代码使用新的书写格式实现了杨辉三角的排列输出。

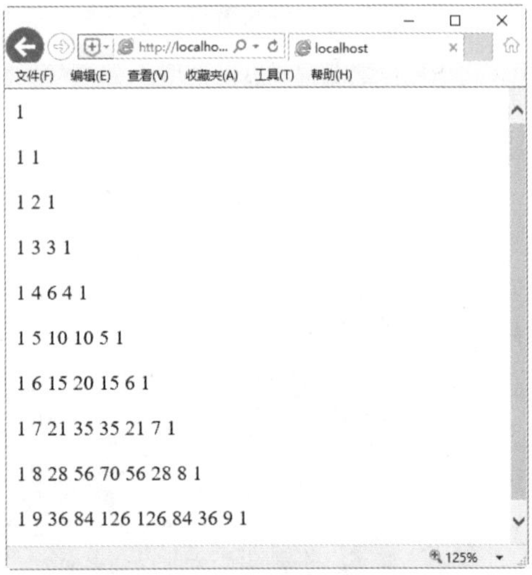

4.3.6 使用 break/continue 语句跳出循环

break 关键字用来跳出(也就是终止)循环控制语句和条件控制语句中的 switch 控制语句的执行。例如：

```
<?php
$n = 0;
while (++$n) {
    switch ($n) {
    case 1:
        echo "case one";
        break;
    case 2:
        echo "case two";
        break 2;
    default:
        echo "case three";
        break 1;
    }
}
?>
```

图 4-16 使用流程控制的另一种书写格式

在这段程序中，while 循环控制语句里面包含一个 switch 流程控制语句。在程序执行到 break 语句时，break 会终止执行 switch 语句，或者是终止执行 switch 和 while 语句。其中，case 1 下的 break 语句跳出了 switch 语句。case 2 下的 break 2 语句跳出 switch 语句和包含 switch 的 while 语句。case 3 下的 break 1 语句与 case 1 下的 break 语句一样，只是跳出 switch 语句。这里，break 后所携带的数字参数是指 break 要跳出的控制语句结构的层数。

使用 continue 关键字的作用是，跳开当前的循环迭代项，直接进入到下一个循环迭代项，继续执行程序。下面通过一个示例来说明此关键字的作用。

【例 4.10】使用 continue 关键字(示例文件 ch04\4.10.php)。

```
<?php
$n = 0;
while ($n++ < 6) {
    if ($n == 2){
        continue;
    }
    echo $n."<br />";
}
```

```
?>
```

程序运行结果如图 4-17 所示。

【案例剖析】

continue 关键字在 n 等于 2 的时候跳离本次循
环，并且直接进入到下一个循环迭代项，即当 n 等
于 3。另外，continue 关键字和 break 关键字一
样，都可以在后面直接跟一个数字参数，用来表示
跳开循环的结构层数，即 continue 与 continue 1 相
同，continue 2 表示跳离所在循环和上一级循环的
当前迭代项。

图 4-17　使用 continue 关键字

4.4　案例实战 1——条件分支结构的应用

下面的例子将模拟酒店管理系统中的对人员数目的判断。这里使用各种条件分支结构的
方法。

【例 4.11】综合应用条件分支结构(示例文件 ch04\4.11.php)。

```php
<?php
$members = Null;
function checkmembers($members){
    if ($members < 1){
        echo "我们不能为少于一人的顾客提供房间。<br/>";
    }else{
        echo "欢迎来到派克斯酒店。<br />";
    }
}
checkmembers(2);
checkmembers(0.5);
function checkmembersforroom($members){
    if ($members < 1){
        echo "我们不能为少于一人的顾客提供房间。<br />";
    }elseif( $members == 1 ){
        echo "欢迎来到派克斯酒店。我们将为您准备单床房。<br />";
    }elseif( $members == 2 ){
        echo "欢迎来到派克斯酒店。我们将为您准备标准间。<br />";
    }elseif( $members == 3 ){
        echo "欢迎来到派克斯酒店。我们将为您准备三床房。<br />";
    }else{
        echo "请直接电话联系我们，我们将依照具体情况为您准备合适的房间。<br />";
    }
}
checkmembersforroom(1);
checkmembersforroom(2);
checkmembersforroom(3);
checkmembersforroom(5);
function switchrooms($members){
```

```
    switch ($members){
        case 1:
            echo "欢迎来到派克斯酒店。我们将为您准备单床房。<br />";
            break;
        case 2:
            echo "欢迎来到派克斯酒店。我们将为您准备标准间。<br />";
            break;
        case 3:
            echo "欢迎来到派克斯酒店。我们将为您准备三床房。<br />";
            break;
        default:
            echo "请直接电话联系我们,我们将依照具体情况为您准备合适的房间。";
            break;
    }
}
switchrooms(1);
switchrooms(2);
switchrooms(3);
switchrooms(5);
?>
```

程序运行结果如图 4-18 所示。

图 4-18　综合应用条件分支结构

【案例剖析】

其中最后 4 行由 switch 语句实现。其他输出均由 if 语句实现。

4.5　案例实战 2——循环控制结构的应用

下面以遍历已订房间门牌号为例,介绍循环控制语句的应用技巧。

【例 4.12】综合应用循环控制结构(示例文件 ch04\4.12.php)。

```
<?php
$bookedrooms = array('102','202','203','303','307');
for ($i=0; $i<5; $i++){
    echo $bookedrooms[$i]."<br />";
}
```

```
function checkbookedroom_while($bookedrooms){
    $i = 0;
    while (isset($bookedrooms[$i])){
        echo $i.":".$bookedrooms[$i]."<br />";
        $i++;
    }
}
checkbookedroom_while($bookedrooms);
$i = 0;
do{
    echo $i."-".$bookedrooms[$i]."<br />";
    $i++;
} while($i < 2);
?>
```

程序运行结果如图 4-19 所示。

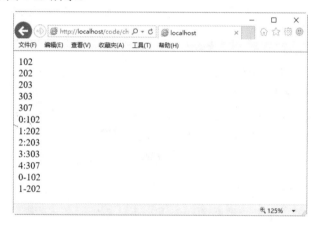

图 4-19 综合应用循环控制结构

【案例剖析】

其中，102～307 由 for 循环实现。0:102～4:307 由 while 循环实现。0-102 和 1-202 由 do…while 循环实现。for 循环和 while 循环都完全遍历了数组$bookedrooms，而 do…while 循环由于 while($i < 2)，所以 do 后面的命令执行了 2 次。

4.6 疑 难 解 惑

疑问 1：PHP 中跳出循环的方法有几种？

答：PHP 中的循环结构大致有 for 循环、while 循环、do…while 循环及 foreach 循环几种，不管哪种循环，在 PHP 中跳出循环大致有以下几种方式。

1) continue

continue 用在循环结构中，控制程序放弃本次循环 continue 语句之后的代码并转而进行下一次循环。continue 本身并不跳出循环结构，只是放弃这一次循环。如果在非循环结构中(如 if 语句或 switch 语句中)使用 continue，程序将会出错。

2) break

break 是被用在各种循环和 switch 语句中的。它的作用是跳出当前的语法结构，执行下面的语句。break 语句可以带一个参数 n，表示跳出循环的层数。如果要跳出多重循环，则可以用 n 来表示跳出的层数；如果不带参数，则默认是跳出本重循环。

3) goto

goto 实际上只是一个运算符。和其他语言一样，PHP 中也不鼓励滥用 goto，因为滥用 goto 会导致程序的可读性严重下降。goto 的作用是将程序的执行从当前位置跳转到其他任意位置。goto 本身并没有要结束循环的作用，但其跳转位置的作用使得其可以作为跳出循环使用。但 PHP 5.3 及以上版本停止了对 goto 的支持，所以应该尽量避免使用 goto。

4) exit

exit 是用来结束程序执行的。可以用在任何地方，本身没有跳出循环的含义。exit 可以带一个参数。如果参数是字符串，PHP 将会直接把字符串输出；如果参数是 integer 整型(范围是 0~254)，那么参数将会被作为结束状态使用。

5) return

return 语句是用来结束一段代码并返回一个参数的。可以从一个函数里调用，可以从一个 include 或者 require 语句包含的文件里调用，也可以是在主程序里调用。如果是从函数里调用，程序将会马上结束运行并返回参数。如果是从 include 或者 require 语句包含的文件中调用，程序执行将会马上返回到调用该文件的程序，而返回值将作为 include 或者 require 的返回值。而如果是在主程序中调用，那么主程序将会马上停止执行。

疑问 2：循环体内使用的变量，定义在哪个位置好？

答：在 PHP 语言中，如果变量要多次使用，而且变量的值不改变，建议将改变量定义在循环体以外；否则，就将该变量定义在循环体以内比较好。

第5章

不可不说的文本数据
——字符串

字符串在 PHP 程序中经常应用。如何格式化字符串、切分与组合字符串、比较字符串等，是初学者经常遇到的问题。本章介绍字符串的操作方法和技巧。

5.1　字符串的单引号和双引号

字符串是指一连串不中断的字符。这里的字符主要包括以下几种类型。

(1)　字母类型。例如常见的 a、b、c 等。

(2)　数字类型。例如常见的 1、2、3、4 等。

(3)　特殊字符类型。例如常见的#、%、^、$等。

(4)　不可见字符类型。例如回车符、Tab 字符、换行符等。

通常使用单引号或双引号来标识字符串，表面看起来没有什么区别。但是，对存在于字符串中的变量来说，二者是不一样的：双引号内会输出变量的值，而单引号内则直接显示变量名称。双引号中可以通过"\"转义符输出的特殊字符如表 5-1 所示。

表 5-1　双引号中可以通过"\"转义符输出的特殊字符

特殊字符	含　义
\n	换行且回到下一行的最前端
\t	Tab
\\	反斜杠
\0	ASCII 码的 0
\$	把此符号转义为单纯的美元符号，而不再作为声明变量的标识符
\r	换行
\{octal #}	八进制转义
\x{hexadecimal #}	十六进制转义

而单引号中可以通过"\"转义符输出的特殊字符只有如表 5-2 所示的两个。

表 5-2　单引号中可以通过"\"转义符输出的特殊字符

特殊字符	含　义
\'	转义为单引号本身，而不作为字符串标识符
\\	反斜杠转义为其本身

下面通过示例来讲解它们的不同用法。

【例 5.1】使用双引号和单引号(示例文件 ch05\5.1.php)。

```php
<?php
$message = "PHP 程序";
echo "这是关于字符串的程序。<br/>";
echo "这是一个关于双引号和\$的$message<br/>";
$message2 = '字符串的程序。';
echo '这是一个关于字符串的程序。<br/> ';
echo '这是一个关于单引号的$message2';
```

```
echo $message2;
?>
```

程序运行结果如图 5-1 所示。可见单引号串和双引号串在 PHP 中处理普通的字符串时效果是一样的，而在处理变量时是不一样的。单引号串中的内容只是被当成普通的字符串处理，而双引号串中的内容是可以被解释并替换的。

【案例剖析】

图 5-1　单引号和双引号的区别

(1) 第一段程序使用双引号对字符串进行处理。"\$"转义成了美元符号。$message 的值"PHP 程序"被输出。

(2) 第二段程序使用单引号对字符串进行处理。$message2 的值在单引号的字符串中无法被输出，但是可以通过变量打印出来。

5.2　字符串的连接符

字符串连接符的使用十分频繁，这个连接符就是"."(点)。它可以直接连接两个字符串，可以连接两个字符串变量，也可以连接字符串和字符串变量。

【例 5.2】使用字符串的连接符(示例文件 ch05\5.2.php)。

```
<?php
//定义字符串
$a = "桃杏依稀香暗渡。";
$b = "谁在秋千，笑里轻轻语。";
//连接上面两个字符串 中间用逗号分隔
$c = $a.$b;        //输出连接后的字符串
echo $c;
?>
```

图 5-2　使用字符串的连接符

程序运行结果如图 5-2 所示。

除了上面的方法以外，读者还可以使用{}方法连接字符串，此方法类似于 C 语言中 printf 的占位符。下面举例说明其使用方法。

【例 5.3】使用{}方法连接字符串(示例文件 ch05\5.3.php)。

```
<?php
//定义需要插入的字符串
$a = "百花";
$b = "雪埋藏";
//生成新的字符串
$c = "一朵忽先变，{$a}皆后香。欲传春信息，不怕{$b}。";    //输出连接后的字符串
echo $c;
?>
```

程序运行结果如图 5-3 所示。

图 5-3　使用{}方法连接字符串

5.3　字符串的基本操作

字符串的基本操作主要包括对字符串的格式化处理、组合/切分字符串、查找字符串、字符串子串的截取与替换等。

5.3.1　手动和自动转义字符串中的字符

手动转义字符串数据，就是在引号内(包括单引号和双引号)通过使用反斜杠 "\" 使一些特殊字符转义为普通字符。这个方法在介绍单引号和双引号的时候已经有了详细的描述。

自动转义字符串的字符，是通过 PHP 的内置函数 addslashes()来完成的。该函数经常用于格式化字符串以实现 MySQL 的数据库储存。

addslashes()函数返回在预定义字符之前添加反斜杠的字符串。预定义字符包括单引号(')、双引号(")、反斜杠(\)和 NULL。

【例 5.4】使用 addslashes()函数(示例文件 ch05\5.4.php)。

```php
<?php
$str = "数点'雨声风约住。朦胧淡月云来去。";
echo $str."<br/>";
echo addslashes($str);
?>
```

程序运行结果如图 5-4 所示。

图 5-4　使用 addslashes()函数

5.3.2　计算字符串的长度

计算字符串的长度在很多应用中都经常出现，比如统计输入框输入文字的多少等。这个功能使用 strlen()函数就可以实现。下面通过实例介绍计算字符串长度的方法和技巧。

【例 5.5】使用 strlen()函数(示例文件 ch05\5.5.php)。

```php
<?php
  $aa = "千磨万击还坚劲，任尔东西南北风。good";
  $length = strlen($aa);
  if(strlen($aa)>40){
      echo "输入的字符串的长度不能大于 40 个字符。";
  }else{
      echo "此字符串长度为:$length";
  }
?>
```

程序运行结果如图 5-5 所示。

【案例剖析】

(1)　$aa 为一个字符串变量。strlen($aa)则是直接调用 strlen()函数计算出字符串的长度。

(2)　在 if 语句中，strlen($aa)返回字符串长度并与 40 这一上限做比较。

(3)　$aa 中有中文和英文两种字符。由于每个中文字符占两个字符位，而每个英文字符只占一个字符位，且字符串内的每个空格也算一个字符位，所以，最后字符串的长度为 36 个字符。

图 5-5　使用 strlen()函数

5.3.3　字符串单词统计

有时候，对字符串的单词进行统计有更大的意义。使用 str_word_count()函数可以实现此操作，但该函数只对基于 ASCII 码的英文单词起作用，并不对 UTF8 的中文字符起作用。

下面通过例子介绍字符串单词统计中的应用和技巧。

【例 5.6】使用 str_word_count()函数(示例文件 ch05\5.6.php)。

```php
<?php
$aa = "How many words in this sentence? Just count it.";
$bb = "爆竹声中一岁除，春风送暖入屠苏。千门万户瞳瞳日，总把新桃换旧符。";
echo "变量 aa 的长度为: ".str_word_count($aa)."<br/>";
echo "变量 bb 的长度为: ".str_word_count($bb);
?>
```

程序运行结果如图 5-6 所示。可见 str_word_count()函数无法计算中文字符，查询结果为 0。

图 5-6　使用 str_word_count()函数

5.3.4 清理字符串中的空格

空格在很多情况下是不必要的。因此，清除字符串中的空格显得十分重要。例如，在判定输入是否正确的程序中，出现了不必要的空格，将增大程序出现错误判断的概率。

清除空格要使用到 ltrim()、rtrim()和 trim()函数。

其中，ltrim()是从左面清除字符串头部的空格，rtrim()是从右面清除字符串尾部的空格，trim()则是从字符串两边同时去除头部和尾部的空格。

下面通过示例介绍去除字符串中空格的方法和技巧。

【例 5.7】清理字符串中的空格(示例文件 ch05\5.7.php)。

```php
<?php
$aa = "  朱雀桥边野草花，乌衣巷口夕阳斜。   ";
echo "清理空格后:".ltrim($aa)."结尾<br/>";
echo "清理空格后:".rtrim($aa)."结尾<br/>";
echo "清理空格后:".trim($aa)."结尾<br/>";
$bb = "  旧时王谢  堂前燕，飞入寻   常百姓家。 ";
echo "清理空格后:".trim($bb)."结尾";
?>
```

程序运行结果如图 5-7 所示。

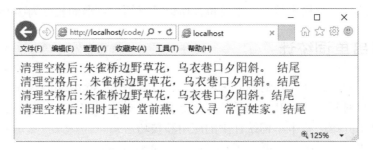

图 5-7　清理字符串中的空格

【案例剖析】

(1) $aa 为一个两端都有空格的字符串变量。ltrim($aa)从左边去除空格，rtrim($aa)从右边去除空格，而 trim($aa)则从两边同时去除，得到这些输出结果。

(2) $bb 为一个两端都有空格且中间也有空格的字符串。用 trim($bb)处理，只是去除了两边的空格。

5.3.5 字符串的切分与组合

字符串的切分使用 explode()和 strtok()函数。切分的反向操作为组合，使用 implode()和 join()函数。

其中，explode()把字符串切分成不同部分后，存入一个数组。implode()函数则是把数组中的元素按照一定的间隔标准组合成一个字符串。

下面通过示例介绍字符串切分和组合的方法和技巧。

【例 5.8】 字符串的切分与组合(示例文件 ch05\5.8.php)。

```php
<?php
$aa = "How_to_split_this_sentence";
$bb = "向晚 意不适，驱车 登古原。夕阳 无限好，只是 近黄昏。";//把这个句子按空格拆分。
$a = explode('_',$aa);
print_r($a);
echo "<br/>";
$b = explode(' ',$bb);
print_r($b);
echo "<br/>";
echo implode('>',$a)."<br/>";        //按>号把变量 a 分开
echo implode('*',$b);                //按*号把变量 a 分开
?>
```

程序运行结果如图 5-8 所示。

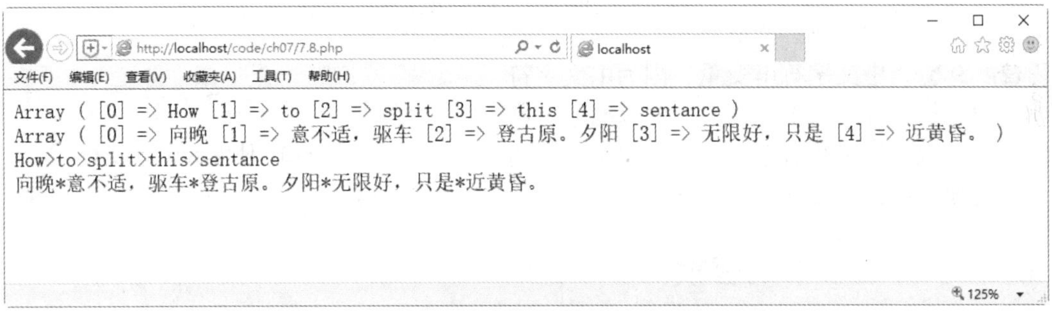

图 5-8　字符串的切分与组合

【案例剖析】

(1)　explode()函数把$aa 和$bb 按照下画线和空格的位置分别切分成$a 和$b 两个数组。

(2)　implode()函数把$a 和$b 两个数组的元素分别按照 ">" 为间隔和 "*" 为间隔组合成新的字符串。

5.3.6　字符串子串的截取

在一串字符串中截取一个子串，就是字符串截取。

完成这个操作需要用到 substr()函数。这个函数有 3 个参数，分别规定了目标字符串、起始位置和截取长度。它的语法格式如下：

```
substr(目标字符串, 起始位置, 截取长度)
```

其中目标字符串是某个字符串变量的变量名，起始位置和截取长度都是整数。

如果都是正数，起始位置的整数必须小于截取长度的整数，否则函数返回值为假。

如果截取长度为负数，则意味着是从起始位置开始往后除去从目标字符串结尾算起的长度数的字符以外的所有字符。

下面通过示例介绍字符串截取的方法和技巧。

【例 5.9】 截取字符串(示例文件 ch05\5.9.php)。

```php
<?php
$aa = " To the world you may be one person ";
$bb = "杨柳青青江水平, 闻郎江上踏歌声。";
echo substr($aa,0,10)."<br/>";
echo substr($aa,1,8)."<br/>";
echo substr($aa,0,-2)."<br/>";
echo substr($bb,0,10)."<br/>";
echo substr($bb,0,8)."<br/>";
echo substr($bb,0,11);
?>
```

程序运行结果如图5-9所示。

【案例剖析】

(1) $aa 为英文字符串变量。substr($aa,0,10)、substr($aa,1,8)展示了起始位置和截取长度。substr($aa,0,-2)则是从字符串开头算起，除了最后两个字符，其他字符都截取。

(2) $bb 为中文字符串变量。因为中文字符都是全角字符，都占两个字符位，所以截取长度一定要是偶数，如果是奇数，则在此字符位上的汉字将不被输出。

图 5-9　使用 substr()函数

5.3.7　字符串子串的替换

在某个字符串中替换其中的某个部分是重要的应用，就像在使用文本编辑器中的替换功能一样。

完成这个操作需要使用 substr_replace()函数。它的语法格式如下：

```
substr_replace(目标字符串, 替换字符串, 起始位置, 替换长度)
```

下面举例介绍字符串替换的方法和技巧。

【例 5.10】使用 substr_replace()函数(示例文件 ch05\5.10.php)。

```php
<?php
$aa = "ID:128565843388654";
echo substr_replace($aa,"************",3,11)."<br/>";
echo substr_replace($aa,"尾号为",3,11);
?>
```

程序运行结果如图5-10所示。

【案例剖析】

(1) $aa 字符串变量从第 3 个字符开始为 ID 号。第一个输出是以"************"替换第三个字符开始往后的 11 个字符。

(2) 第二个输出是用"尾号为"替代第3 个字符开始往后的 11 个字符。

图 5-10　使用 substr_replace()函数

5.3.8 字符串查找

在一个字符串中查找另外一个字符串，就像文本编辑器中的查找功能一样。实现这个操作需要使用 strstr()或 stristr()函数。strstr()函数的语法格式如下：

```
strstr(目标字符串，需查找的字符串)
```

当函数找到需要查找的字符或字符串时，则返回从第一个查找到字符串的位置往后所有的字符串内容。

stristr()函数为不敏感查找，也就是对字符的大小写不敏感。用法与 strstr()相同。

下面通过示例介绍字符串查找的方法和技巧。

【例 5.11】字符串查找(示例文件 ch05\5.11.php)。

```php
<?php
$aa = "I have a Dream that to find a string with a dream.";
$bb = "杨柳青青江水平，闻郎江上踏歌声。东边日出西边雨，道是无晴却有晴。";
echo strstr($aa,"dream")."<br/>";
echo stristr($aa,"dream")."<br/>";
echo strstr($aa,"that")."<br/>";
echo strstr($bb,"歌声")."<br/>";
?>
```

程序运行结果如图 5-11 所示。

图 5-11　字符串查找

【案例剖析】

(1) $aa 为英文字符串变量。strstr($aa, "dream")对大小写敏感，所以输出字符串中最后的字符。stristr($aa, "dream")对大小写不敏感，所以直接在第一个大写的匹配字符处开始输出。

(2) $bb 为中文字符串变量。strstr()函数同样对中文字符起作用。

5.4　疑　难　解　惑

疑问 1：如何格式化字符串？

答：在 PHP 中，有多种方法可以格式化字符串，其中用于数字字符串格式化的 number_format()函数比较常用。该函数的语法格式如下：

```
number_format(number,decimals,decimalpoint,separator)
```

该函数可以有 1 个、2 个或者 4 个参数，但不能有 3 个参数。各个参数的含义如下。

(1) number：必需参数。要格式化的数字。如果没有设置其他参数，则数字会被格式化为不带小数点且以逗号作为分隔符。

(2) decimals：可选参数。规定多少个小数。如果设置了该参数，则使用点号作为小数点来格式化数字。

(3) decimalpoint：可选参数。规定用作小数点的字符串。

(4) separator：可选参数。规定用作千位分隔符的字符串。仅使用该参数的第一个字符。

例如以下代码：

```php
<?php
echo number_format("1000000");
echo "<br/>";
echo number_format("1000000",2);
echo "<br/>";
echo number_format("1000000",2,",",".");
?>
```

程序运行结果如图 5-12 所示。

图 5-12　格式化数字字符串

疑问 2：如何删除由 addslashes() 函数添加的反斜杠？

答：在 PHP 中，如果想删除 addslashes() 函数添加的反斜杠，需要使用 stripslashes() 函数。该函数可用于清理从数据库中或者从 HTML 表单中取回的数据。

例如以下代码：

```php
<?php
echo stripslashes("数点\'雨声风约住。朦胧淡月云来去。");
?>
```

程序运行结果如图 5-13 所示。

图 5-13　删除反斜杠

第 6 章

匹配文本有妙招——
正则表达式

上一章介绍的对字符串的处理比较简单，只是使用一定的函数对字符串进行处理，无法满足对字符串进行复杂处理的需求。此时就需要使用正则表达式。本章重点学习正则表达式的使用方法和技巧。

6.1　什么是正则表达式

正则表达式是把文本或字符串按照一定的规范或模型表示的方法，经常用于文本的匹配操作。

例如，验证用户在线输入的邮件地址的格式是否正确时，常常使用正则表达式技术来匹配，若匹配，则用户所填写的表单信息将会被正常处理；反之，如果用户输入的邮件地址与正则表达的模式不匹配，将会弹出提示信息，要求用户重新输入正确的邮件地址。可见正则表达式在 Web 应用的逻辑判断中具有举足轻重的作用。

6.2　正则表达式的语法规则

一般情况下，正则表达式由两个部分组成，分别是元字符和文本字符。元字符就是具有特殊含义的字符，如?和*等；文本字符就是普通的文本，如字母、数字等。下面主要讲述正则表达式的语法规则。

6.2.1　方括号([ ])

方括号内的一串字符是将要用来进行匹配的字符。

例如，正则表达式在方括号内的[name]是指在目标字符串中寻找字母 n、a、m、e。[jk]表示在目标字符串中寻找字符 j 和 k。

6.2.2　连字符(-)

在很多情况下，不可能逐个列出所有的字符。比如，若需要匹配所有英文字符，则把 26 个英文字母全部输入，这会十分困难。这样，就有了如下表示。

(1)　[a-z]：表示匹配英文小写从 a 到 z 的任意字符。

(2)　[A-Z]：表示匹配英文大写从 A 到 Z 的任意字符。

(3)　[A-Za-z]：表示匹配英文大小写，从大写 A 到小写 z 的任意字符。

(4)　[0-9]：表示匹配从 0 到 9 的任意十进制数。

由于字母和数字的区间固定，所以根据这样的表示方法[开始-结束]，程序员可以重新定义区间大小，如[2-7]、[c-f]等。

6.2.3　点号字符(.)

点号字符在正则表达式中是一个通配符，它代表所有字符和数字。例如，".er"表示所有以 er 结尾的 3 个字符的字符串，可以是 per、ser、ter、@er、&er 等。

6.2.4　限定符(+*?{n,m})

加号"+"表示其前面的字符至少有一个。例如，"9+"表示目标字符串包含至少一个9。

星号"*"表示其前面的字符有不止一个或零个。例如，"y*"表示目标字符串包含 0 个或者不止一个 y。

问号"?"表示其前面的字符有一个或零个。例如，"y?"表示目标字符串包含 0 个或者一个 y。

大括号"{n,m}"表示其前面的字符有 n 或 m 个。例如，"a{3,5}"表示目标字符串包含 3 个或者 5 个 a，而"a{3}"表示目标字符串包含 3 个 a，"a{3,}"表示目标字符串包含至少 3 个 a。

点号和星号一起使用，表示广义同配。即".*"表示匹配任意字符。

6.2.5　行定位符(^和$)

行定位符用来确定匹配字符串所要出现的位置。

如果是在目标字符串开头出现，则使用符号"^"；如果是在目标字符串结尾出现，则使用符号"$"。例如，"^xiaoming"是指 xiaoming 只能出现在目标字符串开头。"8895$"是指 8895 只能出现在目标字符串结尾。

有一个特殊表示，即同时使用^、$两个符号，就是"^[a-z]$"，表示目标字符串要只包含从 a 到 z 的单个字符。

6.2.6　排除字符([^])

符号"^"在方括号内所代表的意义则完全不同，它表示一个逻辑"否"，排除匹配字符串在目标字符串中出现的可能。例如，[^0-9]表示目标字符串包含从 0 到 9 以外的任意其他字符。

6.2.7　括号字符(())

括号字符(())表示子串，所有对包含在子串内字符的操作，都是以子串为整体进行的，也是把正则表达式分成不同部分的操作符。

6.2.8　选择字符(|)

选择字符(|)表示"或"选择。例如，"com|cn|com.cn|net"表示目标字符串包含 com、cn、com.cn 或 net。

6.2.9　转义字符与反斜杠

由于"\"在正则表达式中属于特殊字符，所以，如果单独使用此字符，则将直接表示为作为特殊字符的转义字符。如果要表示反斜杠字符本身，则应当在此字符的前面添加转义字符"\"，即为"\\"。

6.2.10　认证 E-mail 的正则表达式

在处理表单数据的时候，对用户的 E-mail 进行认证是十分常用的。如何判断用户输入的是一个 E-mail 地址呢？就是用正则表达式来匹配。其语法格式如下：

```
^[A-Za-z0-9_.]+@[A-Za-z0-9_]+\.[A-Za-z0-9.]+$
```

其中^[A-Za-z0-9_.]+表示至少有一个英文大小写字符、数字、下画线、点号，或者这些字符的组合。

@表示 email 中的"@"。

[A-Za-z0-9_]+表示至少有一个英文大小写字符、数字、下画线，或者这些字符的组合。

\.表示 E-mail 中".com"之类的点。这里点号只是点本身，所以用反斜杠对它进行转义。

[A-Za-z0-9.]+$表示至少有一个英文大小写字符、数字、点号，或者这些字符的组合，并且直到这个字符串的末尾。

6.3　Perl 兼容正则表达式函数

在 PHP 中有两类正则表达式函数：一是 Perl 兼容正则表达式函数；二是 POSIX 扩展正则表达式函数。二者差别不大，推荐使用 Perl 兼容正则表达式函数，因此下面都是以 Perl 兼容正则表达式函数为例进行说明的。

6.3.1　使用正则表达式对字符串进行匹配

用正则表达式对目标字符串进行匹配是正则表达式的主要功能。

完成这个操作需要用到 preg_match()函数。这个函数是在目标字符串中寻找符合特定正则表达规范的字符串子串，即根据指定的模式来匹配文件名或字符串。它的语法格式如下：

```
preg_match(正则表达式, 目标字符串,[ 数组])
```

其中数组为可选参数，存储匹配结果的数组。

下面通过例子介绍利用 preg_match()函数匹配字符串的方法和技巧。

【例 6.1】使用 preg_match()函数(示例文件 ch06\6.1.php)。

```php
<?php
$aa = "When you are old and grey and full of sleep";
$bb = "人生若只如初见，何事秋风悲画扇";
$re = "/when/";                    //区分大小写
$re2 = "/when/i";                  //不区分大小写
$re3 = "/何事/";
if(preg_match($re, $aa, $a)){    //第1次匹配时区分大小写
    echo "第1次匹配结果为: ";
    print_r($a);
```

```
        echo "<br/>";
}
if(preg_match($re2, $aa, $b)){    //第 2 次匹配时不区分大小写
    echo "第 2 次匹配结果为: ";
    print_r($b);
    echo "<br/>";
}
 if(preg_match($re3, $bb, $c)){    //第 3 次匹配中文
    echo "第 3 次匹配结果为: ";
    print_r($c);
}
?>
```

程序运行结果如图 6-1 所示。

图 6-1　使用 preg_match()函数

【案例剖析】

(1) $aa 就是一个完整的字符串, 用$re 这个正则规范, 由于不区分大小写, 所以第 1 次匹配没结果。

(2) 第 2 次匹配不再区分大小写, 将匹配的子串储存在名为$b 的数组中。print_r($a)打印数组, 得第一行数组的输出。

(3) 第三次匹配为中文匹配, 结果匹配成功, 得到相应的输出。

preg_match()第一次匹配成功后就会停止匹配, 如果要实现全部结果的匹配, 即搜索到字符串结尾处, 则需要使用 preg_match_all() 函数。

【例 6.2】使用 preg_match_all()函数(示例文件: ch06\6.2.php)。

```
<?php
$aa = "When you are old and grey and full of sleep";
$bb = "人生若只如初见, 何事秋风悲画扇。人生若只如初见, 何事秋风悲画扇。";
$re =  "/And/";                //区分大小写
$re2 =  "/And/i";             //不区分大小写
$re3 =  "/何事/";
if(preg_match_all($re, $aa, $a)){    //第 1 次匹配时区分大小写
  echo "第 1 次匹配结果为: ";
  print_r($a);
  echo "<br/>";
}
if(preg_match_all($re2, $aa, $b)){    //第 2 次匹配时不区分大小写
  echo "第 2 次匹配结果为: ";
  print_r($b);
  echo "<br/>";
}
```

```
if(preg_match_all($re3, $bb, $c)){    //第3次匹配中文
    echo "第3次匹配结果为: ";
    print_r($c);
}
?>
```

程序运行结果如图6-2所示。从结果可以看出，preg_match_all() 函数匹配了所有的结果。

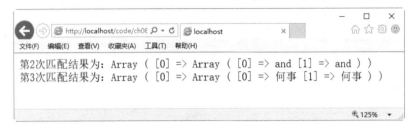

图6-2　运行结果

6.3.2　使用正则表达式替换字符串的子串

做好了字符串及其子串的匹配，如果需要对字符串的子串进行替换，可以使用preg_replace()函数来完成。其语法格式如下:

```
preg_replace(正则表达规范, 欲取代字符串子串, 目标字符串,[替换的个数])
```

如果省略替换的个数或者替换的个数为-1，则所有的匹配项都会被替换。

下面通过例子介绍利用正则表达式取代字符串子串的方法和技巧。

【例6.3】使用正则表达式替换字符串的子串(示例文件 ch06\6.3.php)。

```
<?php
$aa = "When you are old and grey and full of sleep";
$bb = "人生若只如初见，何事秋风悲画扇。人生若只如初见，何事秋风悲画扇。";
$aa= preg_replace('/\s/','-',$aa);
echo "第1次替换结果为: "."<br/>";
echo $aa."<br/>";
$bb= preg_replace('/何事/','往事',$bb);
echo "第2次替换结果为: "."<br/>";
echo $bb;
?>
```

程序运行结果如图6-3所示。

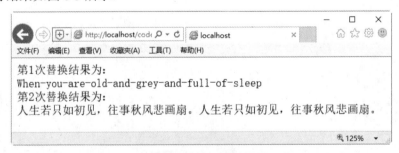

图6-3　使用正则表达式替换字符串的子串

【案例剖析】

(1) 第一次替换是将空格替换为"-"，然后将替换后的结果输出。

(2) 第二次替换是将"何事"替换为"往事"，然后将替换后的结果输出。

6.3.3 使用正则表达式切分字符串

使用正则表达式可以把目标字符串按照一定的正则规范切分成不同的子串。完成此操作需要使用到 strtok()函数。它的语法格式如下：

```
strtok(正则表达式规范, 目标字符串)
```

这个函数是指以正则表达式规范内出现的字符为准，把目标字符串切分成若干个子串，并且存入数组。

下面通过例子介绍利用正则表达式切分字符串的方法和技巧。

【例 6.4】使用正则表达式切分字符串(示例文件 ch06\6.4.php)。

```php
<?php
$string = "Hello world. Beautiful day today.";
$token = strtok($string, " ");
while ($token !== false)
{
    echo "$token<br />";
    $token = strtok(" ");
}
?>
```

程序运行结果如图 6-4 所示。

图 6-4　利用正则表达式切分字符串

【案例剖析】

(1) $string 为包含多种字符的字符串。strtok($string, " ")对其进行切分，并将结果存入数组$token。

(2) 其正则规范为"　"，是指按空格将字符串切分。

6.4　案例实战——创建商品在线订单页面

本例主要创建商品采购系统的在线订购商品页面。具体操作步骤如下。

step 01 在网站主目录下建立文件 caigou.php，代码如下：

```
<!DOCTYPE html>
<html>
<head>
<meta http-equiv="Content-Type" content="text/html; charset=gb2312" />
您的商品订单信息：
</head>
<body>
<?php
$DOCUMENT_ROOT = $_SERVER['DOCUMENT_ROOT'];
$customername = trim($_POST['customername']);
$gender = $_POST['gender'];
$arrivaltime = $_POST['arrivaltime'];
$phone = trim($_POST['phone']);
$email = trim($_POST['email']);
$info = trim($_POST['info']);

$re1 = "/^\w+@\w+\.com|cn|net$/";   //不区分大小写
$re2= "/^1[34578]\d{9}$/";
if(!preg_match($re1,$email)){
    echo "这不是一个有效的 email 地址，请返回上页且重试";
    exit;
}
if(!preg_match($re2,$phone)){
    echo "这不是一个有效的电话号码，请返回上页且重试";
    exit;
}
if($gender == "m"){
    $customer = "先生";
    }else{
    $customer = "女士";
    }
    echo '<p>您的商品信息已经上传，我们正在为您备货。  确认您的商品订单信息如下:</p>';
    echo $customername."\t".$customer.' 您好！ '.' 取货时间为:
'.$arrivaltime.' 天后。 您的电话为'.$phone."。我们将会发送一封电子邮件到您的 email 邮
箱："$email."。<br /><br/>另外，我们已经确认了您的商品采购信息：<br /><br />";
    echo nl2br($info);
    echo "<p>您的商品采购时间为:".date('Y m d H: i: s')."</p>";
?>
</body>
</html>
```

step 02 在网站主目录下建立文件 shangpin.html，代码如下：

```
<!DOCTYPE html>
<html>
<head>
<h2>BBSS 商品采购系统</h2>
</HEAD>
<BODY>
<form action="caigou.php" method="post">
```

```
<table>
<tr bgcolor="#3399FF">
    <td>客户姓名:</td>
    <td><input type="text" name="customername" size="20" /></td>
</tr>
<tr bgcolor="#CCCCCC">
    <td>客户性别: </td>
    <td>
    <select name="gender">
        <option value="m">男</option>
        <option value="f">女</option>
    </select>
    </td>
</tr>
<tr bgcolor="#3399FF">
    <td>取货时间:</td>
    <td>
    <select name="arrivaltime">
        <option value="1">当天</option>
        <option value="1">1 天后</option>
        <option value="2">2 天后</option>
        <option value="3">3 天后</option>
        <option value="4">4 天后</option>
        <option value="5">协商时间</option>
    </select>
    </td>
</tr>
<tr bgcolor="#CCCCCC">
    <td>电话:</td>
    <td><input type="text" name="phone" size="20" /></td>
</tr>
<tr bgcolor="#3399FF">
    <td>email:</td>
    <td><input type="text" name="email" size="30" /></td>
</tr>
<tr bgcolor="#CCCCCC">
    <td>商品采购信息:</td>
<td>
<textarea name="info" rows="10" cols="30">商品采购的具体信息，请填在这里。
</textarea>
    </td>
</tr>
<tr bgcolor="#666666">
    <td align="center"><input type="submit" value="确认商品采购订单" /></td>
</tr>
</table>
</form>
</body>
</html>
```

step 03 运行 shangpin.html，结果如图 6-5 所示。

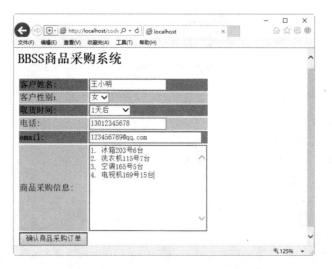

图 6-5　shangpin.html 的运行结果

step 04　填写表单。"客户姓名"为"王小明","性别"为"女","取货时间"为"1 天后","电话"为 13012345678,email 为 123456789@qq.com,"商品采购信息"为"1. 冰箱 203 号 6 台、2. 洗衣机 115 号 7 台、3. 空调 165 号 5 台、4. 电视机 169 号 15 台"。单击"确认商品采购订单"按钮,浏览器会自动跳转至caigou.php 页面,显示如图 6-6 所示的结果。

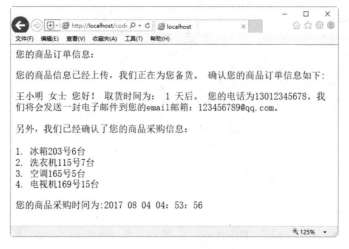

图 6-6　提交后的显示结果

【案例剖析】

(1)　"$customername = trim($_POST['customername']); $phone = trim($_POST['phone']); $email = trim($_POST['email']); $info = trim($_POST['info']);"都是通过文本输入框直接输入的。所以,为了保证输入字符串的纯净,以方便处理,则需要使用 trim()函数来对字符串的前后的空格进行清除。另外,ltrim()清除左边的空格;rtrim()清除右边的空格。

(2)　"$re1 = "/^\w+@\w+\.com|cn|net$/;"中规定了判断邮箱是否合规的正则表达式。

(3)　"$re2= "/^1[34578]\d{9}$/;"中规定了判断手机号是否合规的正则表达式。

（4）由于要显示中文，需要对文字编码进行设置，charset=gb2312，就是简体中文的文字编码。

6.5 疑 难 解 惑

疑问 1：模式修饰符、单词界定符不和方括号"[]"连用，而是和"/"在一起使用？

答：在 PHP 正则表达式的语法中，一种是 POSIX 语法；另一种是 Perl 语法。POSIX 语法是以前所介绍的语法。Perl 语法则不同于 POSIX 语法。Perl 语法的正则表达是以"/"开头和以"/"结尾的，如"/name/"便是一个 Perl 语法形式的正则表达。

（1）模式修饰符，是在 Perl 语法正则表达中的内容。比如 i 表示正则表达式对大小写不敏感；g 表示找到所有匹配字符；m 表示把目标字符串作为多行字符串进行处理；s 表示把目标字符串作为单行字符串进行处理，忽略其中的换行符；x 表示忽略正则表达式中的空格和备注；u 表示在首次匹配后停止。

（2）单词界定符，也是 Perl 语法正则表达中的内容。不同的单词界定符表示不同的字符界定范围。比如以下单词界定符的表示意义为："\A"表示仅仅匹配字符串的开头；"\b"表示匹配到单词边界；"\B"表示除了单词边界，匹配所有；"\d"表示匹配所有数字字符，等同于"[0-9]"；"\D"表示匹配所有非数字字符；"\s"表示匹配空格字符；"\S"表示匹配非空格字符；"\w"表示匹配字符串，等同于"[a-zA-Z0-9_]"；"\W"表示匹配字符，忽略下画线和字母数字。

疑问 2：在 PHP 7 中被舍弃的正则表达式函数有哪些？有没有新的函数替代？

答：读者在查看一些早期的源代码时，会发现一些被舍弃的正则表达式。下面介绍哪些函数被舍弃，并介绍新的替代函数。

（1）ereg()。该函数已经被舍弃，使用新的函数 preg_match()替代。

（2）ereg_replace()。该函数已经被舍弃，使用新的函数 preg_replace()替代。

（3）eregi()。该函数已经被舍弃，使用新的函数 preg_match()配合'i'修正符替代。

（4）eregi_replace()。该函数已经被舍弃，使用新的函数 preg_replace()配合'i'修正符替代。

（5）split()。该函数已经被舍弃，使用新的函数 preg_split()替代。

（6）spliti()。该函数已经被舍弃，使用新的函数 preg_split()配合'i'修正符替代。

第 2 篇

核 心 技 术

第 7 章

特殊的元素集合
——数组

数组在 PHP 中是极为重要的数据类型。本章介绍什么是数组、数组包含的类型、数组的结构，以及遍历数组、数组排序、在数组中添加和删除元素、查询数组中的指定元素、统计数组元素的个数、删除数组中重复的元素、数组的序列化等操作。通过本章的学习，读者可以掌握数组的常用操作和使用技巧。

7.1　什么是数组

什么是数组？数组就是被命名的用来储存一系列数值的地方。数组 array 是非常重要的数据类型。相对于其他数据类型，它更像是一种结构，而这种结构可以储存一系列数值。

数组中的数值被称为数组元素。而每一个元素都有一个对应的标识，也称作键值。通过这个标识，可以访问数组元素。数组的标识可以是数字，也可以是字符串。

例如：一个班级通常有十几个人，如果需要找出某个学生，可以利用学号来区分每一个学生。这时，班级就是一个数组，而学号就是下标。如果指明学号，就可以找到对应的学生。

7.2　数 组 类 型

数组分为数字索引数组和关联索引数组。下面详细讲述这两种数组的使用方法。

7.2.1　数字索引数组

数字索引数组是最常见的数组类型，默认从 0 开始。数组变量可以随时创建和使用。

声明数组的方法有如下两种。

(1) 使用 array 关键字声明数组。声明数组的语法格式如下：

```
array 数组名称([mixed])
```

其中参数 mixed 的语法为 key=>value。如果有多个 mixed，可以用逗号分开，分别定义了索引和值：

```
$arr = array("1"=>"空调", "2"=>"冰箱", "3"=>"洗衣机", "4"=>"电视机");
```

而利用 array()函数来定义则比较方便和灵活，可以只给出数组的元素值，而不必给出键值。例如：

```
$arr = array("空调", "冰箱", "洗衣机", "电视机");
```

(2) 通过直接为数组元素赋值的方式声明数组。

如果在创建数组时不知道数组的大小，或者数组的大小可能会根据实际情况发生变化，此时可以使用直接赋值的方式声明数组。

例如：

```
$arr[1] = "空调";
$arr[2] = "冰箱"
$arr[3] = "洗衣机";
$arr[4] = "电视机";
```

下面举例进行讲解。

【例 7.1】创建和使用数组(示例文件 ch07\7.1.php)。

```php
<?php
$a = array('苹果','香蕉','菠萝','葡萄');
echo $a[0]."\t".$a[1]."\t".$a[2]."\t".$a[3]."<br/>";
echo "$a[0] $a[1] $a[2] $a[3] <br/>";
$a[0] = '西瓜';
echo "$a[0] $a[1] $a[2] $a[3]<br/>";
?>
```

程序运行结果如图 7-1 所示。

【案例剖析】

(1) 这里，$a 为一维数组，用 array()函数声明。并且用"="赋值给数组变量$a。

(2) ('苹果','香蕉','菠萝','葡萄')为数组元素，且这些元素为字符串型，用单引号方式表示。每个数组元素用","分开。echo 命令直接打印数组元素，元素索引默认从 0 开始，所以第一个数组元素为$a[0]。

图 7-1　创建和使用数组

(3) 数组元素可以直接通过"="号赋值，如"$a[0] = '西瓜';"，echo 打印后为"西瓜"。

7.2.2　关联索引数组

关联索引数组的键名可以是数值和字符串混合的形式，而不像数字索引数组的键名只能为数字。因此，判断一个数组是否为关联索引数组的依据是：数组中的键名是否存在一个不是数字的，如果存在，则为关联数组。

下面以使用关联索引数组编写商品价格为例进行讲解。

【例 7.2】使用关联索引数组(示例文件 ch07\7.2.php)。

```php
<?php
$prices = array('冰箱'=> 3650,'洗衣机'=>
2600,'空调'=> 2888,'电视'=> 5888);
echo "电视机的价格为：".$prices['电视']."元";
?>
```

图 7-2　使用关联索引数组

程序运行结果如图 7-2 所示。

【案例剖析】

这里，echo 命令直接指定数组$prices 中的关键字索引'电视机'(是个字符串)便可打印出数组元素 5888(是一个整型数)。

7.3　数组的结构

按照数组的结构来划分，可以把数组分为一维数组和多维数组。

7.3.1　一维数组

数组中每个数组元素都是单个变量，不管是数字索引还是关联索引，这样的数组为一维数组。

【例7.3】一维数组(示例文件 ch07\7.3.php)。

```php
<?php
$a = array('冰箱','洗衣机','空调','电视');
$prices = array('冰箱'=> 3650,'洗衣机'=> 2600,'空调'=> 2888,'电视'=> 5888);
?>
```

其中的$a 和$prices 都是一维数组。

7.3.2　多维数组

数组也是可以"嵌套"的，即每个数组元素也可以是一个数组，这种含有数组的数组就是多维数组。例如：

```php
<?php
$roomtypes = array(array('type'=>'单床房',
                         'info'=>'此房间为单人单间。',
                         'price_per_day'=>298
                        ),
                   array('type'=>'标准间',
                         'info'=>'此房间为两床标准配置。',
                         'price_per_day'=>268
                        ),
                   array('type'=>'三床房',
                         'info'=>'此房间备有三张床',
                         'price_per_day'=>198
                        ),
                   array('type'=>'VIP 套房',
                         'info'=>'此房间为 VIP 两间内外套房',
                         'price_per_day'=>368
                        )

                  );
?>
```

其中的$roomtypes 就是多维数组。这个多维数组其实包含了两个维数。有点像数据库的表格，在第一个 array 里面的每个数组元素都是一个数组，而这些数组就像是数据二维表中的一行记录。这些包含在第一个 array 里面的 array 又都包含 3 个数组元素，分别是 3 个类型的信息，这就像是数据二维表中的字段。

上面的数组如果绘制成图，效果如图 7-3 所示。

其实，$roomtypes 就代表了这样一个数据表。

	A	B	C	D
1	type	info	price_per_day	
2	单床房	此房间为单人单间。	298	array
3	标准间	此房间为两床标准配置。	268	array
4	三床房	此房间备有三张床	198	array
5	VIP套房	此房间为VIP两间内外套房	368	array
6			ARRAY	

图 7-3　二维数组的直观图示

也可能出现两维以上的数组，比如三维数组。例如：

```php
<?php
$building = array(array(array('type'=>'单床房',
                              'info'=>'此房间为单人单间。',
                              'price_per_day'=>298
                        ),
                  array('type'=>'标准间',
                        'info'=>'此房间为两床标准配置。',
                        'price_per_day'=>268
                  ),
                  array('type'=>'三床房',
                        'info'=>'此房间备有三张床',
                        'price_per_day'=>198
                  ),
                  array('type'=>'VIP 套房',
                        'info'=>'此房间为 VIP 两间内外套房',
                        'price_per_day'=>368
                  )
                ),
          array(array('type'=>'普通餐厅包房',
                      'info'=>'此房间为普通餐厅包房。',
                      'roomid'=>201
                ),
                array('type'=>'多人餐厅包房',
                      'info'=>'此房间为多人餐厅包房。',
                      'roomid'=>206
                ),
                array('type'=>'豪华餐厅包房',
                      'info'=>'此房间为豪华餐厅包房。',
                      'roomid'=>208
                ),
                array('type'=>'VIP 餐厅包房',
                      'info'=>'此房间为 VIP 餐厅包房',
                      'roomid'=>310
                )
          )
    );
?>
```

这个三维数组在原来的二维数组后面又增加了一个二维数组，给出了餐厅包房的数据二维表信息。把这两个二维数组作为更外围 array 的两个数组元素，就产生了第三维。这个表述等于用两个二维信息表表示了一个名为$building 的数组对象，如图 7-4 所示。

	A	B	C	D	E
1	type	info	price_per_day		
2	单床房	此房间为单人单间。	298	array	
3	标准间	此房间为两床标准配置。	268	array	
4	三床房	此房间备有三张床	198	array	
5	VIP套房	此房间为VIP两间内外套房	368	array	
6		ARRAY（二维）			
7	type	info	roomid		
8	普通餐厅包房	此房间为普通餐厅包房。	201	array	
9	多人餐厅包房	此房间为多人餐厅包房。	206	array	
10	豪华餐厅包房	此房间为豪华餐厅包房。	208	array	
11	VIP餐厅包房	此房间为VIP餐厅包房。	301	array	
12		ARRAY（二维）			ARRAY（三维）

图7-4 三维数组的直观图示

7.4 遍历数组

所谓数组的遍历，是要把数组中的变量值读取出来。下面讲述常见的遍历数组的方法。

7.4.1 遍历一维数字索引数组

下面讲解如何通过循环语句遍历一维数字索引数组。此案例中使用到了 for 循环，以及 foreach 循环。

【例 7.4】遍历一维数字索引数组(示例文件 ch07\7.4.php)。

```php
<?php
$a = array('苹果','香蕉','西瓜','葡萄');
for ($i=0; $i<3; $i++){
    echo $a[$i]." (for 循环)<br />";
}
foreach ($a as $b){
    echo $b."(foreach 循环)<br/>";
}
?>
```

图7-5 遍历一维数字索引数组

程序运行结果如图 7-5 所示。

【案例剖析】

(1) for 循环只进行了 0、1、2，共 3 次。

(2) foreach 循环则列出了数组中所有的数组元素。

7.4.2 遍历一维关联索引数组

下面以遍历商品价格为例，对关联索引数组进行遍历。

【例 7.5】遍历一维关联索引数组(示例文件 ch07\7.5.php)。

```php
<?php
$prices = array('冰箱'=> 3650,'洗衣机'=> 2600,'空调'=> 2888,'电视'=> 5888);
foreach ($prices as $ps){
  echo $ps."元"."<br/>";
}
foreach ($prices_as $key => $value){
```

```
    echo $key.":".$value."元"." 每个。<br />";
}
reset($prices);
while ($element = each($prices)){
  echo $element['key']."\t";
  echo $element['value']."元";
  echo "<br/>";
}
reset($prices_);
while (list($type, $ps) = each($prices)){
  echo "$type - $ps"."元"."<br/>";
}
?>
```

程序运行结果如图 7-6 所示。

图 7-6   遍历一维关联索引数组

【案例剖析】

(1) foreach ($prices as $ps){} 遍历了数组元素, 所以输出 4 个整型数值。而 foreach ($prices as $key => $value){}则除了遍历数组元素外, 还遍历了其所对应的关键字, 如 "冰箱" 是数组元素 2650 的关键字。

(2) 这段程序中使用了 while 循环。还用到了几个新的函数 reset()、each()和 list()。由于在前面的代码中, $prices 已经被 foreach 循环遍历过, 而内存中的实时元素为数组的最后一个元素, 因此, 如果想用 while 循环来遍历数组, 就必须用 reset()函数, 把实时元素重新定义为数组的开头元素。each()则是用来遍历数组元素及其关键字的函数。list()是把 each()中的值分开赋值和输出的函数。

7.4.3   遍历多维数组

下面以使用多维数组编写酒店房价类型为例进行遍历。

【例 7.6】遍历多维数组(示例文件 ch07\7.6.php)。

```
<?php
$roomtypes = array(array('type'=>'单床房',
```

```
                               'info'=>'此房间为单人单间。',
                               'price_per_day'=>298
                               ),
                   array('type'=>'标准间',
                               'info'=>'此房间为两床标准配置。',
                               'price_per_day'=>268
                               ),
                   array('type'=>'三床房',
                               'info'=>'此房间备有三张床',
                               'price_per_day'=>198
                               ),
                   array('type'=>'VIP 套房',
                               'info'=>'此房间为VIP 两间内外套房',
                               'price_per_day'=>368
                               )
                   );
for ($row=0; $row<4; $row++){
  while (list($key, $value) = each($roomtypes[$row])){
      echo "$key:$value"."\t |";
  }
  echo '<br />';
}
?>
```

程序运行结果如图 7-7 所示。

图 7-7 遍历多维数组

【案例剖析】

(1) $roomtypes 中的每个数组元素都是一个数组，而作为数组元素的数组又都有 3 个拥有键名的数组元素。

(2) 使用 for 循环配合 each()、list()函数来遍历数组元素，便得到输出。

7.5 数 组 排 序

下面主要讲述如何对一维和多维数组进行排序操作。

7.5.1 一维数组排序

下面通过示例展示如何对一维数组进行排序。

【例 7.7】一维数组排序(示例文件 ch07\7.7.php)。

```php
<?php
$roomtypes = array('单床房','标准间','三床房','VIP 套房');
$prices_per_day =
  array('单床房'=> 298,'标准间'=> 268,'三床房'=> 198,'VIP 套房'=> 368);
sort($roomtypes);
foreach ($roomtypes as $key => $value){
  echo $key.":".$value."<br />";
}
asort($prices_per_day);
foreach ($prices_per_day as $key => $value){
  echo $key.":".$value." 每日。<br />";
}
ksort($prices_per_day);
foreach ($prices_per_day as $key => $value){
  echo $key.":".$value." 每天。<br />";
}
rsort($roomtypes);
foreach ($roomtypes as $key => $value){
  echo $key.":".$value."<br />";
}
arsort($prices_per_day);
foreach ($prices_per_day as $key => $value){
  echo $key.":".$value." 每日。<br />";
}
krsort($prices_per_day);
foreach ($prices_per_day as $key => $value){
  echo $key.":".$value." 每天。<br />";
}
?>
```

程序运行结果如图 7-8 所示。

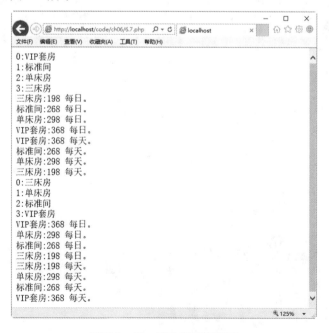

图 7-8　对一维数组进行排序

【案例剖析】

(1) 这段代码是关于数组排序的内容，涉及 sort()、asort()、ksort()、rsort()、arsort()、krsort()。其中，sort()是默认排序。asort()根据数组元素的值升序排序。ksort()是根据数组元素的键值，也就是关键字升序排序。

(2) rsort()、arsort()、krsort()则正好与所对应的升序排序相反，都为降序排序。

7.5.2 多维数组排序

对于一维数组，通过 sort()等一系列的排序函数就可以对它进行排序。而对于多维数组，排序就没有那么简单了。首先需要设定一个排序方法，也就是建立一个排序函数，再通过usort()函数对特定数组采用特定排序方法进行排序。下面通过案例介绍多维数组排序。

【例 7.8】 多维数组排序(示例文件 ch07\7.8.php)。

```php
<?php
$roomtypes = array(array('type'=>'单床房',
                         'info'=>'此房间为单人单间。',
                         'price_per_day'=>298
                         ),
                   array('type'=>'标准间',
                         'info'=>'此房间为两床标准配置。',
                         'price_per_day'=>268
                         ),
                   array('type'=>'三床房',
                         'info'=>'此房间备有三张床',
                         'price_per_day'=>198
                         ),
                   array('type'=>'VIP 套房',
                         'info'=>'此房间为 VIP 两间内外套房',
                         'price_per_day'=>368
                         )
                   );
function compare($x, $y){
    if ($x['price_per_day'] == $y['price_per_day']){
        return 0;
    }else if ($x['price_per_day'] < $y['price_per_day']){
        return -1;
    }else{
        return 1;
    }
}

usort($roomtypes, 'compare');

for ($row=0; $row<4; $row++){
    reset($roomtypes[$row]);
    while (list($key, $value) = each($roomtypes[$row])){
        echo "$key:$value"."\t |";
    }
    echo '<br />';
}
?>
```

程序运行结果如图 7-9 所示。

图 7-9　对多维数组进行排序

【案例剖析】

(1) 函数 compare()定义了排序方法,通过对 price_per_day 这一数组元素的对比进行排序。然后 usort()采用 compare 方法对$roomtypes 这一多维数组进行排序。

(2) 如果这个排序的结果是正向排序,怎么进行反向排序呢?这就需要对排序方法进行调整。其中,recompare()就是上一段程序中 compare()的相反判断,同样采用 usort()函数输出后,得到的排序正好与前一段程序输出顺序相反。

7.6　字符串与数组的转换

使用 explode 和 implode 函数可以实现字符串和数组之间的转换。explode 用于把字符串按照一定的规则拆分为数组中的元素,并且形成数组。implode 函数用于把数组中的元素按照一定的连接方式转换为字符串。

【例 7.9】使用 explode 和 implode 函数来实现字符串和数组之间的转换(示例文件 ch07\7.9.php)。

```php
<?php
$prices_per_day =
  array('单床房'=> 298,'标准间'=> 268,'三床房'=> 198,'VIP套房'=> 368);
echo implode('元每天/ ',$prices_per_day).'<br />';
$roomtypes ='单床房,标准间,三床房,VIP套房';
print_r(explode(',',$roomtypes));
?>
```

程序运行结果如图 7-10 所示。

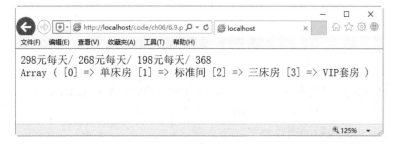

图 7-10　使用 explode 和 implode 函数来实现字符串和数组之间的转换

【案例剖析】

(1) $prices_per_day 为数组。implode('元每天/', $prices_per_day)在$prices_per_day 中的数组元素中间添加连接内容,也叫元素胶水(glue),把它们连接成一个字符串输出。这个元素胶水(glue)只在元素之间。

(2) $roomtypes 为一个由","号分开的字符串。explode(',', $roomtypes)确认分隔符为","号后,以","号为标记把字符串中的字符分为 4 个数组元素,并且生成数组返回。

7.7 向数组中添加和删除元素

数组创建完成后,用户还可以继续添加和删除元素,从而满足实际工作的需要。

7.7.1 向数组中添加元素

数组是数组元素的集合。如果向数组中添加元素,就像是往一个盒子里面放东西。这就牵扯到了"先进先出"或是"后进先出"的问题。

(1) 先进先出有点像排队买火车票。先进到购买窗口区域的,购买完成之后从旁边的出口出去。

(2) 后进先出有点像是给枪的弹夹上子弹。最后押上的那一颗子弹是要最先打出去的。

PHP 对数组添加元素的处理使用 push、pop、shift 和 unshift 函数来实现,可以实现先进先出,也可以实现后进先出。

【例 7.10】在数组前面添加元素,以实现后进先出(示例文件 ch07\7.10.php)。

```php
<?php
$clients = array('李丽丽','赵大勇','方芳芳');
array_unshift($clients, '王小明','刘小帅');
print_r($clients);
?>
```

程序运行结果如图 7-11 所示。

图 7-11 实现后进先出

【案例剖析】

(1) 数组$clients 原本拥有 3 个元素。array_unshift()向数组$clients 的头部添加了数组元素"王小明""刘小帅"。最后用 print_r()输出,通过其数字索引可以知道添加元素的位置。

(2) array_unshift()函数的语法格式如下:

```
array_unshift(目标数组, [欲添加数组元素 1, 欲添加数组元素 2, ...])
```

【例 7.11】在数组后面添加元素，以实现先进先出(示例文件 ch07\7.11.php)。

```php
<?php
$clients = array('李丽丽','赵大勇','方芳芳');
array_push($clients, '王小明','刘小帅');
print_r($clients);
?>
```

程序运行结果如图 7-12 所示。

图 7-12　实现先进先出

【案例剖析】

(1)　数组$clients 原本拥有 3 个元素。array_push()向数组$clients 的尾部添加了数组元素"王小明""刘小帅"。最后用 print_r()输出，通过其数字索引可以知道添加元素的位置。

(2)　array_push()函数的语法格式如下：

```
array_push(目标数组, [欲添加数组元素 1, 欲添加数组元素 2, ...])
```

push 的意思就是"推"，这个过程就像是排队的时候把人从队伍后面向前推。

7.7.2　从数组中删除元素

从数组中删除元素是添加元素的逆过程。PHP 使用 array_shift()和 array_pop()函数分别从数组的头部和尾部删除元素。

下面通过例子介绍如何在数组前面删除第一个元素并返回元素值。

【例 7.12】在数组前面删除第一个元素(示例文件 ch07\7.12.php)。

```php
<?php
$services = array('洗衣','订餐','导游','翻译');
$deletedservices = array_shift($services);
echo $deletedservices."<br />";
print_r($services);
?>
```

程序运行结果如图 7-13 所示。

图 7-13　在数组前面删除第一个元素

【案例剖析】

(1) 数组$services 原本拥有 4 个元素。array_shift()从数组$services 的头部删除了第一个数组元素，并且直接把所删除的元素值返回，且赋值给了变量$deletedservices。最后通过 echo 输出$deletedservices，并用 print_r()输出$services。

(2) array_shift()函数仅仅删除目标数组的头一个数组元素。它的语法格式如下：

```
array_shift(目标数组)
```

以上例子为数字索引数组，如果是带键值的关联索引数组，它的效果相同，返回所删除元素的元素值。

下面用同样的例子介绍如何在数组后面删除最后一个元素并返回元素值。

【例 7.13】在数组后面删除最后一个元素(示例文件 ch07\7.13.php)。

```php
<?php
$services = array('s1'=>'洗衣','s2'=>'订餐','s3'=>'导游','s4'=>'翻译');
$deletedservices = array_pop($services);
echo $deletedservices."<br/>";
print_r($services);
?>
```

程序运行结果如图 7-14 所示。

图 7-14　在数组后面删除最后一个元素

【案例剖析】

(1) 数组$services 原本拥有 4 个元素。array_pop()从数组$services 的尾部删除了最后一个数组元素，并且直接把所删除的元素值返回，且赋值给了变量$deletedservices。最后通过 echo 输出$deletedservices，并用 print_r()输出$services。

(2) array_pop()函数仅仅删除目标数组的最后一个数组元素。它的语法格式如下：

```
array_pop(目标数组)
```

这个例子中的数组是一个关联数组。

7.8　查询数组中的指定元素

数组是一个数据集合。能够在不同类型的数组和不同结构的数组内确定某个特定元素是否存在，是必要的。PHP 提供 in_array()、array_key_exists()、array_search()、array_keys()和array_values()函数，可以按照不同的方式来查询数组元素。

下面通过例子介绍如何查询数字索引数组和关联索引数组，并且都是一维数组。

【例 7.14】查询数字索引数组和关联索引数组(示例文件 ch07\7.14.php)。

```php
<?php
$roomtypes = array('单床房','标准间','三床房','VIP套房');
$prices_per_day =
  array('单床房'=> 298,'标准间'=> 268,'三床房'=> 198,'VIP套房'=> 368);
if(in_array('单床房',$roomtypes)){
    echo '单床房元素在数组$roomtypes中。<br />';
}
if(array_key_exists('单床房',$prices_per_day)){
    echo '键名为单床房的元素在数组$prices_per_day中。<br />';
}
if(array_search(268,$prices_per_day)){
    echo '值为268的元素在数组$prices_per_day中。<br />';
}
$prices_per_day_keys = array_keys($prices_per_day);
print_r($prices_per_day_keys);
$prices_per_day_values = array_values($prices_per_day);
print_r($prices_per_day_values);
?>
```

程序运行结果如图 7-15 所示。

图 7-15　查询数字索引数组和关联索引数组

【案例剖析】

(1) 数组$roomtypes 为一个数字索引数组。in_array('单床房',$roomtypes)判定元素"单床房"是否在数组$roomtypes 中，如果在，则返回 true。if 语句返回值为真，便打印结果。

(2) 数组$prices_per_day 为一个关联索引数组。array_key_exists('单床房',$prices_per_day)判定一个键值为"单床房"的元素是否在数组$prices_per_day 中，如果在，则返回 true。if 语句得到返回值为真，便打印结果。array_key_exists()是专门针对关联数组的键名进行查询的函数。

(3) array_search()是专门针对关联数组的"元素值"进行查询的函数。同样，针对$prices_per_day 这个关联数组。array_search(268,$prices_per_day)判定一个元素值为 268 的元素是否在数组$prices_per_day 中，如果在，则返回 true。if 语句返回值为真，便打印结果。

(4) 函数 array_keys()取得数组的键值，并把键值作为数组元素输出为一个数字索引数组，主要用于关联索引数组。array_keys($prices_per_day)获得数组$prices_per_day 的键值，并把它赋值给变量$prices_per_day_keys。用 print_r()打印结果。函数 array_keys()虽然也可以取得数字索引数组的数字索引，但是这样意义不大。

(5) 函数 array_values()取得数组元素的元素值，并把元素值作为数组元素输出为一个数字索引数组。array_values($prices_per_day)获得数组$prices_per_day 的元素值，并把它赋值给变量$prices_per_day_values。用 print_r()打印结果。

这几个函数只是针对一维数组，无法用于多维数组；它们在查询多维数组的时候，会只处理最外围的数组，其他内嵌的数组都作为数组元素处理，不会得到内嵌数组内的键值和元素值。

7.9 统计数组元素的个数

下面通过例子介绍如何用 count()函数来统计数组元素的个数。

【例 7.15】使用 count()函数统计数组元素的个数(示例文件 ch07\7.15.php)。

```php
<?php
$prices_per_day =
    array('单床房'=> 298,'标准间'=> 268,'三床房'=> 198,'VIP 套房'=> 368);
$roomtypesinfo = array(array('type'=>'单床房',
                             'info'=>'此房间为单人单间。',
                             'price_per_day'=>298
                             ),
                       array('type'=>'标准间',
                             'info'=>'此房间为两床标准配置。',
                             'price_per_day'=>268
                             ),
                       array('type'=>'三床房',
                             'info'=>'此房间备有三张床',
                             'price_per_day'=>198
                             ),
                       array('type'=>'VIP 套房',
                             'info'=>'此房间为 VIP 两间内外套房',
                             'price_per_day'=>368
                             )
                      );
echo count($prices_per_day).'个元素在数组$prices_per_day 中。<br />';
echo count($roomtypesinfo).'个内嵌数组在二维数组$roomtypesinfo 中。<br />';
echo count($roomtypesinfo,1).'个元素$roomtypesinfo 中。<br />';
?>
```

程序运行结果如图 7-16 所示。

图 7-16 用 count()函数来统计数组元素的个数

【案例剖析】

(1) 数组$prices_per_day 通过 count()函数返回整数 4。因为数组$prices_per_day 有 4 个数组元素。

(2) 数组$roomtypesinfo 是二维数组。count($roomtypesinfo)只统计了数组$roomtypesinfo 内的 4 个内嵌数组的数量。

(3) echo count($roomtypesinfo,1)语句中，count()函数设置了一个模式为整数 1。这个模式设置为整数 1 的意义是，count 统计的时候要对数组内部所有的内嵌数组进行循环查询。所以最终的结果是所有内嵌数组的个数加上内嵌数组内元素的个数，是 4 个内嵌数组加上 12 个数组元素，为 16。

使用 array_count_values()函数对数组内的元素值进行统计，并且返回一个以函数值为键值、以函数值个数为元素值的数组。

【例 7.16】使用 array_count_values()函数来统计数组的元素值个数(示例文件 ch07\7.16.php)。

```php
<?php
$prices_per_day = array('单床房'=> 298,'标准间'=> 268,'三床房'=> 198,
                        '四床房'=> 198,'VIP套房'=> 368);
print_r(array_count_values($prices_per_day));
?>
```

程序运行结果如图 7-17 所示。

图 7-17　使用 array_count_values()函数来统计数组的元素值个数

【案例剖析】

(1) 数组$prices_per_day 为一个关联数组，通过 array_count_values($prices_per_day)统计数组内元素值的个数和分布，然后以键值和值的形式返回出一个数组。元素值为 198 的元素有两个，虽然它们的键值完全不同。

(2) array_count_values()只能用于一维数组，因为它不能把内嵌的数组当作元素来统计。

7.10　删除数组中重复的元素

使用 array_unique()函数可实现数组中元素的唯一性，也就是去掉数组中重复的元素。不管是数字索引数组还是关联索引数组，都是以元素值为准。array_unique()函数返回具有唯一性元素值的数组。

【例 7.17】用 array_unique()函数去掉数组中重复的元素(示例文件 ch07\7.17.php)。

```php
<?php
$prices_per_day = array('单床房'=> 298,'标准间'=> 268,'三床房'=> 198,
                        '四床房'=> 198,'VIP套房'=> 368);
$prices_per_day2 = array('单床房'=> 298,'标准间'=> 268,'四床房'=> 198,
                         '三床房'=> 198,'VIP套房'=> 368);
print_r(array_unique($prices_per_day));
print_r(array_unique($prices_per_day2));
?>
```

程序运行结果如图 7-18 所示。

图 7-18　用 array_unique()函数去掉数组中重复的元素

【案例剖析】

数组$prices_per_day 为一个关联索引数组，通过 array_unique($prices_per_day)去除重复的元素值。array_unique()函数去除重复的值是去除第二个出现的相同值。由于$prices_per_day 与$prices_per_day2 数组中，键值为"三床房"和键值为"四床房"的 198 元素的位置正好相反，所以对两次输出的所保留的值也正好相反。

7.11　调换数组中的键值和元素值

使用 array_flip()函数可以调换数组中的键值和元素值。

【例 7.18】用 array_flip()函数调换数组中的键值和元素值(示例文件 ch07\7.18.php)。

```php
<?php
$prices_per_day = array('单床房'=> 298,'标准间'=> 268,'三床房'=> 198,
                        '四床房'=> 198,'VIP套房'=> 368);
print_r(array_flip($prices_per_day));
?>
```

程序运行结果如图 7-19 所示。

图 7-19　用 array_flip()函数调换数组中的键值和元素值

【案例剖析】

数组$prices_per_day 为一个关联索引数组，通过 array_flip($prices_per_day)调换关联索引数组的键值和元素值，并且进行返回。但有意思的是，$prices_per_day 是一个拥有重复元素值的数组，且这两个重复元素值的键名是不同的。array_flip()逐个调换每个数组元素的键值和元素值。如果原来的元素值变为键名，就有两个原先为键名的、现在调换为元素值的数值与之对应。调换后，array_flip()等于对原来的元素值(现在的键名)赋值。当 array_flip()再次调换到原来相同的、现在为键名的值时，相当于对同一个键名再次赋值，则前一个调换时的赋值将会被覆盖，显示的是第二次的赋值。

7.12 数组的序列化

数组的序列化(Serialize)是用来将数组的数据转换为字符串，以便于传递和进行数据库存储。而与之相对应的操作就是反序列化(Unserialize)，把字符串数据转换为数组加以使用。

【例 7.19】 使用 serialize()函数和 unserialize()函数(示例文件 ch07\7.19.php)。

```php
<?php
$arr = array('王小明','李丽丽','方芳芳','刘小帅','张大勇','张明明');
$str = serialize($arr);
echo $str."<br /><br />";
$new_arr = unserialize($str);
print_r($new_arr);
?>
```

程序运行结果如图 7-20 所示。

图 7-20　使用 serialize()函数和 unserialize()函数

【案例剖析】

serialize()和 unserialize()这两个函数的使用是比较简单的，通过这样的方法对数组数据进行储存和传递将会十分方便。例如，可以直接把序列化之后的数组数据存放在数据库的某个字段中，在使用时再通过反序列化进行处理。

7.13　疑　难　解　惑

疑问 1：数组的合并与关联有何区别？

答：对数组的合并使用 array_merge()函数。两个数组的元素会合并为一个数组的元素。而数组的关联，是指两个一维数组，一个作为关键字，一个作为数组元素值，联合成为一个新的关联索引数组。

疑问 2：如何快速清空数组？

答：在 PHP 中，快速清空数组的方法如下：

```
arr = array()          //理解为重新给变量赋一个空的数组
unset($arr)            //这才是真正意义上的释放，将资源完全释放
```

第8章

表单的动态效果
——PHP 与 Web
页面交互

　　PHP 是一种专门设计用于 Web 开发的服务器端脚本语言。从这个描述可以知道，PHP 要打交道的对象主要有服务器(Server)和基于 Web 的 HTML(超文本标识语言)。使用 PHP 处理 Web 应用时，需要把 PHP 代码嵌入到 HTML 文件中。每次当这个 HTML 网页被访问的时候，其中嵌入的 PHP 代码就会被执行，并且返回给请求浏览器已生成好的 HTML。换句话说，在上述过程中，PHP 就是用来执行且生成 HTML 的。本章主要讲述 PHP 与 Web 页面的交互操作技术。

8.1 创建动态内容

为什么要使用动态内容呢？因为动态内容可以给网站使用者展示不同的和实时变化的内容。极大地提高了网站的可用性。如果 Web 应用都只是使用静态内容，则 Web 编程就完全不用引入 PHP、JSP 和 ASP 等服务器端脚本语言了。通俗地说，使用 PHP 语言的主要原因之一，就是要产生动态内容。

下面进行使用动态内容案例的讲解。此例中，在先不涉及变量和数据类型的情况下，仅使用 PHP 中的一个内置函数来获得动态内容。此动态内容就是使用 date()函数获得 Web 服务器的时间。

【例 8.1】使用 date()函数(示例文件 ch08\8.1.php)。

```php
<?php
date_default_timezone_set("PRC");
echo "现在的时间为：";
echo date("H:i:s Y m d");
?>
```

程序运行结果如图 8-1 所示。过一段时间，再次运行上述 PHP 页面，即可看到显示的内容发生了动态变化，如图 8-2 所示。

现在的时间为：16:11:24 2017 08 04

图 8-1 初始结果

现在的时间为：16:12:10 2017 08 04

图 8-2 时间发生了变化

【案例剖析】

(1) 页面上的的"现在的时间为： 16:11:24 2017 08 04"是由<?php echo "现在的时间为："; echo date("H:i:s Y m d"); ?>生成的。

(2) 由于时间是由 date()函数动态生成并且实时更新的，所以再次打开或刷新此文件的时候，PHP 代码再次执行，所输出的时间也会发生改变。

(3) 此例通过 date()函数处理系统时间，得到动态内容。时间处理是 PHP 中的一项重要功能。

8.2 表单与 PHP

不管是一般的企业网站还是复杂的网络应用，都离不开数据的添加。通过 PHP 服务器端脚本语言，程序可以处理那些通过浏览器对 Web 应用进行数据调用或添加的请求。

回忆一下平常使用的网站数据输入功能，不管是 Web 邮箱，还是 QQ 留言，都经常要填写一些表格，再由这些表格把数据发送出去。而完成这个工作的部件就是"表单(form)"。

虽然表单(form)是 HTML 语言中的东西，但是 PHP 与 form 变量的衔接是无缝的。PHP 关心的是怎样获得和使用 form 中的数据。PHP 功能强大，可以轻松地对表单进行处理。

处理表单数据的基本过程是：数据从 Web 表单(form)发送到 PHP 代码，经过处理，再生成 HTML 输出。它的处理原理是：当 PHP 处理一个页面的时候，会检查 URL、表单数据、上传文件、可用 cookie、Web 服务器和环境变量。如果有可用信息，就可以通过 PHP 访问自动全局变量数组$_GET、$_POST、$_FILES、$_COOKIE、$_SERVER、$_ENV 得到。

8.3　设计表单元素

表单是一个比较特殊的组件，在 HTML 中有着比较特殊的功能和结构。下面了解一下表单的一些基本元素。

8.3.1　表单的基本结构

表单的基本结构是由<form></form>标识包裹的区域。例如：

```
<HTML>
<HEAD>
</HEAD>
<BODY>
<form action=" " method=" " enctype=" ">
...
</form>
</BODY>
</HTML>
```

其中，<form>标识内必须包含属性，action 指定数据所要发送到的对象文件，method 指定数据传输的方式。

如果在执行上传文件等操作，还要定义 enctype 属性来指定数据类型。

8.3.2　文本框

文本框是 form 输入框中最为常见的一个组件。下面通过例子来讲述文本框的使用方法。具体操作步骤如下。

step 01 在网站根目录下创建文件 8.2.html。代码如下：

```
<html>
<head></head>
<body>
<form action="8.2.php" method="post">
    <h3>输入一个信息(比如名称)：</h3>
    <input type="text" name="name" size="10" />
</form>
</body>
</html>
```

step 02 创建文件 8.2.php。代码如下:

```php
<?php
$name = $_POST['name'];
echo $name;
?>
```

运行 8.2.html,结果如图 8-3 所示。在文本框中输入"冰箱",按 Enter 键确认,结果如图 8-4 所示。

图 8-3　使用文本框

图 8-4　程序运行结果

【案例剖析】

(1) <input type="text" name="name" size="10" />语句定义了 form 的文本框。定义一个输入框为文本框的必要因素为:

```html
<input type="text" ... />
```

这样就定义了一个文本框,其他属性则如例中一样,可以定义文本框的 name 属性,以确认此文本框的唯一性,定义 size 属性以确认此文本框的长度。

(2) 在 8.2.php 文件中,则使用了文本框的 name 值 name,输出文本框中的内容。

8.3.3　复选框

复选框可用于选择一项或者多项选项。下面通过案例详细讲解 PHP 中复选框的使用方法。具体操作步骤如下。

step 01 创建文件 8.3.html。代码如下:

```html
<html>
<head></head>
<body>
<form action="8.3.php" method="post">
    <h3>确认此项(可复选):</h3>
    <input type="checkbox" name="achecked" checked="checked" value="1" />
    选择此项传递的 A 项的 value 值。
    <input type="checkbox" name="bchecked" value="2" />
    选择此项传递的 B 项的 value 值。
    <input type="checkbox" name="cchecked" value="3" />
    选择此项传递的 C 项的 value 值。
</form>
</body>
</html>
```

step 02 创建文件 8.3.php。代码如下：

```php
<?php
$name = $_POST['name'];
if(isset($_POST['achecked'])){
    $achecked = $_POST['achecked'];
}
if(isset($_POST['bchecked'])){
    $bchecked = $_POST['bchecked'];
}
if(isset($_POST['cchecked'])){
    $cchecked = $_POST['cchecked'];
}

if(isset($achecked) and $achecked == 1){
    echo "选项 A 的 value 值已经被正确传递。<br />";
}else{
    echo "选项 A 没有被选择，其 value 值没有被传递。<br />";
}
if(isset($bchecked) and $bchecked == 2){
    echo "选项 B 的 value 值已经被正确传递。<br />";
}else{
    echo "选项 B 没有被选择，其 value 值没有被传递。<br />";
}
if(isset($cchecked) and $cchecked == 3){
    echo "选项 C 的 value 值已经被正确传递。<br />";
}else{
    echo "选项 C 没有被选择，其 value 值没有被传递。<br />";
}
echo $name."<br/>";
?>
```

step 03 运行 8.3.html，结果如图 8-5 所示。勾选复选框和在文本框中输入内容后，按 Enter 键确认，结果如图 8-6 所示。

图 8-5 使用复选框

图 8-6 程序运行结果

【案例剖析】

(1) <input type="checkbox" name="inputchecked" checked="checked" value="1" />语句定义了复选框。定义一个 input 标识为复选框时，需要指定类型为 checkbox：

```
<input type="checkbox" ... />
```

定义为复选框之后，还需要定义复选框的 name 属性，以确定在服务器端程序的唯一性。定义 value 属性，以确定此复选框所要传递的值。定义 checked 属性，以确定复选框的默认状态，若为 checked，则是默认为选中；如果不定义此项，默认情况下为不选中。

(2) 在 8.3.php 文件中，使用的选项 name 值为 achecked、bchecked、cchecked 并根据 value 值做出判断。

8.3.4　单选按钮

下面通过案例来介绍如何使用单选按钮。具体操作步骤如下。

step 01　创建文件 8.4.html。代码如下：

```
<html>
<head>
</head>
<body>
<form action="8.4.php" method="post">
    <h3>单选一项：</h3>
    <input type="radio"  name="aradio" value="a1" />蓝天
    <input type="radio"  name="aradio" value="a2" checked="checked" />白云
    <input type="radio"  name="aradio" value="a3" />大海
    <h3>输入名称：</h3>
    <input type="text" name="name" size="10" />
</form>
</body>
</html>
```

step 02　创建文件 8.4.php。代码如下：

```
<?php
$name = $_POST['name'];
$aradio = $_POST['aradio'];
if($aradio == 'a1'){
    echo "蓝天"."<br/>";
}else if($aradio == 'a2'){
    echo "白云"."<br/>";
}else{
    echo "大海"."<br/>";
}
echo $name."<br/>";
?>
```

step 03　运行 8.4.html，结果如图 8-7 所示。选中单选按钮和在文本框中输入内容后，按 Enter 键确认，结果如图 8-8 所示。

| 图 8-7 使用单选按钮 | 图 8-8 程序运行结果 |

【案例剖析】

(1) <input type="radio" name="aradio" value="a1" />语句定义了一个单选按钮。后面的 <input type="radio" name="aradio" value="a2" checked="checked" /> 和 <input type="radio" name="aradio" value="a3" />定义了另外的两个单选按钮。

定义一个 input 标识为单选按钮时，需要指定类型为 radio：

```
<input type="radio" ... />
```

定义为单选按钮后，还需要定义单选按钮的 name 属性，以确定在服务器端程序的唯一性。定义 value 属性，以确定此单选按钮所要传递的值。定义 checked 属性，以确定单选按钮的默认状态，若为 checked 则是默认的选中；如果不定义此项，在默认情况下为不选中。

(2) 在 8.4.php 文件中，使用了单选按钮的 name 值为 aradio。然后 if 语句通过对 aradio 传递的不同值做出判断，打印不同的值。

8.3.5　下拉列表

下面通过案例来介绍下拉列表的使用方法和技巧。具体操作步骤如下。

step 01　创建文件 8.5.html。代码如下：

```html
<html>
<head></head>
<body>
<form action="8.5.php" method="post">
    <h3>在下拉菜单中选一项：</h3>
    <select name="aselect" size="1">
        <option value="shanghai">上海</option>
        <option value="qingdao" selected>青岛</option>
        <option value="beijing">北京</option>
        <option value="shenzhen">深圳</option>
    </select>
    <h3>输入名称：</h3>
    <input type="text" name="name" size="10" />
</form>
</body>
</html>
```

step 02 创建文件 8.5.php。代码如下:

```php
<?php
$name = $_POST['name'];
$aselect = $_POST['aselect'];
if($aselect == 'shanghai'){
    echo "上海"."<br />";
}else if($aselect == 'qingdao'){
    echo "青岛"."<br />";
}else if($aselect == 'beijing'){
    echo "北京"."<br />";
}else{
    echo "深圳"."<br />";
}
echo $name;
?>
```

step 03 运行 8.5.html,结果如图 8-9 所示。选择下拉菜单中的一项和在文本框中输入内容后,按 Enter 键确认,结果如图 8-10 所示。

图 8-9　使用下拉列表　　　　　　　　　　　图 8-10　程序运行结果

【案例剖析】

(1) 下拉列表是通过<select></select>标识表示的。而下拉列表当中的选项是通过包含在其中的<option></option>标识表示的。<select>标识中的 name 定义下拉列表的 name 属性,以确认它的唯一性。<option>标识中的 value 定义需要传递的值。

(2) 在 8.5.php 文件中,则使用了选项的 name 值为 aselect。然后 if 语句通过对 aselect 传递的不同的值做出判断,打印不同的值。

8.3.6　重置按钮和提交按钮

重置按钮用来重置所有表单中输入的数据。

在前面的例子中,form 里的所有元素都已经设置完成,并且在相应的 PHP 文件中做出了处理。这个时候,想要把 HTML 页面中所有的数据发送出去给相应 PHP 文件进行处理,就需要使用 submit 按钮,也就是提交按钮。

下面通过一个综合案例来学习重置按钮和提交按钮。

具体操作步骤如下。

step 01 创建文件 8.6.html 文件。代码如下：

```
<html>
<head></head>
<body>
<form action="8.6.php" method="post">
    <h3>输入一个名称：</h3>
    <input type="text" name="name" size="10" />
    <h3>确认此项(可复选)：</h3>
    <input type="checkbox" name="achecked" checked="checked" value="1" />
    选择此项传递的 A 项的 value 值。
    <input type="checkbox" name="bchecked"  value="2" />
    选择此项传递的 B 项的 value 值。
    <input type="checkbox" name="cchecked"  value="3" />
    选择此项传递的 C 项的 value 值。
    <h3>单选一项：</h3>
    <input type="radio"  name="aradio" value="a1" />蓝天
    <input type="radio"  name="aradio" value="a2" checked="checked" />白云
    <input type="radio"  name="aradio" value="a3" />大海
    <h3>在下拉菜单中选一项：</h3>
    <select name="aselect" size="1">
        <option value="shanghai">上海</option>
        <option value="qingdao" selected>青岛</option>
        <option value="beijing">北京</option>
        <option value="shenzhen">深圳</option>
    </select>
    <h3>重置信息：</h3>
    <input type="RESET" value="重置" />
    <h3>提交信息到 8.6.php 文件：</h3>
    <input type="submit" value="提交" />
</form>
</body>
</html>
```

step 02 创建文件 8.6.php。代码如下：

```
<?php
$name = $_POST['name'];
if(isset($_POST['achecked'])){
    $achecked = $_POST['achecked'];
}
if(isset($_POST['bchecked'])){
    $bchecked = $_POST['bchecked'];
}
if(isset($_POST['cchecked'])){
    $cchecked = $_POST['cchecked'];
}
$aradio = $_POST['aradio'];
$aselect = $_POST['aselect'];
echo $name."<br />";
if(isset($achecked) and $achecked == 1){
    echo "选项 A 的 value 值已经被正确传递。<br />";
}else{
    echo "选项 A 没有被选择，其 value 值没有被传递。<br />";
```

```
}
if(isset($bchecked) and $bchecked == 2){
    echo "选项 B 的 value 值已经被正确传递。<br />";
}else{
    echo "选项 B 没有被选择，其 value 值没有被传递。<br />";
}
if(isset($cchecked) and $cchecked == 3){
    echo "选项 C 的 value 值已经被正确传递。<br />";
}else{
    echo "选项 C 没有被选择，其 value 值没有被传递。<br />";
}
if($aradio == 'a1'){
    echo "蓝天<br />";
}else if($aradio == 'a2'){
    echo "白云<br />";
}else{
    echo "大海<br />";
}
if($aselect == '上海'){
    echo "上海<br/>";
}else if($aselect == 'qingdao'){
    echo "青岛<br/>";
}else if($aselect == 'beijing'){
    echo "北京<br />";
}else{
    echo "深圳";
}
?>
</BODY>
</HTML>
```

step 03 运行 8.6.html，结果如图 8-11 所示。

step 04 单击"提交"按钮，页面将会跳转到 8.6.php，输出结果如图 8-12 所示。

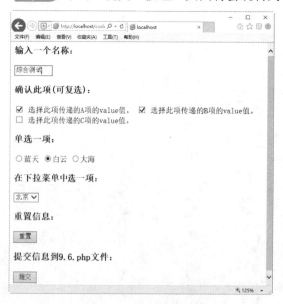

图 8-11 综合应用效果

图 8-12 单击"提交"按钮后的结果

【案例剖析】

由<input type="reset" value="重置">语句可见，重置按钮是<input />标识的一种。定义一个 input 标识为单选项的必要因素为：

```
<input type="reset" ... />
```

Value 属性是按钮所显示的字符。

8.4　传　递　数　据

数据传递的常用方式为 POST 和 GET 两种。下面介绍这两种方式的使用技巧。

8.4.1　用 POST 方式传递数据

表单传递数据是通过 POST 和 GET 两种方式进行的。在定义表单属性的时候，要在 method 属性中定义使用哪种数据传递方式。

<form action="URI" method="post">定义了此表单在把数据传递给目标文件时使用的是 POST 方式。<form action="URI" method="get">则定义了此表单在把数据传递给目标文件的时候，使用的是 GET 方式。

POST 方式是比较常见的表单提交方式。通过 POST 方式提交的变量，不受特定的变量大小的限制，并且被传递的变量不会在浏览器地址栏里以 URL 的方式显示出来。

上一节中的案例都是采用 POST 方式传递数据，这里就不再举例说明。

8.4.2　用 GET 方式传递数据

GET 方式比较有特点。通过 GET 方式提交的变量，有大小限制，不能超过 100 个字符。它的变量名和与之相对应的变量值都会以 URL 的方式显示在浏览器地址栏里。因此，若传递大而敏感的数据，一般不使用此方式。

使用 GET 方式传递数据，通常是借助于 URL 进行的。

下面通过案例对此操作进行讲解。具体操作步骤如下。

`step 01` 创建文件 8.7.php，输入以下代码并保存：

```php
<?php
if(!$_GET['u'])
{
    echo '参数还没有输入。';
}else{
    $user = $_GET['u'];
    switch ($user){
        case 1:
            echo "您最喜欢的是苹果";
            break;
        case 2:
            echo "您最喜欢的是香蕉";
            break;
```

```
        case 3:
            echo "您最喜欢的是哈密瓜";
            break;
    }
}
?>
```

step 02 在浏览器地址栏中输入 http://localhost/code/ch08/8.7.php?u，并按 Enter 键确认，
运行结果如图 8-13 所示。

step 03 在浏览器地址栏中输入 http://localhost/getparam.php?u=1，并按 Enter 键确认，运
行结果如图 8-14 所示。

图 8-13　程序运行结果一

图 8-14　程序运行结果二

step 04 在浏览器地址栏中输入 http://localhost/
getparam.php?u=3，并按 Enter 键确认，运行
结果如图 8-15 所示。

【案例剖析】

(1) 在 URL 中，GET 方式通过 "?" 号后面的数组
元素的键名(这里是 u)来获得元素的值。

(2) 对元素赋值使用 "=" 号。

(3) switch 条件语句做出判断，并返回结果。

图 8-15　程序运行结果三

8.5　PHP 获取表单传递数据的方法

如果表单使用 POST 方式传递数据，则 PHP 要使用全局变量数组$_POST[]来读取所传递
的数据。

在表单中，元素传递数据给$_POST[]全局变量数组，其数据以关联数组中的数组元素形
式存在，其以表单元素的名称属性为键名，以表单元素的输入数据或传递的数据为键值。

例如，8.6.php 文件中的$name=$_POST['name']语句就是读取名为 name 的文本框中的数
据。此数据是以 name 为键名，以文本框输入的数据为键值。

再如，$achecked=$_POST['achecked']语句读取名为 achecked 的复选框传递的数据。此数
据是以 achecked 为键名，以复选框传递的数据为键值。

如果表单使用 GET 方式传递数据，则 PHP 要使用全局变量数组$_GET[]来读取所传递的

数据。与$_POST[]相同，表单中元素传递数据给$_GET[]全局变量数组，其数据以关联数组中的数组元素形式存在，以表单元素的名称属性为键名，以表单元素的输入数据或传递的数据为键值。

8.6　PHP 对 URL 传递的参数进行编码

PHP 对 URL 中传递的参数进行编码，一是可以实现对所传递数据的加密；二是可以对无法通过浏览器进行传递的字符进行传递。

实现此操作一般使用 urlencode()函数和 rawurlencode()函数。而对此过程的反向操作就是使用 urldecode()函数和 rawurldecode()函数。

下面通过实例对此操作进行讲解。具体操作步骤如下。

step 01 创建文件 8.8.php，输入以下代码并保存：

```php
<?php
$user = '王小明 刘晓莉';
$link1 = "index.php?userid=".urlencode($user)."<br/>";
$link2 = "index.php?userid=".rawurlencode($user)."<br/>";
echo $link1.$link2;
echo urldecode($link1);
echo urldecode($link2);
echo rawurldecode($link2);
?>
```

step 02 程序运行结果如图 8-16 所示。

图 8-16　程序运行结果

【案例剖析】

(1) 在$link1 变量的赋值中，使用 urlencode()函数对一个中文字符串$user 进行编码。

(2) 在$link2 变量的赋值中，使用 rawurlencode()函数对一个中文字符串$user 进行编码。

(3) 这两种编码方式的区别在于对空格的处理，urlencode()函数将空格编码为"+"号，而 rawurlencode()函数将空格编码为"%20"。

(4) urldecode()函数实现对编码的反向操作。

8.7　案例实战——团购商品订单表

下面进行处理表单数据的讲解。此案例中,将模拟团购商品订单表。具体操作步骤如下。

step 01　创建文件 8.9.html,输入以下代码并保存:

```html
<html>
<head>
<h2>酷客团购商品订单表</h2>
</head>
<body>
<form action="8.9.php" method="post">
<table>
   <tr bgcolor="#3399FF">
      <td>客人姓名:</td>
      <td><input type="text" name="customername" size="10" /></td>
   </tr>
   <tr bgcolor="#CCCCCC">
      <td>商品名称</td>
      <td><input type="text" name="cname" size="8" /></td>
   </tr>
   <tr bgcolor="#CCCCCC">
      <td>采购数目</td>
      <td><input type="text" name="counts" size="8" />台</td>
   </tr>
   <tr bgcolor="#3399FF">
      <td>联系电话:</td>
      <td><input type="text" name="phone" size="15" /></td>
   </tr>
   <tr bgcolor="#666666">
      <td align="center"><input type="submit" value="确认团购信息" /></td>
   </tr>
</table>
</form>
</body>
</html>
```

step 02　创建 PHP 文件 8.9.php,输入以下代码并保存:

```php
<?php
$customername = $_POST['customername'];
$cname= $_POST['cname'];
$counts = $_POST['counts'];
$phone = $_POST['phone'];
echo '<p>确认采购信息:</p>';
echo '尊敬的客户'.$customername.'! 您采购的 '.$cname.'数量为'.$counts.',您的联系
电话是 '.$phone.'。';
?>
```

step 03　运行文件 8.9.html,结果如图 8-17 所示。

step 04　输入信息后,单击"确认团购信息"按钮,结果如图 8-18 所示。

图 8-17　8.9.html 的运行结果

图 8-18　8.9.php 的运行结果

【案例剖析】

(1)　在 8.9.html 中的 form 通过 POST 方法(method)把 3 个<input type="text" … />中的文本数据发送给 8.9.php。

(2)　在 8.9.php 中，代码读取数组 $_POST 中的具体变量 $_POST['customername']、$_POST['cname']、$_POST['counts']、$_POST['phone']，并赋值给本地变量 $customername、$cname、$counts、$phone。然后，通过 echo 命令使用本地变量，把信息生成 HTML 后输出给浏览器。

(3)　要提到的是 "echo '尊敬的客户'.$customername.'！您采购的 '.$cname.'数量为 '.$counts.'，您的联系电话是 '.$phone.'。';" 中的"."是字符串连接操作符，它把不同部分的字符串连接在一起。在使用 echo 命令的时候经常会用到它。

8.8　疑 难 解 惑

疑问 1：使用 urlencode()和 rawurlencode()函数需要注意什么？

答：要注意的是，如果配合 js 处理页面的信息的话，要注意使用 urlencode()函数后"+"号与 js 的冲突。由于 js 中"+"号是字符串类型的连接操作符 js 才处理，否则 url 就无法识别其中的"+"号。这时，可以使用 rawurlencode()函数对其进行处理。

疑问 2：GET 和 POST 的区别与联系是什么？

答：二者的区别与联系如下。

(1) POST 是向服务器传送数据；GET 是从服务器上获取数据。

(2) POST 是通过 HTTP POST 机制将表单内各个字段及其内容放置在 HTML HEADER 内一起传送到 ACTION 属性所指的 URL 地址。用户看不到这个过程。GET 是把参数数据队列加到提交表单的 ACTION 属性所指的 URL 中，值和表单内各个字段一一对应，在 URL 中可以看到。

(3) 对于 GET 方式，服务器端用 Request.QueryString 获取变量的值；对于 POST 方式，服务器端用 Request.Form 获取提交的数据。

(4) POST 传送的数据量较大，一般默认为不受限制。

(5) POST 安全性较高；GET 安全性非常低，但是执行效率却比 POST 方法高。

(6) 在做数据添加、修改或删除时，建议用 POST 方式；而在做数据查询时，建议用 GET 方式。

(7) 对于机密信息的数据，建议采用 POST 数据提交方式。

第 9 章

时间很重要——
管理日期和时间

日期和时间对于很多应用来说是十分敏感的。程序中，很多情况下都是依靠日期和时间才能做出判断、完成操作。例如，酒店商务网站中查看最新的房价情况，这与时间是密不可分的。本章介绍日期和时间的获得及格式化方面的内容。

9.1 系统时区的设置

这里的系统时区是指运行 PHP 的系统环境。常见的有 Windows 系统和 Unix-like(类 Unix)系统。对于它们的时区的设置，关系到运行应用的时间准确性。

9.1.1 时区划分

时区的划分是一个地理概念。从本初子午线开始向东和向西各有 12 个时区，比如，我们的北京时间是东八区；美国太平洋时间是西八区。在 Windows 系统里，这个操作比较简单，在控制面板里设置就行了。在 Linux 这样的 Unix-like 系统中，需要使用命令对时区进行设置。

9.1.2 时区设置

在 PHP 中，日期时间的默认设置是 GMT(格林尼治时间)。在使用时间日期功能之前，需要对时区进行设置。

时区的设置方法主要有以下两种。

(1) 修改 php.ini 文件的设置。找到 ";date.timezone=" 选项，将其值修改为 "date.timezone=Asia/Hong_Kong"，这样系统默认时间为东八区的时间。

(2) 在应用程序中直接用函数 date_default_timezone_set() 来设置。其语法格式如下：

```
date_default_timezone_set("timezone")
```

参数 timezone 为 PHP 可识别的时区名称。例如，设置我国北京时间可以使用的时区包括 PRC(中华人民共和国)、Asia/Chongqing(重庆)、Asia/Hong_Kong (香港)、Asia/ Shanghai(上海)等。这些时区的名称都是有效的。

这种方法设置时比较灵活。设置完成后，data()函数便可以正常使用，不会再出现时差问题。

9.2 PHP 的日期和时间函数

下面开始学习 PHP 的常用日期和时间函数的使用方法和技巧。

9.2.1 关于 Unix 时间戳

在很多情况下，程序需要对日期进行比较、运算等操作。如果按照人们日常的计算方法，很容易知道 6 月 5 号和 6 月 8 号相差几天。

然而，如果日期的书写方式是 2018-3-8 或 2018 年 3 月 8 日星期四，这让程序如何运算呢？对整型数据的数学运算来说，好像这样的描述并不容易处理。又如，如果想知道 3 月 8 号和 4 月 23 号相差几天，则需要把月先转换为 30 天或 31 天，再对剩余天数加减。这是一个很麻烦的过程。

如果时间或者日期是一个连贯的整数，这样处理起来就很方便了。

幸运的是，系统的时间正是以这种方式储存的，这种方式就是时间戳，也称为 Unix 时间戳。Unix 系统和 Unix-like 系统把当下的时间储存为 32 位的整数，这个整数的单位是秒，而这个整数的开始时间为格林尼治时间(GMT)的 1970 年 1 月 1 日的零点整。换句话说，就是现在的时间是 GMT 1970 年 1 月 1 日的零点整到现在的秒数。

由于每一秒的时间都是确定的，这个整数就像一个章戳一样不可改变，所以就称为 Unix 时间戳。

这个时间戳在 Windows 系统下也是成立的，但是与 Unix 系统下不同的是，Windows 系统下的时间戳只能为正整数，不能为负值。所以想用时间戳表示 1970 年 1 月 1 日以前的时间是不行的。

PHP 则是完全采用了 Unix 时间戳。所以不管 PHP 在哪个系统下运行，都可以使用 Unix 时间戳。

9.2.2 获取当前的时间戳

要获得当前时间的 Unix 时间戳，以用于得到当前时间，直接使用 time()函数即可。time()函数不需要任何参数，直接返回当前日期和时间。

【例 9.1】获取当前的时间戳(示例文件 ch9\9.1.php)。

```php
<?php
$t1 = time();
echo "当前时间戳为: ".$t1;
?>
```

程序运行结果如图 9-1 所示。

【案例剖析】

(1) 在图 9-1 中，数值 1501847269 表示从 1970 年 1 月 1 日 0 点 0 分 0 秒到本程序执行时间隔的秒数。

(2) 如果每隔一段时间刷新一次页面，获取时间戳的值将会增加。这个数会一直不断地变大，即每过 1 秒，此值就会加 1。

图 9-1 获取当前的时间戳

9.2.3 获取当前的日期和时间

可使用 date()函数返回当前日期。如果在 date()函数中使用参数 U，则可返回当前时间的 Unix 时间戳。如果使用参数 d，则可直接返回当前月份的 01 到 31 号的两位数日期，等等。

date()函数有很多参数，具体含义如表 9-1 所示。

表 9-1　date()函数的参数

参　数	含　义	参　数	含　义
a	小写 am 或 pm	A	大写 AM 或 PM
d	01 到 31 的日期	D	Mon 到 Sun 的简写星期
e	显示时区		
		F	月份的全拼单词
g	12 小时格式的小时数(1 到 12)	G	24 小时格式的小时数(0 到 23)
h	12 小时格式的小时数(01 到 12)	H	24 小时格式的小时数(00 到 23)
i	分钟数(01 到 60)	I	Daylight
j	一月中的天数(从 1 到 31)		
l	一周中天数的全拼	L	Leap year
m	月份(从 01 到 12)	M	3 个字母的月份简写(从 Jan 到 Dec)
n	月份(从 1 到 12)		
		O	与格林尼治时间相差的时间
s	秒数(从 00 到 59)	S	天数的序数表达(st、nd、rd、th)
t	一个月中天数的总数(从 28 到 31)	T	时区简写
		U	当前的 Unix 时间戳
w	数字表示的周天(从 0-Sunday 到 6-Saturday)	W	ISO8601 标准的一年中的周数
		Y	四位数的公元纪年(从 1901 到 2038)
z	一年中的天数(从 0 到 364)	Z	以秒表现的时区(从-43200 到 50400)

9.2.4　使用时间戳获取日期信息

如果相应的时间戳已经储存在数据库中，程序需要把时间戳转化为可读的日期和时间，才能满足应用的需要。

PHP 中提供了 date()和 getdate()等函数来实现从时间戳到通用时间的转换。

1. date()函数

date()函数主要是将一个 Unix 时间戳转化为指定的时间/日期格式。该函数的语法格式如下：

```
string date(string format, [时间戳整数])
```

此函数将会返回一个字符串。该字符串就是一个指定格式的日期时间，其中 format 是一个字符串，用来指定输出的时间格式。时间戳整数可以为空，如果为空，则表示为当前时间的 Unix 时间戳。

format 参数是由指定的字符构成的，具体字符的含义如表 9-2 所示。

表 9-2　format 字符的含义

format 字符	含义说明
a	am 或 pm
A	AM 或 PM
d	几日，二位数字，若不足二位，则前面补零。01 至 31
D	星期几，3 个英文字母。例如 Fri
F	月份，英文全名。例如 January
h	12 小时制的小时。01 至 12
H	24 小时制的小时。00 至 23
g	12 小时制的小时，不足二位不补零。1 至 12
G	24 小时制的小时，不足二位不补零。0 至 23
i	分钟。例如 00 至 59
j	几日，二位数字，若不足二位不补零。1 至 31
l	星期几，英文全名。例如 Friday
m	月份，二位数字，若不足二位则在前面补零。01 至 12
n	月份，二位数字，若不足二位则不补零。1 至 12
M	月份，3 个英文字母。例如 Jan
s	秒。00 至 59
S	字尾加英文序数，两个英文字母。例如 th、nd
t	指定月份的天数。28 至 31
U	总秒数
w	数值型的星期几。0(星期日)至 6(星期六)
Y	年，四位数字。例如 1999
y	年，二位数字。例如 99
z	一年中的第几天。0 至 365

下面通过一个例子来理解 format 字符的使用方法。

【例 9.2】使用 format 字符(示例文件 ch9\9.2.php)。

```php
<?php
date_default_timezone_set("PRC");
//定义一个当前时间的变量
$tt = time();
echo "目前的时间为：<br>";
//使用不同的格式化字符测试输出效果
echo date("Y年m月d日[l]H点i分s秒",$tt)."<br>";
echo date("y-m-d h:i:s a",$tt)."<br>";
echo date("Y-M-D H:I:S A",$tt)."<br>";
echo date("F,d,y l",$tt)." <br>";
```

```
echo date("Y-M-D H:I:S",$tt)." <br>";
?>
```

程序运行结果如图 9-2 所示。

图 9-2　理解 format 字符的用法

【案例剖析】

(1)　date_default_timezone_set("PRC")语句的作用是设置默认时区为北京时间。如果不设置，将会显示安全警告信息。

(2)　格式化字符的使用方法非常灵活，只要设置字符串中包含的字符，date()函数就能将字符串替换成指定的日期时间信息。利用上面的函数可以随意输出自己需要的日期。

2. getdate()函数

getdate()函数可以获取详细的时间信息。该函数的语法格式如下：

```
array getdate(时间戳整数)
```

getdate()函数返回一个数组，包含日期和时间的各个部分。如果它的参数时间戳整数为空，则表示直接获取当前时间戳。下面举例说明此函数的使用方法和技巧。

【例 9.3】使用 getdate()函数(示例文件 ch9\9.3.php)。

```php
<?php
date_default_timezone_set("PRC");
//定义一个时间的变量
$tm ="2018-08-08 08:08:08";
echo "时间为: ". $tm. "<br>";
//将格式转化为 Unix 时间戳
$tp = strtotime($tm);
echo "此时间的 Unix 时间戳为: ".$tp. "<br>";
$ar1 = getdate($tp);
echo "年为: ". $ar1["year"]."<br>";
echo "月为: ". $ar1["mon"]."<br>";
echo "日为: ". $ar1["mday"]."<br>";
echo "点为: ". $ar1["hours"]."<br>";
echo "分为: ". $ar1["minutes"]."<br>";
echo "秒为: ". $ar1["seconds"]."<br>";
?>
```

程序运行结果如图 9-3 所示。

图 9-3　使用 getdate()函数

9.2.5　检验日期的有效性

使用用户输入的时间数据时，有时会由于用户输入的数据不规范，导致程序运行出错。为了检查时间的合法有效性，需要使用 checkdate()函数对输入日期进行检测。它的语法格式如下：

```
checkdate(月份, 日期, 年份)
```

此函数检查的项目是：年份整数是否在 0~32767 之间；月份整数是否在 1~12 之间；日期整数是否在相应的月份的天数内。下面通过例子来讲述如何检查日期的有效性。

【例 9.4】使用 checkdate ()函数(示例文件 ch9\9.4.php)。

```php
<?php
if(checkdate(2,31,2018)){
    echo "这不可能。";
}else{
    echo "2 月没有 31 号。";
}
?>
```

程序运行结果如图 9-4 所示。

图 9-4　使用 checkdate()函数对输入日期进行检测

9.2.6　输出格式化时间戳的日期和时间

使用 strftime()可以把时间戳格式化为日期和时间。它的语法格式如下：

```
strftime(格式, 时间戳)
```

其中有两个参数，格式决定了如何把其后面时间戳格式化并且输出。如果时间戳为空，则系统当前时间戳将会被使用。

格式代码的含义如表 9-3 所示。

表9-3　格式代码的含义

代　码	含　义	代　码	含　义
%a	周日期(缩简)	%A	周日期
%b 或%h	月份(缩简)	%B	月份
%c	标准格式的日期和时间	%C	世纪
%d	月日期(从 01 到 31)	%D	日期的缩简格式(mm/dd/yy)
%e	包含两个字符的字符串月日期(从'01'到'31')		
%g	根据周数的年份(2 个数字)	%G	根据周数的年份(4 个数字)
		%H	小时数(从 00 到 23)
		%I	小时数(从 1 到 12)
%j	一年中的天数(从 001 到 366)		
%m	月份(从 01 到 12)	%M	分钟(从 00 到 59)
%n	新一行(同\n)		
%p		%P	am 或 pm
%r	时间使用 am 或 pm 表示	%R	时间使用 24 小时制表示
		%S	秒(从 00 到 59)
%t	Tab(同\t)	%T	时间使用 hh:ss:mm 格式表示
%u	周天数(从 1-Monday 到 7-Sunday)	%U	一年中的周数(从第一周的第一个星期天开始)
		%V	一年中的周数(以至少剩余 4 天的这一周开始为第一周)
%w	周天数(从 0-Sunday 到 6-Saturday)	%W	一年中的周数(从第一周的第一个星期一开始)
%x	标准格式日期(无时间)	%X	标准格式时间(无日期)
%y	年份(2 字符)	%Y	年份(4 字符)
%z 和%Z	时区		

下面举例介绍用法。

【例 9.5】输出格式化日期和时间(示例文件 ch9\9.5.php)。

```php
<?php
date_default_timezone_set("PRC");
echo(strftime("%b %d %Y %X", mktime(20,0,0,12,31,98)));
echo(gmstrftime("%b %d %Y %X", mktime(20,0,0,12,31,98)));
//输出当前日期、时间和时区
echo(gmstrftime("It is %a on %b %d, %Y, %X time zone: %Z",time()));
?>
```

程序运行结果如图 9-5 所示。

图 9-5　输出格式化日期和时间

9.2.7　显示本地化的日期和时间

由于世界上有不同的显示习惯和规范，所以日期和时间也会根据不同的地区显示为不同的形式。这就是日期时间的本地化显示。

实现此操作需要使用到 setlocale()和 strftime()两个函数(后者前面已经介绍过)。

使用 setlocale()函数可改变 PHP 的本地化默认值，实现本地化的设置。它的语法格式如下：

```
setlocale(目录, 本地化值)
```

(1)　本地化值是一个字符串，它有一个标准格式：language_COUNTRY.characterset。例如，想把本地化设为美国，按照此格式为 en_US.utf8；如果想把本地化设为英国，按照此格式为 en_GB.utf8；如果想把本地化设为中国，且为简体中文，按照此格式为 zh_CN.gb2312，或者 zh_CN.utf8。

(2)　目录是指 6 个不同的本地化目录，如表 9-4 所示。

表 9-4　本地化目录

目　录	说　明
LC_ALL	为后面其他的目录设定本地化规则的目录
LC_COLLATE	字符串对比目录
LC_CTYPE	字母划类和规则
LC_MONETARY	货币表示规则
LC_NUMERIC	数字表示规则
LC_TIME	日期和时间表示规则

由于这里要对日期时间进行本地化设置，需要使用到的目录是 LC_TIME。下面通过例子对日期时间本地化进行讲解。

【例 9.6】日期时间本地化(示例文件 ch9\9.6.php)。

```php
<?php
date_default_timezone_set("PRC");
```

网
站
开
发
案
例
课
堂

```
date_default_timezone_set("Asia/Hong_Kong");    //设置时区为中国时区
setlocale(LC_TIME, "zh_CN.gb2312");             //设置时间的本地化显示方法
echo strftime("%z");                            //输出所在的时区
?>
```

程序运行结果如图 9-6 所示。+0800 是东八区(中国标准时间)。

【案例剖析】

(1) date_default_timezone_set("Asia/Hong_Kong") 设定时区为中国时区。

(2) setlocale()设置时间的本地化显示方式为简体中文方式。

图 9-6   日期时间本地化

(3) strftime("%z")返回所在时区,其在页面显示为简体中文方式。

9.2.8   将日期和时间解析为 Unix 时间戳

使用给定的日期和时间,mktime()函数可以生成相应的 Unix 时间戳。它的语法格式如下:

```
mktime(小时, 分钟, 秒, 月份, 日期, 年份)
```

把相应的时间和日期的部分输入相应位置的参数,即可得到相应的时间戳。下面通过例子介绍此函数的应用方法和技巧。

【 例 9.7 】 使 用 mktime() 函 数 (示 例 文 件 ch9\9.7.php)。

```
<?php
$timestamp = mktime(0,0,0,3,31,2018);
echo $timestamp;
?>
```

程序运行结果如图 9-7 所示。

图 9-7   使用 mktime()函数

其中 mktime(0,0,0,3,31,2018)使用的时间是 2018 年 3 月 31 号 0 点整。

9.2.9   日期时间在 PHP 和 MySQL 数据格式之间转换

日期和时间在 MySQL 中是按照 ISO8601 格式储存的。这种格式要求以年份打头,如 2018-03-08。从 MySQL 读取的默认格式也是这种格式。对于这种格式,我们是比较熟悉的,在中文应用中,几乎可以不用转换,就直接使用这种格式。

但是,在西方的表达方法中,经常把年份放在月份和日期的后面,如 March 08, 2018。所以,在接触到国际的特别是符合英语使用习惯的项目时,需要对 ISO8601 格式的日期时间做合适的转换。

有意思的是,为了解决这个英文使用习惯和 ISO8601 格式冲突的问题,MySQL 提供了把英文使用习惯的日期时间转换为符合 ISO8601 标准的两个函数,它们是 DATE_FORMAT()和 UNIX_TIMESTAMP()。这两个函数在 SQL 语言中使用。具体用法将在介绍 MySQL 时详述。

9.3　案例实战 1——实现倒计时功能

对于未来的时间点实现倒计时，其实就是使用现在的当下时间戳和未来的时间点进行比较和运算。

下面通过案例来介绍如何实现倒计时功能。

【例 9.8】实现倒计时(示例文件 ch9\9.8.php)。

```php
<?php
$timestampfuture = mktime(0,0,0,05,01,2018);
$timestampnow = time();
$timecount = $timestampfuture - $timestampnow;
$days = round($timecount/86400);
echo "今天是".date('Y F d')." ,距离2018年5月1号的时间戳，还有".$days."天。";
?>
```

程序运行结果如图 9-8 所示。

图 9-8　实现倒计时

【案例剖析】

(1)　time()不带任何参数，所生成的时间是当前时间的时间戳。

(2)　$timecount 是现在的时间戳距离未来时间点的时间戳的秒数。

(3)　round($timecount/86400)，其中 86400 为一天的秒数，$timecount/86400 得到天数，round()函数取约数，得到天数。

9.4　案例实战 2——比较两个时间的大小

对比较两个时间的大小来说，如果对一定形式的日期时间进行比较，或者不同的格式的时间日期进行比较，都并不方便。最为方便的方法是把所有格式的时间都转换为时间戳，然后比较时间戳的大小。

下面通过例子来比较两个时间的大小。

【例 9.9】比较两个时间的大小(示例文件 ch9\9.9.php)。

```php
<?php
$timestampA = mktime(0,0,0,3,31,2018);
$timestampB = mktime(0,0,0,1,31,2018);
if($timestampA > $timestampB){
```

```
    echo "2018 年三月的时间戳数值大于 2018 年一月的。";
}elseif($timestampA < $timestampB){
    echo "2018 年三月的时间戳数值小于 2018 年一月的。";
}else{
    echo "两个时间相同。";
}
?>
```

程序运行结果如图 9-9 所示。

图 9-9　比较两个时间的大小

9.5　疑难解惑

疑问 1：如何使用微秒单位？

答：有些时候，某些应用要求使用比秒更小的时间单位来表示时间。比如，在一段测试程序运行的程序中，可能要使用到微秒级的时间单位来表示时间。如果需要微秒，只需要使用函数 microtime(true)即可。

例如：

```
<?php
$timestamp = microtime(true);
echo $timestamp;
?>
```

返回的结果为 1315560215.7656，时间戳精确到小数点后 4 位。

疑问 2：定义日期和时间时出现警告怎么办？

答：在运行 PHP 程序时，可能会出现这样的警告：PHP Warning: date(): It is not safe to rely on the system's timezone settings 等。出现上述警告是因为 PHP 所取的时间是格林尼治标准时间，所以与用户当地的时间会有出入。由于格林尼治标准时间与北京时间大概差 8 个小时左右，所以会弹出警告。可以使用下面方法来解决此问题。

(1)　在页头使用 date_default_timezone_set()设置默认时区为北京时间，即：

```
<?php date_default_timezone_set("PRC"); ?>
```

如本章例 9.2 所示。

(2)　在 php.ini 中设置 date.timezone 的值为 PRC，设置语句为：date.timezone=PRC，同时取消这一行代码的注释，即去掉前面的分号即可。

第10章
保持 HTTP 连接
状态——Cookie
和会话管理

HTTP Web 协议是无状态协议，对于事务处理没有记忆能力。缺少状态意味着如果后续处理需要前面的信息，则它必须重传，这样可能导致每次连接传送的数据量增大。客户端与服务器进行动态交互的 Web 应用程序出现之后，HTTP 无状态的特性严重阻碍了这些应用程序的实现。毕竟交互是需要承前启后的，简单的购物车程序也要知道用户到底在先前选择了什么商品。于是，两种用于保持 HTTP 连接状态的技术就应运而生了，一个是 Cookie，而另一个则是 Session。其中 Cookie 将数据存储在客户端，并显示永久的数据存储。Session 将数据存储在服务器端，保证数据在程序的单次访问中持续有效。本章主要讲述 Cookie 和 Session 的使用方法和应用技巧。

10.1　Cookie 的基本操作

下面介绍 Cookie 的含义和基本用法。

10.1.1　什么是 Cookie

Cookie 常用于识别用户。Cookie 是服务器留在用户计算机中的小文件。

Cookie 的工作原理是：当一个客户端浏览器连接到一个 URL 时，它会首先扫描本地储存的 Cookie，如果发现其中有与此 URL 相关联的 Cookie，将会把它返回给服务器端。

Cookie 通常应用于以下几个方面。

(1) 在页面之间传递变量。因为浏览器不会保存当前页面上的任何变量信息，所以如果页面被关闭，则页面上的所有变量信息也会消失。而通过 Cookie，可以把变量值在 Cookie 中保存下来，然后另外的页面就可以重新读取这个值。

(2) 记录访客的一些信息。利用 Cookie，可以记录客户曾经输入的信息，或者记录访问网页的次数。

(3) 通过把所查看的页面存放在 Cookie 临时文件夹中，可以提高以后的浏览速度。

用户可以通过 header 以如下格式在客户端生成 Cookie：

```
Set-cookie:NAME=VALUE;[expires=DATE;][path=PATH;][domain=DOMAIN_NAME;][secure]
```

NAME 为 Cookie 名称；VALUE 为 Cookie 的值；expires=DATE 为到期日；path=PATH、domain=DOMAIN_NAME 为与某个地址相对应的路径和域名；secure 表示 Cookie 不能通过单一的 HTTP 连接传递。

10.1.2　创建 Cookie

通过 PHP，用户能够创建 Cookie。创建 Cookie 使用 PHP 的 setcookie()函数，它的语法格式如下：

```
setcookie(名称,Cookie 值,到期日,路径,域名,secure)
```

其中的参数与 Set-cookie 中的参数意义相同。

 　setcookie()函数必须位于<html>标签之前。

在下面的例子中，将创建名为 user 的 Cookie，把它赋值为"Cookie 保存的值"，并且规定了此 Cookie 在 1 小时后过期。

【例 10.1】使用 setcookie()函数(示例文件 ch10\10.1.php)。

```
<?php
setcookie("user", "Cookie 保存的值", time()+3600);
?>
<html>
```

```
<body>
</body>
</html>
```

运行上述程序，会在 cookies 文件夹下自动生成一个 Cookie 文件，有效期为 1 个小时，在 Cookie 失效后，Cookies 文件将自动被删除。

 如果用户没有设置 Cookie 的到期时间，则默认立即到期，即在关闭浏览器时会自动删除 Cookie 数据。

10.1.3 读取 Cookie

那么，如何取回 Cookie 的值呢？在 PHP 中，使用$_COOKIE 变量取回 Cookie 的值。下面通过示例讲解如何取回上面创建的名为 user 的 Cookie 的值，并把它显示在页面上。

【例 10.2】读取 Cookie (示例文件 ch10\10.2.php)。

```php
<?php
// 输出一个 Cookie
echo $_COOKIE["user"];
// 显示所有的 Cookie
print_r($_COOKIE);
?>
```

程序运行结果如图 10-1 所示。

图 10-1　读取 Cookie

用户可以通过 isset()函数来确认是否已设置了 Cookie。下面通过示例来讲解。

【例 10.3】使用 isset()函数来确认是否已设置了 Cookie(示例文件 ch10\10.3.php)。

```php
<html>
<body>
<?php
if (isset($_COOKIE["user"]))                    //假如 Cookie 文件存在
   echo "Welcome " . $_COOKIE["user"] . "!<br />";
else                                            //如果 Cookie 文件不存在
   echo "Welcome guest!<br />";
?>
</body>
</html>
```

程序运行结果如图 10-2 所示。

图 10-2　通过 isset()函数来确认是否已设置了 Cookie

10.1.4　删除 Cookie

常见的删除 Cookie 的方法有两种，即在浏览器中手动删除和使用函数删除。

1. 在浏览器中手动删除

由于 Cookie 自动生成的文本会存在于 IE 浏览器的 cookies 临时文件夹中，在浏览器中删除 Cookie 文件是比较快捷的方法。具体操作步骤如下。

step 01　在浏览器的菜单栏中选择"工具"→"Internet 选项"命令，如图 10-3 所示。

图 10-3　选择"Internet 选项"命令

step 02　弹出"Internet 选项"对话框，然后在"常规"选项卡中单击"删除"按钮，如图 10-4 所示。

step 03　弹出"删除浏览历史记录"对话框，勾选相应的复选框，单击"删除"按钮即可，如图 10-5 所示。返回到"Internet 选项"对话框，单击"确定"按钮，即可完成删除 Cookie 的操作。

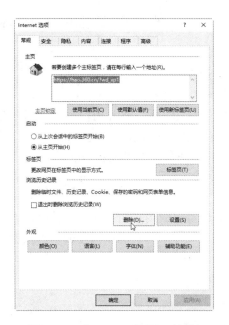

图 10-4 "Internet 选项"对话框

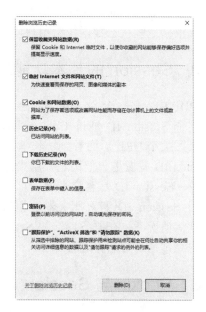

图 10-5 "删除浏览的历史记录"对话框

2. 使用函数删除

删除 Cookie 仍然使用 setcookie()函数。当删除 cookie 时，将第二个参数设置为空，第三个参数的过期时间设置为小于系统的当前时间即可。

【**例 10.4**】使用 setcookie()函数删除 Cookie(示例文件 ch10\10.4.php)。

```php
<?php
//将 Cookie 的过期时间设置为比当前时间减少 10 秒
setcookie("user", "", time()-10);
?>
```

在上述代码中，time()函数返回的是当前的系统时间，把过期时间减少 10 秒，这样过期时间就会变成过去的时间，从而删除 Cookie。如果将过期时间设置为 0，则也可以直接删除 Cookie。

10.2 认识 Session

下面介绍 Session 的基本概念和使用方法。

10.2.1 什么是 Session

由于 HTTP 是无状态协议，也就是说，HTTP 的工作过程是请求与回应的简单过程，所以 HTTP 没有一个内置的方法来储存在这个过程中各方的状态。例如，当同一个用户向服务器发出两个不同的请求时，虽然服务器端都会给予相应的回应，但是它并没有办法知道这两个动作是由同一个用户发出的。

由此，会话(Session)管理应运而生。通过使用一个会话，程序可以跟踪用户的身份和行为，并且根据这些状态数据，给用户以相应的回应。

10.2.2　Session 的基本功能

在 PHP 中，每一个 Session 都有一个 ID。这个 Session ID 是一个由 PHP 随机生成的加密数字。这个 Session ID 通过 Cookie 储存在客户端浏览器中，或者直接通过 URL 传递至客户端。如果在某个 URL 后面看到一长串加密的数字，这很有可能就是 Session ID 了。

Session ID 就像是一把钥匙，用来注册到 Session 变量中。而这些 Session 变量是储存在服务器端的。Session ID 是客户端唯一存在的会话数据。

使用 Session ID 打开服务器端相对应的 Session 变量，跟用户相关的会话数据便一目了然。在默认情况下，在服务器端的 Session 变量数据是以文件的形式加以储存的，但是会话变量数据也经常通过数据库进行保存。

10.2.3　Cookie 与 Session

在浏览器中，有些用户出于安全性的考虑，关闭了其浏览器的 Cookie 功能，导致 Cookie 不能正常工作。

使用 Session 可以不需要手动设置 Cookie，PHP Session 可以自动处理。可以使用会话管理及 PHP 中的 session_get_cookie_params()函数来访问 Cookie 的内容。这个函数将返回一个数组，包括 Cookie 的生存周期、路径、域名、secure 等。它的语法格式如下：

```
session_get_cookie_params(生存周期,路径,域名,secure)
```

10.2.4　储存 Session ID 在 Cookie 或 URL 中

PHP 在默认情况下会使用 Cookie 来储存 Session ID。但是如果客户端浏览器不能正常工作，就需要用 URL 方式传递 Session ID 了。把 php.ini 中的 session.use_trans_sid 设置为启用状态，就可以自动通过 URL 来传递 Session ID。

不过，通过 URL 传递 Session ID 会产生一些安全问题。如果这个连接被其他用户拷贝并使用，有可能造成用户判断的错误。其他用户可能使用 Session ID 访问目标用户的数据。

或者可以通过程序把 Session ID 储存到常量 SID 中，然后通过一个连接传递。

10.3　会　话　管　理

一个完整的会话包括创建会话、注册会话、使用会话和删除会话。下面介绍有关会话管理的基本操作。

10.3.1　创建会话

常见的创建会话的方法有 3 种，包括 PHP 自动创建、使用 session_start()函数创建和使用

session_register()函数创建。

1. PHP 自动创建

用户可以在 php.ini 中设定 session.auto_start 为启用。但是，使用这种方法的同时，不能把 Session 变量对象化。应定义此对象的类必须在创建会话之前加载，然后新创建的会话才能加载此对象。

2. 使用 session_start()函数

这个函数首先会检查当前是否已经存在一个会话，如果不存在，它将创建一个全新的会话，并且这个会话可以访问超全局变量$_SESSION 数组。如果已经有一个存在的会话，函数会直接使用这个会话，加载已经注册过的会话变量，然后使用。

session_start()函数的语法格式如下：

```
bool session_start(void);
```

session_start()函数必须位于<html>标签之前。

【例 10.5】使用 session_start()函数(示例文件 ch10\10.5.php)。

```
<?php session_start(); ?>
<html>
<body>
</body>
</html>
```

上述代码会向服务器注册用户的会话，以便可以开始保存用户信息，同时会为用户会话分配一个 UID。

3. 使用 session_register()函数

在使用 session_register()函数之前，需要在 php.ini 文件中将 register_globals 设置为 on，然后需要重启服务器。session_register()函数通过为会话登记一个变量来隐含地启动会话。

10.3.2 注册会话变量

会话变量被启动后，全部保存在数组$_SESSION 中。用户可以通过对$_SESSION 数组赋值来注册会话变量。

例如，启动会话，创建一个 Session 变量，并赋予 xiaoli 的值。代码如下：

```
<?php
session_start();                  //启动 Session
$_SESSION['name']='xiaoli';       //声明一个名为 name 的变量，并赋值 xiaoli
?>
```

这个会话变量值会在此会话结束或被注销后失效，或者还会根据 php.ini 中的 session.gc_maxlifetime(当前系统设置为 1440 秒，也就是 24 小时)会话最大生命周期数过期而失效。

10.3.3 使用会话变量

使用会话变量，首先要判断会话变量是否存在一个会话 ID。如果不存在，则需要创建一个，并且能够通过$_SESSION 变量进行访问。如果已经存在，则将这个已经注册的会话变量载入，以供用户使用。

在访问$_SESSION 数组时，先要使用 isset()或 empty()来确定$_SESSION 中会话变量是否为空。

例如：

```php
<?php
if(!empty($_SESSION['session_name']))            //判断会话变量是否为空
    $ssvalue = $_SESSION['session_name'];        //声明一个变量并赋值
?>
```

下面通过例子来讲解存储和取回$_SESSION 变量的方法。

【例 10.6】存储和取回$_SESSION 变量(示例文件 ch10\10.6.php)。

```php
<?php
session_start();
//存储会话变量的值
$_SESSION['views'] = 1;
?>
<html>
<body>
<?php
//读取会话变量的值
echo "浏览量=". $_SESSION['views'];
?>
</body>
</html>
```

图 10-6 存储和取回$_SESSION 变量

程序运行结果如图 10-6 所示。

10.3.4 注销和销毁会话变量

注销会话变量使用 unset()函数就可以，如 unset($_SESSION['name'])(不再需要使用 PHP 4 中的 session_unregister()或 session_unset()了)。

unset()函数用于释放指定的 Session 变量。代码如下：

```php
<?php
unset($_SESSION['views']);
?>
```

如果要注销所有会话变量，只需要向$_SESSION 赋值一个空数组就可以了，例如 $_SESSION = array()。注销完成后，使用 session_destroy()销毁会话即可，其实就是清除相应的 Session ID。代码如下：

```php
<?php
session_destroy();
?>
```

10.4　案例实战——综合应用会话管理

下面通过一个综合案例讲述会话的综合应用。

step 01　在网站根目录下建立一个 session 文件夹。

step 02　在 session 文件夹下建立 opensession.php，输入以下代码并保存：

```php
<?php
session_start();
$_SESSION['name'] = "王小明";
echo "会话变量为:".$_SESSION['name'];
?>
<a href='usesession.php'>下一页</a>
```

step 03　在 session 文件夹下建立 usesession.php 文件，输入以下代码并保存：

```php
<?php
session_start();
echo "会话变量为:".$_SESSION['name']."<br />";
echo $_SESSION['name'].",你好。";
?>
<a href='closesession.php'>下一页</a>
```

step 04　在 session 文件夹下建立 closesession.php 文件，输入以下代码并保存：

```php
<?php
session_start();
unset($_SESSION['name']);
if (isset($_SESSION['name'])){
    echo "会话变量为:".$_SESSION['name'];
}else{
    echo "会话变量已注销。";
}
session_destroy();
?>
```

step 05　运行 opensession.php 文件，结果如图 10-7 所示。

step 06　单击页面中的"下一页"链接，结果如图 10-8 所示。

图 10-7　程序初始结果　　　　　　　　　图 10-8　单击链接后的结果

step 07 继续单击页面中的"下一页"链接，结果如图 10-9 所示。

图 10-9 会话变量已注销

10.5 疑 难 解 惑

疑问 1: 如果浏览器不支持 Cookie，该怎么办?

答: 如果应用程序涉及不支持 Cookie 的浏览器，不得不采取其他方法在应用程序中从一个页面向另一个页面传递信息。其中一种方式就是从表单传递数据。

下面的表单在用户单击"提交"按钮时向 welcome.php 提交用户输入:

```html
<html>
<body>
<form action="welcome.php" method="post">
   Name: <input type="text" name="name" />
   Age: <input type="text" name="age" />
   <input type="submit" />
</form>
</body>
</html>
```

要取回 welcome.php 中的值，可以使用如下代码:

```html
<html>
<body>
Welcome <?php echo $_POST["name"]; ?>.<br />
You are <?php echo $_POST["age"]; ?> years old.
</body>
</html>
```

疑问 2: Cookie 的生命周期是多久?

答: 如果 Cookie 不设定失效时间，则表示它的生命周期为未关闭浏览器前的时间段，一旦浏览器关闭，Cookie 会自动消失。

如果设定了过期时间，那么浏览器会把 Cookie 保存到硬盘中，在超过有效期前，用户打开 IE 浏览器时会依然有效。

由于浏览器最多存储 300 个 Cookie 文件，每个 Cookie 文件最大支持 4KB，所以一旦超过容量的限制，浏览器就会自动随机地删除 Cookies。

第11章

设计图形图像——GD 绘图与图像处理

PHP 不仅可以输出纯 HTML，还可以创建及操作多种不同图像格式的图像文件，包括 GIF、PNG、JPG、WBMP、XPM 等。更方便的是，PHP 可以直接将图像流输出到浏览器。要处理图像，需要在编译 PHP 时加上图像函数的 GD 库，另外，还可以使用第三方的图形库。本章讲述图形图像的处理方法和技巧。

11.1　在 PHP 中加载 GD 库

PHP 中的图形图像处理功能都要求有一个库文件的支持,这就是 GD2 库。PHP 7 中自带此库。

如果是在 Windows 10 系统环境下,则修改 php.ini 中 extension=php_gd2.dll 前面的";"即可启用,如图 11-1 所示。

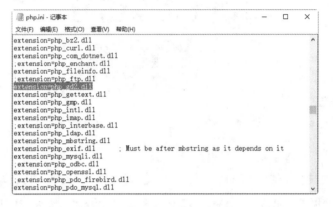

图 11-1　修改 php.ini 配置文件

下面了解一下 PHP 中常用的图像函数的功能,具体如表 11-1 所示。

表 11-1　图像函数的功能

函　数	功　能
gd_info	取得当前安装的 GD 库的信息
getimagesize	取得图像大小
image_type_to_mime_type	取得 getimagesize、exif_read_data、exif_thumbnail、exif_imagetype 所返回的图像类型的 MIME 类型
image2wbmp	以 WBMP 格式将图像输出到浏览器或文件
imagealphablending	设定图像的混色模式
imageantialias	是否使用 antialias 功能
imagearc	画椭圆弧
imagechar	水平地画一个字符
imagecharup	垂直地画一个字符
imagecolorallocate	为一幅图像分配颜色
imagecolorallocatealpha	为一幅图像分配颜色和透明度
imagecolorat	取得某像素的颜色索引值
imagecolorclosest	取得与指定的颜色最接近的颜色的索引值

函　数	功　能
imagecolorclosestalpha	取得与指定的颜色加透明度最接近的颜色的索引值
imagecolorclosesthwb	取得与给定颜色最接近的色度的黑白色的索引
imagecolordeallocate	取消图像颜色的分配
imagecolorexact	取得指定颜色的索引值
imagecolorexactalpha	取得指定的颜色加透明度的索引值
imagecolormatch	使一个图像中调色板版本的颜色与真彩色版本更能匹配
imagecolorresolve	取得指定颜色的索引值或有可能得到的最接近的替代值
imagecolorresolvealpha	取得指定颜色加透明度的索引值或有可能得到的最接近的替代值
imagecolorset	给指定调色板索引设定颜色
imagecolorsforindex	取得某索引的颜色
imagecolorstotal	取得一幅图像的调色板中颜色的数目
imagecolortransparent	将某个颜色定义为透明色
imagecopy	拷贝图像的一部分
imagecopymerge	拷贝并合并图像的一部分
imagecopymergegray	用灰度拷贝并合并图像的一部分
imagecopyresampled	重采样拷贝部分图像并调整大小
imagecopyresized	拷贝部分图像并调整大小
imagecreate	新建一个基于调色板的图像
imagecreatefromgd2	从 GD2 文件或 URL 新建一图像
imagecreatefromgd2part	从给定的 GD2 文件或 URL 中的部分新建一图像
imagecreatefromgd	从 GD 文件或 URL 新建一图像
imagecreatefromgif	从 GIF 文件或 URL 新建一图像
imagecreatefromjpeg	从 JPEG 文件或 URL 新建一图像
imagecreatefrompng	从 PNG 文件或 URL 新建一图像
imagecreatefromstring	从字符串中的图像流新建一图像
imagecreatefromwbmp	从 WBMP 文件或 URL 新建一图像
imagecreatefromxbm	从 XBM 文件或 URL 新建一图像
imagecreatefromxpm	从 XPM 文件或 URL 新建一图像
imagecreatetruecolor	新建一个真彩色图像
imagedashedline	画一虚线
imagedestroy	销毁一图像

续表

函　数	功　能
imageellipse	画一个椭圆
imagefill	区域填充
imagefilledarc	画一椭圆弧且填充
imagefilledellipse	画一椭圆并填充
imagefilledpolygon	画一多边形并填充
imagefilledrectangle	画一矩形并填充
imagefilltoborder	区域填充到指定颜色的边界为止
imagefontheight	取得字体高度
imagefontwidth	取得字体宽度
imageftbbox	取得使用了 FreeType 2 字体的文本的范围
imagefttext	使用 FreeType 2 字体将文本写入图像
imagegd	将 GD 图像输出到浏览器或文件
imagegif	以 GIF 格式将图像输出到浏览器或文件
imagejpeg	以 JPEG 格式将图像输出到浏览器或文件
imageline	画一条直线
imagepng	将调色板从一幅图像拷贝到另一幅
imagepolygon	画一个多边形
imagerectangle	画一个矩形
imagerotate	用给定角度旋转图像
imagesetstyle	设定画线的风格
imagesetthickness	设定画线的宽度
imagesx	取得图像宽度
imagesy	取得图像高度
imagetruecolortopalette	将真彩色图像转换为调色板图像
imagettfbbox	取得使用 TrueType 字体的文本的范围
imagettftext	用 TrueType 字体向图像写入文本

11.2　图形图像的典型应用案例

下面讲述图形图像的经典使用案例。

11.2.1 创建一个简单的图像

使用 GD2 库文件，就像使用其他库文件一样。由于它是 PHP 的内置库文件，不需要在 PHP 文件中再用 include 等函数进行调用。下面通过实例介绍图像的创建方法。

【例 11.1】创建图像(示例文件 ch11\11.1.php)。

```php
<?php
$im = imagecreate(200,300);                    //创建一个画布
$white = imagecolorallocate($im, 8,2,133);     //设置画布的背景色为一种蓝色
imagegif($im);                                 //输出图像
?>
```

运行程序，结果如图 11-2 所示。本例使用 imagecreate()函数创建了一个宽 200 像素、高 300 像素的画布，并设置画布的 RGB 值为(8, 2, 133)，最后输出一个 GIF 格式的图像。

图 11-2 图像的创建

 使用 imagecreate(200, 300)函数创建基于普通调色板的画布，支持 256 色，其中 200、300 为图像的宽度和高度，单位为像素。

上面的案例只是把图片输出到页面，那么如果需要保存图片文件呢？下面通过例子来介绍图像文件的创建方法。

【例 11.2】创建图像文件(示例文件 ch11\11.2.php)。

```php
<?php
$ysize = 200;
$xsize = 300;
$theimage = imagecreatetruecolor($xsize, $ysize);
$color2 = imagecolorallocate($theimage, 8,2,133);
$color3 = imagecolorallocate($theimage, 230,22,22);
imagefill($theimage, 0, 0, $color2);
```

```
imagearc($theimage,100,100,150,200,0,270,$color3);
imagejpeg($theimage,"newimage.jpeg");
header('content-type: image/png');
imagepng($theimage);
imagedestroy($theimage);
?>
```

运行程序，结果如图 11-3 所示。同时，在程序文件夹下生成了一个名为 newimage.jpeg 的图片，其内容与页面显示的相同。

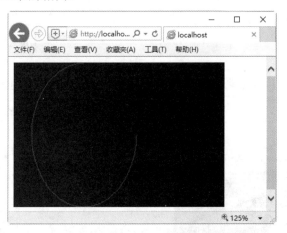

图 11-3　页面效果

【案例剖析】

(1) imagecreatetruecolor()函数是用来创建图片画布的。它需要两个参数，一个是 x 轴的大小，一个是 y 轴的大小。"$xsize=200;""$ysize=300;"分别设定了这两参数的大小。"$theimage= imagecreatetruecolor($xsize, $ysize);"使用这两个参数生成了画布，并且赋值为$theimage。

(2) "imagearc($theimage, 100,100,150,200,0,270, $color3);"语句使用 imagearc()函数在画布上创建了一个弧线。它的参数分为以下几个部分：$theimage 为目标画布，"100,100"为弧线中心点的 x、y 坐标，"150,200"为弧线的宽度和高度，"0,270"为顺时针画弧线的起始度数和终点度数，是在 0 到 360 度之间，$color3 为画弧线所使用的颜色。

(3) imagejpeg()函数是生成 JPEG 格式的图片的函数。这里，imagejpeg($theimage, "newimage.jpeg")把画布对象$theimage 及其所有操作生成为一个名为 newimage.jpeg 的 JPEG 图片文件，并且直接储存在当前路径下。

(4) 同时，"header('content-type: image/png');"和"imagepng($theimage);"向页面输出了一张 PNG 格式的图片。

(5) 最后清除对象，释放资源。

11.2.2　使用 GD2 的函数在图片上添加文字

上面是如何创建一个图片。如果想在图片上添加文字，就需要修改一个图片，具体的过程为：先读取一个图片，然后修改这个图片。

【例 11.3】在图片上添加文字(示例文件 ch11\11.3.php)。

```php
<?php
$theimage = imagecreatefromjpeg('newimage.jpeg');
$color1 = imagecolorallocate($theimage, 255,255,255);
$color3 = imagecolorallocate($theimage, 230,22,22);
imagestring($theimage,5,60,100,'Text added to this image.',$color1);
header('content-type: image/png');
imagepng($theimage);
imagepng($theimage,'textimage.png');
imagedestroy($theimage);
?>
```

运行程序，结果如图 11-4 所示。同时在程序所在的文件夹下生成了名为 newimage.jpeg 的图片文件，其内容与页面显示相同。

图 11-4　在图片上添加文字

【案例剖析】

(1) imagecreatefromjpeg('newimage.jpeg')语句中 imagecreatefromjpeg()函数从当前路径下读取 newimage.jpeg 图形文件，并且传递给$theimage 变量作为对象，以待操作。

(2) 选取颜色后。Imagestring ($theimage,5,60,100,'Text added to this image.', $color1)语句中的 imagestring()函数向对象图片添加字符串'Text added to this image.'。这里面的参数中，$theimage 为对象图片；5 为字体类型，这个字体类型的参数从 1 到 5 代表不同的字体；"60,100"为字符串添加的起始 x、y 坐标；"Text added to this image."为要添加的字符串，当前只支持 ASC 字符；$color1 为文字的颜色。

(3) header('content-type: image/png')和 imagepng($theimage)语句共同处理了输出到页面的 PNG 图片。之后，imagepng($theimage, 'textimage.png')语句就创建文件名为 textimage.png 的 PNG 图片，并保存在当前路径下。

11.2.3　使用 TrueType 字体处理中文生成图片

字体处理在很大程度上是 PHP 图形处理经常要面对的问题。imagestring()函数默认的字体是十分有限的。这就要进入字体库文件。而 TrueType 字体是字体中极为常用的格式。例如，在 Windows 下打开 C:\WINDOWS\Fonts 目录，会出现很多字体文件，其中绝大部分是 TrueType 字体，如图 11-5 所示。

图 11-5　系统中的字体

PHP 使用 GD2 库，在 Windows 环境下，需要给出 TrueType 字体所在的文件夹路径，如在文件开头使用以下语句：

```
putenv('GDFONTPATH=C:\WINDOWS\Fonts');
```

使用 TrueType 字体也可以直接使用 imagettftext()函数。它是使用 ttf 字体的 imagestring()函数。其语法格式如下：

```
imagettftext(图片对象, 字体大小, 文字显示角度, 起始 x 坐标, 起始 y 坐标, 文字颜色, 字体
名称, 文字信息)
```

另外，一个很重要的问题就是 GD 库中的 imagettftext()函数默认是无法支持中文字符并添加到图片上去的。这是因为 GD 库的 imagettftext()函数对于字符的编码是采用的 UTF-8 的编码格式，而简体中文的默认格式为 GB2312。

下面介绍这样的一个例子。具体操作步骤如下。

step 01　把 C:\WINDOWS\Fonts 下的字体文件 simhei.ttf 复制到与文件 12.4.php 相同的目录下。

step 02　在网站目录下建立 12.4.php 文件，输入以下代码并保存：

```php
<?php
$ysize = 200;
$xsize = 300;
$theimage = imagecreatetruecolor($xsize, $ysize);
$color2 = imagecolorallocate($theimage, 8,2,133);
```

```
$color3 = imagecolorallocate($theimage, 230,22,22);
imagefill($theimage, 0, 0, $color2);
$fontname = 'simhei.ttf';
$zhtext = "这是一个把中文用黑体显示的图片。";
$text = iconv("GB2312", "UTF-8", $zhtext);
imagettftext($theimage,12,0,20,100,$color3,$fontname,$text);
header('content-type: image/png');
imagepng($theimage);
imagedestroy($theimage);
?>
```

运行程序，结果如图 11-6 所示。

图 11-6　把中文用黑体显示的图片

【案例剖析】

(1)　imagefill($theimage, 0, 0,$color2)之前的语句是创建画布、填充颜色的。

(2)　$fontname='simhei.ttf'语句确认了当前目录下的黑体字的 ttf 文件，并且把路径赋值给 $fontname 变量。

(3)　$zhtext 中，中文字符的编码为 GB2312。为了转换此编码为 UTF-8，使用$text= iconv("GB2312", "UTF-8", $zhtext)语句把$zhtext 中的中文编码转换为 UTF-8，并赋值给$text 变量。

(4)　imagettftext($theimage,12,0,20,100,$color3，$fontname,$text)语句按照 imagettftext()函数的格式分别确认了参数。$theimage 为目标图片，12 为字符的大小，0 为显示的角度，"20,100"为字符串显示的初始 x、y 的值。$fontname 为已经设定的黑体，$text 为已经转换为 UTF-8 格式的中文字符串。

11.3　Jpgraph 库的基本操作

Jpgraph 是一个功能强大且十分流行的 PHP 外部图片处理库文件。它是建立在内部库文件 GD2 库之上的。它的优点是建立了很多方便操作的对象和函数，能够大大地简化使用 GD 库对图片进行处理的编程过程。

网站开发案例课堂

11.3.1　Jpgraph 的安装

Jpgraph 的安装就是 PHP 对 Jpgraph 类库的调用。可以采用多种形式。但是，首先都需要到 Jpgraph 的官方网站下载类库文件的压缩包。到 http://jpgraph.net/download/下载最新的压缩包，即 Jpgraph 4.0.2。解压以后，如果是 Linux 系统，可以把它放置在 lib 目录下，并且使用下面的语句重命名此类库的文件夹：

```
ln -s jpgraph-4.x jpgraph
```

如果是 Windows 系统，在本机 WAMP 的环境下，则可以把类库文件夹放在 www 目录下，或者放置在项目的文件夹下，如图 11-7 所示。

图 11-7　Jpgraph 库的文件夹

其中各个文件的含义如下。

(1)　docs 文件夹：包含 jpgraph 的开发文档。

(2)　src 文件夹：图表生成所依赖的代码包，其子目录 Examples 里有许多实例。

(3)　src\Examples 文件夹：里面包含许多实例，使用它们可以制作各种各样的图表。

(4)　docs\chunkhtml 文件夹：里面有许多案例及附有图表。

然后在程序中引用的时候，直接使用 require_once()命令，并且指出 Jpgraph 类库相对于此应用的路径。

在本机环境下，把 jpgraph 文件夹放置在 C:\wamp\www\code\ch11 文件夹下。在应用程序的文件中加载此库，使用 require_once ('jpgraph/src/jpgraph.php')即可。

11.3.2　Jpgraph 的配置

使用 Jpgraph 类前，需要对 PHP 系统的一些限制性参数进行修改。具体修改以下 3 个方面的内容。

(1)　需要到 php.ini 中修改内存限制，memory_limit 至少为 32MB，本机环境为 momery_limit = 128MB。

(2)　最大执行时间 max_execution_time 要增加，即 max_execution_time = 120。

(3)　用 ";" 号注释掉 output_buffering 选项。

11.4 案例实战 1——制作圆形统计图

Jpgraph 库安装设置生效以后，就可以使用此类库了。由于 Jpgraph 有很多示例，所以读者可以轻松地通过示例来学习。

下面就通过圆形统计图例子的介绍，来了解 Jpgraph 类的使用方法和技巧，具体步骤如下。

step 01 找到安装过的 jpgraph 类库文件夹，在其下的 src 文件夹下找到 Examples 文件夹。找到 balloonex1.php 文件，将其复制到 ch11 文件夹下。代码如下：

```php
<?php
// content="text/plain; charset=utf-8"
// $Id: balloonex1.php,v 1.5 2002/12/15 16:08:51 aditus Exp $
date_default_timezone_set('Asia/Chongqing');
require_once ('jpgraph/jpgraph.php');
require_once ('jpgraph//jpgraph_scatter.php');

// Some data
$datax = array(1,2,3,4,5,6,7,8);
$datay = array(12,23,95,18,65,28,86,44);
// Callback for markers
// Must return array(width,color,fill_color)
// If any of the returned values are "" then the
// default value for that parameter will be used.
function FCallback($aVal) {
    // This callback will adjust the fill color and size of
    // the datapoint according to the data value according to
    if( $aVal < 30 ) $c = "blue";
    elseif( $aVal < 70 ) $c = "green";
    else $c="red";
    return array(floor($aVal/3),"",$c);
}

// Setup a basic graph
$graph = new Graph(400,300,'auto');
$graph->SetScale("linlin");
$graph->img->SetMargin(40,100,40,40);
$graph->SetShadow();
$graph->title->Set("Example of ballon scatter plot");
// Use a lot of grace to get large scales
$graph->yaxis->scale->SetGrace(50,10);

// Make sure X-axis as at the bottom of the graph
$graph->xaxis->SetPos('min');

// Create the scatter plot
$sp1 = new ScatterPlot($datay,$datax);
$sp1->mark->SetType(MARK_FILLEDCIRCLE);
```

```
// Uncomment the following two lines to display the values
$sp1->value->Show();
$sp1->value->SetFont(FF_FONT1,FS_BOLD);

// Specify the callback
$sp1->mark->SetCallback("FCallback");

// Setup the legend for plot
$sp1->SetLegend('Year 2002');

// Add the scatter plot to the graph
$graph->Add($sp1);

// ... and send to browser
$graph->Stroke();

?>
```

step 02 修改 require_once('jpgraph/jpgraph.php')为 require_once('jpgraph/src/jpgraph.php')。修改
require_once('jpgraph/jpgraph_scatter.php')为 require_once('jpgraph/src/jpgraph_scatter.php')。以载
入本机 Jpgraph 类库。

step 03 运行 balloonex1.php，结果如图 11-8 所示。

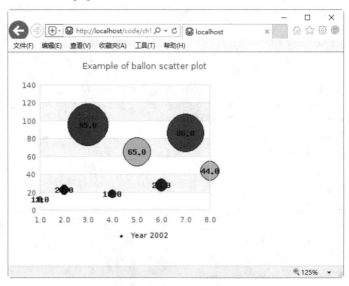

图 11-8 balloonex1.php 页面的效果

【案例剖析】

(1) require_once('jpgraph/src/jpgraph.php')语 句 和 require_once('jpgraph/src/jpgraph_scatter.
php')语句加载了 Jpgraph 基本类库 jpgraph.php 和圆形图类库 jpgraph_bar.php。

(2) $datax 和$datay 定义了两组要表现的数据。

(3) function FCallback($aVal){}函数定义了不同数值范围内的图形的颜色。

(4) $graph = new Graph(400,300, 'auto')语句生成图形。$graph->SetScale("linlin")生成刻

度。$graph->img->SetMargin(40,100,40,40)$ 设置图形边框。$graph->SetShadow()$ 设置阴影。$graph->title->Set("Example of ballon scatter plot")$设置标题。$graph->xaxis->SetPos('min')$设置 x 轴的位置为初始值。

(5) $sp1 = new ScatterPlot($datay,$datax)$生成数据表示图。$sp1->mark->SetType(MARK\_FILLEDCIRCLE)$设置数据表示图的类型。$sp1->value->Show()$展示数据表示图。$sp1->value->SetFont(FF\_FONT1,FS\_BOLD)$设定展示图的字体。$sp1->SetLegend('Year 2002')$设置标题。

(6) $graph->Add($sp1)$添加数据展示图到整体图形中。

(7) $graph->Stroke()$语句表示把此图传递到浏览器显示。

11.5　案例实战 2——制作 3D 饼形统计图

下面就通过 3D 饼形图例程的介绍，来了解 Jpgraph 类的使用方法和技巧。

step 01　找到安装过的 jpgraph 类库文件夹，在其下的 src 文件夹下找到 Examples 文件夹。找到 pie3dex3.php 文件，将其复制到 ch11 文件夹下。打开查看，代码如下：

```php
<?php
require_once('jpgraph/ jpgraph.php');
require_once('jpgraph/jpgraph_pie.php');
require_once('jpgraph/jpgaph_pie3d.php');
$data = array(20,27,45,75,90);
$graph = new PieGraph(450,200);
$graph->SetShadow();
$graph->title->Set("Example 1 3D Pie plot");
$graph->title->SetFont(FF_VERDANA,FS_BOLD,18);
$graph->title->SetColor("darkblue");
$graph->legend->Pos(0.5,0.8);
$p1 = new PiePlot3d($data);
$p1->SetTheme("sand");
$p1->SetCenter(0.4);
$p1->SetAngle(30);
$p1->value->SetFont(FF_ARIAL,FS_NORMAL,12);
$p1->SetLegends(array("Jan","Feb","Mar","Apr","May","Jun","Jul",
            "Aug","Sep","Oct"));
$graph->Add($p1);
$graph->Stroke();
?>
```

step 02　修改 require_once('jpgraph/jpgraph.php')为 require_once('jpgraph/src/jpgraph.php')。修改 require_once('jpgraph/jpgraph_pie.php') 为 require_once('jpgraph/src/jpgraph_pie.php')。修改 require_once('jpgraph/jpgraph_pie3d.php')为 require_once('jpgraph/src/jpgraph_pie3d.php')。目的是载入本机 Jpgraph 类库。

step 03　运行 pie3dex3.php，结果如图 11-9 所示。

图 11-9　pie3dex3.php 页面的效果

【案例剖析】

(1)　require_once('jpgraph/src/jpgraph.php')语句、require_once('jpgraph/jpgraph_pie.php')语句和 require_once('jpgraph/jpgraph_pie3d.php')语句加载了 Jpgraph 基本类库 jpgraph.php、饼形图类库 jpgraph_ pie.php 和 3d 饼形图类库 jpgraph_ pie3d.php。

(2)　$data 定义了要表现的数据。

(3)　$graph = new PieGraph(450,200)生成图形。$graph->SetShadow()设定阴影。

(4)　$graph->title->Set("Example 1 3D Pie plot")设定标题。$graph->title->SetFont(FF_VERDANA,FS_BOLD,18)设定字体和字体大小。$graph->title->SetColor("darkblue")设定颜色。$graph->legend->Pos(0.5,0.8)设定图例在整个图形中的位置。

(5)　$p1 = new PiePlot3d($data)生成饼形图。$p1->SetTheme("sand")设置饼形图模板。$p1->SetCenter(0.4)设置饼形图的中心。$p1->SetAngle(30)设置饼形图角度。$p1->value->SetFont(FF_ARIAL,FS_NORMAL,12)设置字体。$p1->SetLegends(array("Jan",...,"Oct"))设置图例文字信息。

(6)　$graph->Add($p1)向整个图形添加饼形图。$graph->Stroke()把此图传递到浏览器进行显示。

11.6　疑 难 解 惑

疑问 1：在制作圆形统计图时，报出很多错误和警告，如图 11-10 所示，如何解决？

答：在圆形统计图文件源代码第一行，内容如下：

```
// content="text/plain; charset=utf-8"
```

这里规定编码方式必须为 utf-8，所以需要在 php.ini 文件中设置默认编码方式(见图 11-11)：

```
default_charset="utf-8"
```

然后重启服务器即可生效。

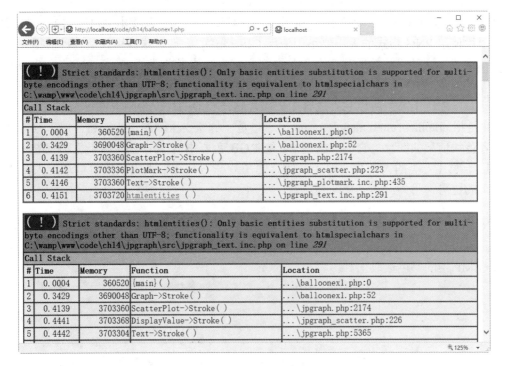

图 11-10　报错页面

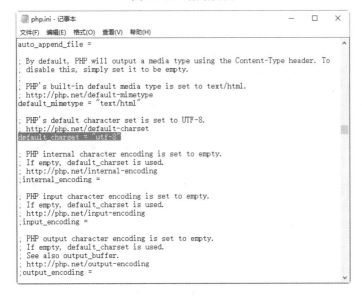

图 11-11　设置默认编码方法

疑问 2：不同格式的图片使用上有何区别？

答：JPEG 格式是一个标准。JPEG 经常用来储存照片和拥有很多颜色的图片，它不强调压缩，强调的是对图片信息的保存。如果使用图形编辑软件缩小 JPEG 格式的图片，那么它原本包含的一部分数据就会丢失。并且这种数据的丢失通过肉眼是可以察觉到的。这种格式不适合包含简单图形颜色或文字的图片。

PNG 格式是指 portable network graphics，这种图片格式是发明出来以取代 GIF 格式的。同样的图片使用 PNG 格式的大小要小于使用 GIF 格式的大小。这种格式是一种低损失压缩的网络文件格式。这种格式的图片适合于包含文字、直线或者色块的信息。PNG 支持透明、伽马校正等。但是 PNG 不像 GIF 一样支持动画功能。并且 IE 6 不支持 PNG 的透明功能。低损压缩意味着压缩比不高，所以它不适合用于照片这一类的图片，否则文件将太大。

GIF 是指 graphics interchange format，它也是一种低损压缩的格式，适合用于包含文字、直线或者色块信息的图片。它使用的是 24 位 RGB 色彩中的 256 色。由于色彩有限，所以也不适合用于照片一类的大图片。对于其适合的图片，它具有不丧失图片质量却能大幅压缩的图片大小的优势。另外，它支持动画。

疑问 3：如何选择自己想要的 RGB 颜色呢？

答：可以使用 Photoshop 里面的颜色选取工具。如果使用的是 Linux 系统，可以使用开源的工具 GIMP 中的颜色选取工具。

第 12 章
不可避免的问题
——错误处理和
异常处理

当 PHP 代码运行时，会发生各种错误：可能是语法错误(通常是程序员造成的编码错误)；可能是缺少功能(由于浏览器差异)；可能是由于来自服务器或用户的错误输出而导致的错误；当然，也可能是由于许多其他不可预知的因素导致的错误。本章主要讲述错误处理和异常处理。

12.1 常见的错误和异常

错误和异常是编程中经常出现的问题。下面主要介绍常见的错误和异常。

1. 拼写错误

拼写代码时要求程序员非常仔细，并且对编写完成的代码还需要认真地去检查，否则会出现不少编写上的错误。

另外，PHP 中常量和变量都是区分大小写的。例如把变量名 abc 写成 ABC，就会出现语法错误。PHP 中的函数名、方法名、类名不区分大小写，但建议使用与定义时相同的名字。魔术常量不区分大小写，但是建议全部大写，包括 _LINE_ 、_FILE_ 、_DIR_ 、_FUNCTION_ 、_CLASS_ 、_METHOD_ 、_NAMESPACE_。知道了这些规则，程序员就可以避免大小写的错误。

另外，编写代码有时需要输入中文字符，编程人员容易在输完中文字符后忘记切换输入法，从而导致输入的小括号、分号或者引号等出现错误。当然，这种错误输入在大多数编程软件中显示的颜色会跟正确的输入显示的颜色不一样，较容易发现，但还是应该细心谨慎，来减少错误的出现。

2. 单引号和双引号的混乱

单引号、双引号在 PHP 中没有特殊的区别，都可以用来创建字符串。但是必须使用同一种单或双引号来定义字符串，例如，'Hello'和'Hello'为非法的字符串定义。单引号串和双引号串在 PHP 中的处理是不同的。双引号串中的内容可以被解释而且替换，而单引号串中的内容总被认为是普通字符。

另外，缺少单引号或者双引号也是经常出现的问题。例如：

```
echo "错误处理的方法；
```

其中缺少了一个双引号，运行时会提示错误。

3. 括号使用混乱

首先需要说明的是，在 PHP 中，括号包含两种语义：可以是分隔符，也可以是表达式。例如：

(1) 作为分隔符比较常用，比如(1+4)*4 等于 20。

(2) 在(function(){})()中，最后面的括号表示立即执行这个方法。

由于括号的使用层次比较多，所以可能会导致括号不匹配的错误。

例如：

```
if((($a==$b)and($b==$c))and($c==$d){        //此处缺少一个括号
    echo "正确的括号使用方法！"
}
```

4. 等号与赋值混淆

等号与赋值符号混淆的这种错误一般较常出现在 if 语句中，而且这种错误在 PHP 中不会产生错误信息，所以在查找错误时往往不容易被发现。例如：

```
if(s=1)
    echo("没有找到相关信息");
```

上述代码在逻辑上是没有问题的，它的运行结果是将 1 赋值给了 s，成功后则弹出对话框，而不是对 s 和 1 进行比较，这不符合开发者的本意。正确写法是 s==1，而不是 s=1。

5. 缺少美元符号

在 PHP 中，设置变量时需要使用美元符号$，如果不添加美元符号，就会引起解析错误。例如：

```
for($s=1; $s<=10; s++){              //缺少一个变量的美元符号
  echo ("缺少美元符号！");
}
```

需要修改 s++为$s++。如果$s<=10 缺少美元符号，则会进入无限循环状态。

6. 调用不存在的常量和变量

如果调用没有声明的常量或者变量，将会触发 NOTICE 错误。例如在下面的代码中，输出时错误书写了变量的名称：

```
<?php
 $abab = "错误处理的方法"
  echo $abba;                        //调用了不存在的变量
?>
```

如果运行程序，会提示如图 12-1 所示的错误。

图 12-1　调用了不存在的变量

7. 调用不存在的文件

如果调用不存在的文件，程序将会停止运行。例如：

```
<?php
include("mybook.txt");               //调用了一个不存在的文件
?>
```

运行后，将会弹出如图 12-2 所示的错误提示信息。

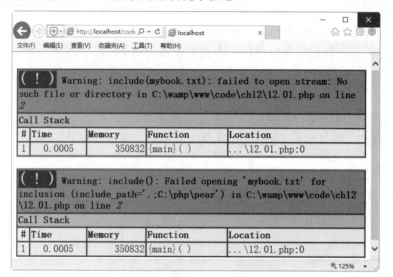

图 12-2　调用了不存在的文件

8. 环境配置的错误

如果环境配置不当，也会给运行带来错误，如操作系统、PHP 配置文件和 PHP 的版本等，这些如果配置不正确，将会提示文件无法打开、操作权限不具备和服务器无法连接等错误信息。

首先，不同的操作系统采用不同的路径格式，这些都会导致程序运行错误。此外，PHP 在不同的操作系统上的功能也会有差异，数据库的运行也会在不同的操作系统中有问题出现等。另外，PHP 的配置也很重要，由于各个计算机的配置方法不尽相同，当程序的运行环境发生变化时，也会出现这样或者那样的问题。最后，是 PHP 的版本问题，PHP 的高版本在一定程度上可以兼容低版本，但是针对高版本编写的程序拿到低版本中运行时，会出现意想不到的问题，这些都是有关环境配置的不同而引起的错误。

9. 数据库服务器连接错误

由于 PHP 应用于动态网站的开发，所以经常会对数据库进行基本的操作。在操作数据库之前，需要连接数据库服务。如果用户名或者密码设置不正确，或者数据库不存在，或者数据库的属性不允许访问等，都会在程序运行中出现错误。

例如以下的代码，在连接数据库的过程中，密码编写是错误的：

```php
<?php
$conn = mysqli_connect("localhost","root","root");        //连接 MySQL 服务器
?>
```

程序运行后，将会弹出如图 12-3 所示的错误提示信息。

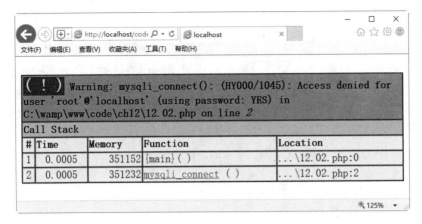

图 12-3 无法连接数据库

12.2 错 误 处 理

常见的错误处理方法包括使用错误处理机制，使用 DIE 语句调试、自定义错误和错误触发器等。下面讲述如何处理程序中的错误。

12.2.1 php.ini 中的错误处理机制

在前面的例子中，错误提示会显示错误的信息、错误文件的行号信息等，这是 PHP 最基本的错误报告机制。此外，php.ini 文件规定了错误的显示方式，包括配置选项的名称、默认值、表述的含义等。常见的错误配置选项的内容如表 12-1 所示。

表 12-1　常见的 php.ini 文件中控制错误显示的配置选项含义

名　称	默 认 值	含　义
display_errors	On	设置错误作为 PHP 的一部分输出。开发的过程中可以采用默认的设置，但是为了安全考虑，在生产环境中还是设置为 Off 比较好
error_reporting	E_all	这个设置会显示所有的出错信息。这种设置会让一些无害的提示也会显示，所以可以设置 error_reporting 的默认值：error_reporting = E_ALL & ~E_NOTICE，这样只会显示错误和不良编码
error_log	null	设置记录错误日志的文件。在默认情况下将错误发送到 Web 服务器日志，用户也可以指定写入的文件
html_errors	On	控制是否在错误信息中采用 HTML 格式
log_errors	Off	控制是否应该将错误发送到主机服务器的日志文件
display_startup_errors	Off	控制是否显示 PHP 启动时的错误
track_errors	Off	设置是否保存最近一个警告或错误信息

12.2.2　应用 DIE 语句来调试

使用 DIE 语句进行调试的优势是，不仅可以显示错误的位置，还可以输出错误信息。一旦出现错误，程序将会终止运行，并在浏览器上显示出错之前的信息和错误信息。

前面曾经讲述过，调用不存在的文件会提示错误信息，如果运用 DIE 来调试，将会输出自定义的错误信息。

【例 12.1】应用 DIE 语句调试(示例文件 ch12\12.1.php)。

```php
<?php
if(!file_exists("wenjian.txt")){
    die("文件不存在");
}else{
    $file = fopen("wenjian.txt","r");
}
?>
```

程序运行后，结果如图 12-4 所示。

与基本的错误报告机制相比，使用 DIE 语句调试显得更有效，这是由于它采用了一个简单的错误处理机制，在错误之后终止了脚本。

图 12-4　应用 DIE 语句调试

12.2.3　自定义错误和错误触发器

简单地终止脚本并不总是恰当的方式。下面讲述如何自定义错误和错误触发器。创建一个自定义的错误处理器非常简单，用户可以创建一个专用函数，然后在 PHP 程序发生错误时调用该函数。

自定义的错误函数的语法格式如下：

```
error_function(error_level,error_message,error_file,error_line,error_context)
```

该函数必须至少包含 level 和 message 参数，另外 3 个参数 file、line-number 和 context 是可选的。各个参数的具体含义如表 12-2 所示。

表 12-2　各个参数的含义

参　　数	含　　义
error_level	必需参数。为用户定义的错误规定错误报告级别。必须是一个值
error_message	必需参数。为用户定义的错误规定错误消息
error_file	可选参数。规定错误在其中发生的文件名
error_line	可选参数。规定错误发生的行号
error_context	可选参数。规定一个数组，包含了当错误发生时在使用的每个变量以及它们的值

参数 error_level 为定义错误规定的报告级别，这些错误报告级别是错误处理程序将要处理的错误的类型。具体的级别值和含义如表 12-3 所示。

表 12-3　错误的级别值和含义

数　值	常　量	含　义
2	E_WARNING	非致命的 run-time 错误。不暂停脚本执行
8	E_NOTICE	Run-time 通知。脚本发现可能有错误发生，但也可能在脚本正常运行时发生
256	E_USER_ERROR	致命的用户生成的错误。类似于程序员用 PHP 函数 trigger_error() 设置的 E_ERROR
512	E_USER_WARNING	非致命的用户生成的警告。这类似于程序员使用 PHP 函数 trigger_error()设置的 E_WARNING
1024	E_USER_NOTICE	用户生成的通知。这类似于程序员使用 PHP 函数 trigger_error()设置的 E_NOTICE
4096	E_RECOVERABLE_ERROR	可捕获的致命错误。类似 E_ERROR，但可被用户定义的处理程序捕获
8191	E_ALL	所有错误和警告

下面通过例子来讲解如何自定义错误和错误触发器。

首先创建一个处理错误的函数：

```
function customError($errno, $errstr)
{
    echo "<b>错误:</b> [$errno] $errstr<br />";
    echo "终止程序";
    die();
}
```

上述代码是一个简单的错误处理函数。当它被触发时，它会取得错误级别和错误消息。然后它会输出错误级别和消息，并终止程序。

创建了一个错误处理函数后，下面需要确定在何时触发该函数。在 PHP 中，使用 set_error_handler()函数来设置用户自定义的错误处理函数。该函数用于创建运行期间的用户自己的错误处理方法。该函数会返回旧的错误处理程序，若失败，则返回 null。具体的语法格式如下：

```
set_error_handler(error_function, error_types)
```

其中，error_function 为必需参数，规定发生错误时运行的函数；error_types 是可选参数，如果不选择此参数，则表示默认值为 E_ALL。

在本例中，针对所有错误来使用自定义错误处理程序，具体代码如下：

```
set_error_handler("customError");
```

下面通过尝试输出不存在的变量，来测试这个错误处理程序。

【例 12.2】自定义错误(示例文件 ch12\12.2.php)。

```
<?php
 //定义错误函数
 function customError($errno, $errstr){
```

```
    echo "<b>错误:</b> [$errno] $errstr";
}
//设置错误函数的处理
set_error_handler("customError");
//触发自定义错误函数
echo($test);
?>
```

程序运行后,结果如图 12-5 所示。

在脚本中用户输入数据的位置设置当用户的输入无效时触发错误的很有用的。在 PHP 中 , 这 个 任 务 由 trigger_error() 来 完 成 。 trigger_error()函数创建用户定义的错误消息。

trigger_error()用于在用户指定的条件下触发一个错误消息。它与内建的错误处理器一同使用,也可以与由 set_error_handler()函数创建

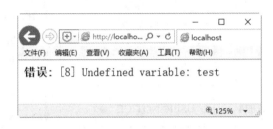

图 12-5 自定义错误

的用户自定义函数一起使用。如果指定了一个不合法的错误类型,该函数返回 false,否则返回 true。

trigger_error()函数的具体语法格式如下:

```
trigger_error(error_message, error_types)
```

其中 error_message 为必需参数,规定错误消息,长度限制为 1024 个字符;error_types 为可选参数,规定错误消息的错误类型,可能的值为 E_USER_ERROR、E_USER_WARNING 或者 E_USER_NOTICE。

【例 12.3】使用 trigger_error()函数(示例文件 ch12\12.3.php)。

```php
<?php
$test = 5;
if ($test > 4){
  trigger_error("Value must be 4 or below");
}
?>
```

程序运行后,结果如图 12-6 所示。由于 test 数值为 5,发生了 E_USER_WARNING 错误。

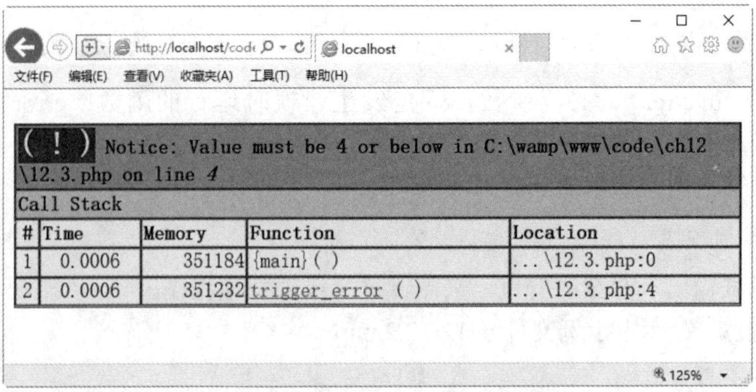

图 12-6 使用 trigger_error()函数

下面通过示例来讲述 trigger_error()函数和自定义函数一起使用的处理方法。

【例 12.4】使用自定义函数和 trigger_error()函数(示例文件 ch12\12.4.php)。

```php
<?php
//定义错误函数
function customError($errno, $errstr){
    echo "<b>错误:</b> [$errno] $errstr";
}
//设置错误函数的处理
set_error_handler("customError", E_USER_WARNING);
// trigger_error 函数
$test = 5;
if ($test>4){
    trigger_error("Value must be 4 or below", E_USER_WARNING);
}
?>
```

程序运行后,结果如图 12-7 所示。

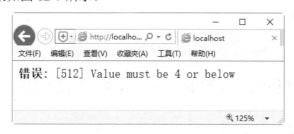

图 12-7　使用自定义函数和 trigger_error()函数

12.2.4　错误记录

在默认情况下,根据在 php.ini 中的 error_log 配置,PHP 向服务器的错误记录系统或文件发送错误记录。通过使用 error_log()函数,用户可以向指定的文件或远程目的地发送错误记录。

通过电子邮件向用户自己发送错误消息,是一种获得指定错误的通知的好办法。下面通过示例来讲解。

【例 12.5】通过 E-mail 发送错误信息(示例文件 ch12\12.5.php)。

```php
<?php
//定义错误函数
function customError($errno, $errstr){
    echo "<b>错误:</b> [$errno] $errstr <br/>";
    echo "错误记录已经发送完毕";
    error_log("错误: [$errno] $errstr",1, "someone@example.com",
            "From: webmastere@example.com");
}
//设置错误函数的处理
set_error_handler("customError", E_USER_WARNING);
//trigger_error 函数
$test = 5;
if ($test > 4){
```

```
    trigger_error("Value must be 4 or below", E_USER_WARNING);
}
?>
```

程序运行后，结果如图 12-8 所示。在指定的 someone@example.com 邮箱中将收到错误信息。

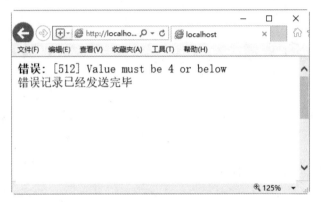

图 12-8　通过 E-mail 发送错误信息

12.3　PHP 7 新变化——改变了错误的报告方式

PHP 7 改变了大多数错误的报告方式。不同于 PHP 5 的传统错误报告机制，现在大多数错误被作为 Error 异常抛出。

这种 Error 异常可以像普通异常一样被 try / catch 块所捕获。如果没有匹配的 try / catch 块，则调用异常处理函数(set_exception_handler())进行处理。如果尚未注册异常处理函数，则按照传统方式处理：被报告为一个致命错误(Fatal Error)。

Error 类并不是从 Exception 类扩展出来的，所以用 catch (Exception $e) { ... } 这样的代码是捕获不到 Error 的。用户可以用 catch (Error $e) { ... } 这样的代码，或者通过注册异常处理函数(set_exception_handler())来捕获 Error。

【例 12.6】用 try/catch 块捕获 Error(示例文件 ch12\12.6.php)。

```php
<?php
class Mathtions               //定义一个类 Mathtions
{
  protected $n = 10;          //定义变量

  // 求余数运算，除数为 0，抛出异常
  public function dotion(): string
  {
    try {
      $value = $this->n % 0;
      return $value;
    } catch (DivisionByZeroError $e) {
      return $e->getMessage();
    }
```

```
    }
}

$aa = new Mathtions();
print($aa->dotion());
?>
```

程序运行后，结果如图 12-9 所示。

图 12-9　程序运行结果

12.4　异　常　处　理

异常(Exception)用于在指定的错误发生时改变脚本的正常执行流程。PHP 提供了一种新的面向对象的异常处理方法。下面主要讲述异常处理的方法和技巧。

12.4.1　异常的基本处理方法

异常处理用于在指定的错误(异常)情况发生时改变脚本的正常执行流程。当异常被触发时，通常会发生以下动作。

(1)　当前代码状态被保存。

(2)　代码执行被切换到预定义的异常处理器函数。

(3)　根据情况，处理器也许会从保存的代码状态重新开始执行代码，终止脚本执行，或从代码中另外的位置继续执行脚本。

当异常被抛出时，其后的代码不会继续执行，PHP 会尝试查找匹配的 catch 代码块。如果异常没有被捕获，而且又没有使用 set_exception_handler()做相应处理的话，那么将发生一个严重的错误，并且输出 Uncaught Exception(未捕获异常)的错误消息。

下面的示例中抛出一个异常，同时不去捕获它。

【例 12.7】没有捕获异常(示例文件 ch12\12.7.php)。

```php
<?php
//创建带有异常的函数
function checkNum($number){
    if($number>1){
        throw new Exception("Value must be 1 or below");
    }
    return true;
}
```

```
//抛出异常
checkNum(2);
?>
```

程序运行后，结果如图 12-10 所示。由于没有捕获异常，出现了错误提示消息。

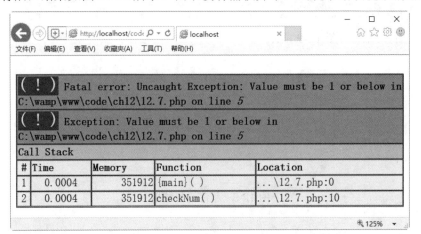

图 12-10　没有捕获异常

如果想避免出现上面例子出现的错误，需要创建适当的代码来处理异常。处理异常的程序应当包括下列代码块。

(1)　try 代码块。使用异常的函数应该位于 try 代码块内。如果没有触发异常，则代码将照常继续执行。但是如果异常被触发，会抛出一个异常。

(2)　throw 代码块。这里规定如何触发异常。每一个 throw 必须对应至少一个 catch。

(3)　catch 代码块。catch 代码块会捕获异常，并创建一个包含异常信息的对象。

【例 12.8】捕获异常(示例文件 ch12\12.8.php)。

```php
<?php
//创建可抛出一个异常的函数
function checkNum($number){
    if($number>1){
        throw new Exception("数值必须小于或等于1");
    }
    return true;
}
//在 try 代码块中触发异常
try{
    checkNum(2);
    //如果没有异常，则会显示以下信息
    echo '没有任何异常';
}
//捕获异常
catch(Exception $e){
    echo '异常信息: ' .$e->getMessage();
}
?>
```

程序运行后，结果如图 12-11 所示。由于抛出异常后捕获了异常，所以出现了提示消息。

图 12-11　捕获了异常

【案例剖析】

(1) 创建 checkNum()函数，它检测数字是否大于 1。如果是，则抛出一个异常。

(2) 在 try 代码块中调用 checkNum()函数。

(3) checkNum()函数中的异常被抛出。

(4) catch 代码块接收到该异常，并创建一个包含异常信息的对象($e)。

(5) 通过从这个 exception 对象调用$e->getMessage()，输出来自该异常的错误消息。

12.4.2　自定义的异常处理器

创建自定义的异常处理程序非常简单，只需要创建一个专门的类，当 PHP 程序中发生异常时，调用该类的函数即可。当然，该类必须是 exception 类的一个扩展。

这个自定义的 exception 类继承了 PHP 的 exception 类的所有属性，然后用户可向其添加自定义的函数。

下面通过例子来讲解如何创建自定义的异常处理器。

【例 12.9】创建自定义的异常处理器(示例文件 ch12\12.9.php)。

```php
<?php
class customException extends Exception{

    public function errorMessage(){

        //错误消息
        $errorMsg = '异常发生的行： '.$this->getLine().' in '.$this->getFile()
                .': <b>'.$this->getMessage().'</b>不是一个有效的邮箱地址';

        return $errorMsg;
    }
}
$email = "someone@example.321com";
try
{
    //检查是否符合条件
    if(filter_var($email, FILTER_VALIDATE_EMAIL) === FALSE)  {
        //如果邮件地址无效，则抛出异常
        throw new customException($email);
    }
} catch (customException $e){
    //显示自定义的消息
```

```
    echo $e->errorMessage();
}
?>
```

程序运行后，结果如图 12-12 所示。

图 12-12　自定义异常处理器

【案例剖析】

(1)　customException()类是作为旧的 exception 类的一个扩展来创建的，这样它就继承了旧类的所有属性和方法。

(2)　创建 errorMessage()函数，如果 E-mail 地址不合法，则该函数返回一条错误消息。

(3)　把$email 变量设置为不合法的 E-mail 地址字符串。

(4)　执行 try 代码块，由于 E-mail 地址不合法，因此抛出一个异常。

(5)　catch 代码块捕获异常，并显示错误消息。

12.4.3　处理多个异常

在上面的案例中，只是检查了邮箱地址是否有效。如果用户想检查邮箱是否为雅虎邮箱，或想检查邮箱是否有效等，这就出现了多个可能发生异常的情况。用户可以使用多个 if...else 代码块，或一个 switch 代码块，或者嵌套多个异常。这些异常能够使用不同的 exception 类，并返回不同的错误消息。

【例 12.10】处理多个异常(示例文件 ch12\12.10.php)。

```php
<?php
class customException extends Exception{
    public function errorMessage(){
        //定义错误信息
        $errorMsg = '错误消息的行：'.$this->getLine().' in '.$this->getFile()
                .': <b>'.$this->getMessage().'</b> 不是一个有效的邮箱地址';
        return $errorMsg;
    }
}
$email = "someone@yahoo.com";
try{
    //检查是否符合条件
    if(filter_var($email, FILTER_VALIDATE_EMAIL) === FALSE)
    {
        //如果邮箱地址无效，则抛出异常
        throw new customException($email);
```

```
    }
    //检查邮箱是否是雅虎邮箱
    if(strpos($email, "yahoo") !== FALSE){
        throw new Exception("$email 是一个雅虎邮箱");
    }
} catch (customException $e) {
    echo $e->errorMessage();
} catch(Exception $e) {
    echo $e->getMessage();
}
?>
```

程序运行后，结果如图 12-13 所示。上面的代码测试了两种条件，如果任何条件都不成立，则抛出一个异常。

someone@yahoo.com 是一个雅虎邮箱

图 12-13　处理多个异常

【案例剖析】

(1)　customException()类是作为旧的 exception 类的一个扩展来创建的，这样它就继承了旧类的所有属性和方法。

(2)　创建 errorMessage()函数。如果 E-mail 地址不合法，则该函数返回一个错误消息。

(3)　执行 try 代码块，在第一个条件下，不会抛出异常。

(4)　由于 E-mail 含有字符串 yahoo，第二个条件会触发异常。

(5)　catch 代码块会捕获异常，并显示恰当的错误消息。

12.4.4　设置顶层异常处理器

所有未捕获的异常都可以通过顶层异常处理器来处理。顶层异常处理器可以使用 set_exception_handler()函数来实现。

set_exception_handler()函数设置用户自定义的异常处理函数。该函数用于创建运行时期间的用户自己的异常处理方法。该函数会返回旧的异常处理程序，若失败，则返回 null。具体的语法格式如下：

```
set_exception_handler(exception_function)
```

其中 exception_function 参数为必需的参数，规定未捕获的异常发生时调用的函数，该函数必须在调用 set_exception_handler()函数之前定义。这个异常处理函数需要一个参数，即抛出的 exception 对象。

【例 12.11】使用顶层异常处理器(示例文件 ch12\12.11.php)。

```php
<?php
function myException($exception){
    echo "<b>异常是:</b> " ,
    $exception->getMessage();
}
set_exception_handler('myException');
throw new Exception('正在处理未被捕获的异常');
?>
```

程序运行后,结果如图 12-14 所示。上面的代码不存在 catch 代码块,而是触发顶层的异常处理程序。用户应该使用此函数来捕获所有未被捕获的异常。

图 12-14　使用顶层异常处理器

12.5　案例实战——处理异常或错误

错误处理也叫异常处理。通过使用 try…throw…catch 结构和一个内置函数 Exception()来"抛出"和"处理"错误或异常。

下面通过打开文件的例子来介绍异常的处理方法和技巧。

【例 12.12】处理异常或错误(示例文件 ch12\12.12.php)。

```php
<?php
$DOCUMENT_ROOT = $_SERVER['DOCUMENT_ROOT'];
@$fp = fopen("$DOCUMENT_ROOT/book.txt",'rb');
try{
    if (!$fp){
        throw new Exception("文件路径有误或找不到文件。");
    }
}catch(Exception $exception){
    echo $exception->getMessage();
    echo "在文件". $exception->getFile()
        ."的".$exception->getLine()."行。<br />";
}
@fclose($fp);
?>
```

程序运行结果如图 12-15 所示。

图 12-15　处理异常或错误

【案例剖析】

(1)　fopen()函数打开$DOCUMENT_ROOT/book.txt 文件进行读取，但是由于 book.txt 文件不存在，所以$fp 为 false。

(2)　try 区块判断$fp 为 false 时，抛出一个异常，此异常直接通过 new 关键字生成 Exception()类的实例。异常信息是传入参数定义的"文件路径有误或找不到文件"。

(3)　catch 区块通过处理传入的 Exception()类实例，显示出错误信息、错误文件、错误发生的行号。这些是通过直接调用 Exception()类实例$exception 的内置类方法获得的。错误信息由 getMessage()生成，错误文件由 getFile()生成，错误发生行号由 getLine()生成。

(4)　@fclose()和@$fp= fopen()中的@表示屏蔽此命令执行中产生的错误信息。

12.6　疑难解惑

疑问 1：处理异常有什么规则？

答：在处理异常时，有下列规则需要用户牢牢掌握。

(1)　需要进行异常处理的代码应该放入 try 代码块内，以便捕获潜在的异常。

(2)　每个 try 或 throw 代码块必须至少拥有一个对应的 catch 代码块。

(3)　使用多个 catch 代码块可以捕获不同种类的异常。

(4)　可以在 try 代码块内的 catch 代码块中再次抛出(re-thrown)异常。

疑问 2：如何隐藏错误信息？

答：PHP 提供了一种隐藏错误的方法。就是在被调用的函数名前加@符号，这样会隐藏可能由于这个函数导致的错误信息。

例如以下代码：

```php
<?php
 $ab = fopen("123.txt", "r");          //打开指定的文件
 fclose();                             //关闭指定的文件
?>
```

由于指定的文件不存在，所以运行后会弹出如图 12-16 所示的错误信息。

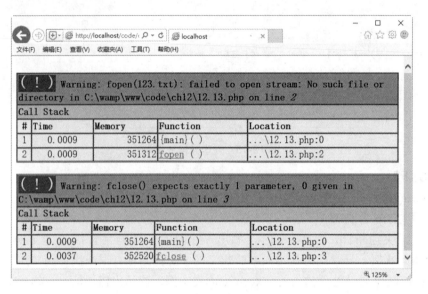

图 12-16　出现错误信息

如果在 fopen()函数和 fclose()函数前加上@符号，再次运行程序时，就不会出现错误信息了。这种隐藏信息的方法对于查找错误的位置是很有帮助的。

第 13 章

与外界的交流——
操作文件与目录

在前面的表单章节中，已经实现了用 form 发送数据给 PHP，PHP 再处理数据并输出 HTML 给浏览器。在这样的一个流程里，数据会直接被 PHP 代码处理成 HTML。如果想把数据储存起来，并在需要的时候读取和处理，该怎么办呢？这就是本章需要解决的问题。在使用 PHP 开发网站的过程中，文件的操作大致分为对普通文本的操作和对数据库文件的操作。本章主要讲述如何对普通文件进行写入和读取，以及目录的操作、文件的上传等操作。

13.1 查看文件和目录

在掌握 PHP 操作文件和目录的技能前,首先需要学习如何查看文件和目录。

13.1.1 查看文件名称

使用 basename()函数可以查看文件的名称,该函数返回文件目录中去掉路径后的文件名称,语法格式如下:

```
basename($path, $suffix)
```

其中参数$path 为必需参数,指定要检查的路径;参数$suffix 为可选参数,规定文件的扩展名。如果文件有$suffix,则不会输出这个扩展名。

【例 13.1】查看文件名称(示例文件 ch13\13.1.php)。

```php
<?php
$path = "/test/index.php";

//显示带有文件扩展名的文件名
echo basename($path)."<br/> ";

//显示不带有文件扩展名的文件名
echo basename($path,".php");
?>
```

运行 13.1.php 文件,结果如图 13-1 所示。

图 13-1 查看文件名称

提示   basename()函数只查看$path 变量中的文件名称,并不核实该目录是否真实存在。

13.1.2 查看目录名称

使用 dirname()函数可以查看目录的名称,该函数返回文件目录中去掉文件后的目录名称,语法格式如下:

```
dirname($path)
```

其中参数$path 为必需参数,指定要检查的路径。

【例 13.2】查看路径的名称(示例文件 ch13\13.2.php)。

```php
<?php
$path = "/web/test/index.php";
//显示路径的名称
echo dirname($path);
?>
```

运行 13.2.php 文件,结果如图 13-2 所示。

提示　　dirname()函数只查看$path 变量中的目录名称，并不核实该目录是否真实存在。

图 13-2　查看路径的名称

13.1.3　查看文件真实目录

使用 readpath()可以查看文件的真实目录，该函数返回绝对路径。它会删除所有符号连接(比如 './', '../' 以及多余的 '/')，返回绝对路径名称。语法格式如下：

```
realpath($path)
```

其中参数$path 为必需参数，指定要检查的路径。如果文件不存在，则返回 false。

【例 13.3】查看真实路径(示例文件 ch13\13.3.php)。

```php
<?php
$path = "13.3.php";
//显示绝对路径
echo realpath($path);
?>
```

运行 13.3.php 文件，结果如图 13-3 所示。

图 13-3　查看真实路径

13.2　查看文件信息

PHP 提供了查看文件基本信息的函数。通过这些函数，用户可以查看文件的类型、查看文件的访问和修改时间、获取文件的权限等。

13.2.1　查看文件的类型

使用 filetype()函数可以获取文件的类型。可能返回值有 fifo、char、dir、block、link、file 和 unknown。语法格式如下：

```
filetype($filename)
```

其中参数$filename 为必需参数，指定要检查的文件路径。如果查看失败，则返回 false。

【例 13.4】查看文件的类型(示例文件 ch13\13.4.php)。

```php
<?php
$path = "D:/test/";
echo filetype($path)."<br/> ";         //显示文件的类型为dir

$path1 = "13.4.php";
echo filetype($path1);                 //显示文件的类型为file
?>
```

运行 13.4.php 文件，结果如图 13-4 所示。

图 13-4　查看文件的类型

13.2.2　查看文件的访问和修改时间

使用 fileatime()函数可以获取文件上次的访问时间。语法格式如下：

```
fileatime($filename)
```

其中参数$filename 为必需参数，指定要检查的文件名称。如果查看失败，则返回 false。

【例 13.5】查看文件的访问时间(示例文件 ch13\13.5.php)。

```php
<?php
$path = "13.1.php";
echo fileatime($path)."<br/> ";          //显示文件上次的访问时间
echo date("Y-m-d H:i:s ",fileatime($path));  //设置时间的显示格式
?>
```

运行 13.5.php 文件，结果如图 13-5 所示。从结果可以看出，在默认情况下返回的时间以 Unix 时间戳的形式。

使用 filemtime()函数可以获取文件上次被修改的时间。语法格式如下：

```
filemtime($filename)
```

其中参数$filename 为必需参数，指定要检查的文件名称。如果查看失败，则返回 false。

图 13-5　查看文件的访问时间

【例 13.6】查看文件的修改时间(示例文件 ch13\13.6.php)。

```php
<?php
$path = "13.3.php";
echo filemtime($path)."<br/> ";
    //显示文件上次的修改时间
echo date("Y-m-d H:i:s ",fileatime($path));
    //设置时间的显示格式
?>
```

运行 13.6.php 文件，结果如图 13-6 所示。

图 13-6　查看文件的修改时间

13.3　文　件　操　作

在不使用数据库系统的情况下，数据可以通过文件(File)来实现数据的储存和读取。这个数据存取的过程也是 PHP 处理文件的过程。这里涉及的文件是文本文件(Text File)。

13.3.1 打开文件和关闭文件

对文件操作前，需要打开文件。PHP 提供的 fopen()函数可以打开文件。语法格式如下：

```
fopen ($filename,$mode)
```

其中参数$filename 为必需参数，指定要打开的文件名称。参数$mode 为打开文件的方式，其取值如表 13-1 所示。

表 13-1　fopen()函数中参数 mode 的取值

mode 取值	含　义
r	打开文件为只读。文件指针在文件的开头开始
w	打开文件为只写
a	打开文件为只写。文件中的现有数据会被保留。文件指针在文件结尾开始。如果文件不存在，则创建新的文件
x	创建新文件为只写。如果文件已存在，返回 FALSE 和错误
r+	打开文件为读/写。文件指针在文件开头开始
w+	打开文件为读/写。如果文件不存在，则删除文件的内容或创建一个新的文件。文件指针在文件的开头开始
a+	打开文件为读/写。文件中已有的数据会被保留。文件指针在文件结尾开始。如果文件不存在，则创建新的文件
x+	创建新文件为读/写。如果文件已存在，返回 FALSE 和错误

文件操作完成后，需要关闭文件，从而释放资源。关闭文件使用 fclose()函数。语法格式如下：

```
bool fclose(resource handle)
```

其中参数 handle 为已经打开文件的资源对象。如果 handle 无效，则返回 false。

【例 13.7】打开和关闭文件(示例文件 ch13\13.7.php)。

```php
<?php
$file = "test.txt";
if(($fp = fopen($file , "wb")) === false) {
   die("使用写入方式打开".$file."文件失败<br/>");
} else {
   echo "使用写入方式打开".$file."文件成功<br/>";
}
if(fclose($fp)){
   echo "文件".$file."关闭成功<br/>";
} else {
   echo "文件".$file."关闭失败<br/>";
}
?>
```

运行 13.7.php 文件，最终效果如图 13-7 所示。

13.3.2　读取文件

打开文件后，即可读取文件的内容。PHP 提供了很多读取文件的方法。

图 13-7　打开和关闭文件

1. 逐行读取文件

fgets()函数用于从文件中逐行读取文件。

【例 13.8】逐行读取文件(示例文件 ch13\13.8.php)。

```php
<?php
$file = fopen("test.txt", "r") or exit("无法打开文件!");
// 读取文件每一行，直到文件结尾
while(!feof($file))
{
    echo fgets($file). "<br/>";
}
fclose($file);  //关闭文件
?>
```

运行 13.8.php 文件，结果如图 13-8 所示。

【案例剖析】

上述代码会逐行读取文件。这里用到了 feof()函数，该函数的作用是检查是否已经到了文件的末尾(EOF)。在循环遍历未知长度的数据时，feof() 函数很有用。

 在 w、a 和 x 模式下，用户无法读取打开的文件。

图 13-8　逐行读取文件

2. 逐字符读取文件

fgetc()函数用于从文件中逐字符地读取文件。

【例 13.9】逐字符读取文件(示例文件 ch13\13.9.php)。

```php
<?php
$file = fopen("test1.txt", "r") or exit("无法打开文件!");
// 读取文件每一行，直到文件结尾
while(!feof($file))
{
    echo fgetc($file). "<br/>";
}
fclose($file);  //关闭文件
?>
```

运行 13.9.php 文件，结果如图 13-9 所示。

图 13-9　逐字符读取文件

3. 读取整个文件的内容

如果想读取整个文件的内容，可以使用 readfile()、file()或 file_get_content()中的任意一个函数。

【**例 13.10**】读取整个文件(示例文件 ch13\13.10.php)。

```php
<?php
$file = "test.txt";
// 使用 readfile()函数读取文件内容
readfile($file);
echo "<hr/>";
// 使用 read()函数读取文件内容
$farr = file($file);
foreach($farr as $v) {
    echo $v."<br/>";
}
echo "<hr/>";
// 使用 file_get_content()函数读取文件内容
echo file_get_contents($file);
?>
```

运行 13.10.php 文件，结果如图 13-10 所示。

图 13-10　读取整个文件

13.3.3　文件数据写入

对于一个文件的"写"操作，基本步骤如下。

(1) 打开文件。

(2) 从文件里读取数据，或者向文件中写入数据。

(3) 关闭文件。

打开文件的前提是，文件首先是存在的。如果不存在，则需要建立一个文件。并且在所在的系统环境中，代码应该对文件具有"写"的权限。

通过使用 fwrite()或 file_put_contents()函数，可以对文件写入数据。

fwrite()函数的语法格式如下：

```
fwrite(file,string,length)
```

其中 file 为必需参数，指定要写入的文件。如果文件不存在，则创建一个新文件；string 为必需参数，指定要写入文件的字符串；length 为可选参数，指定要写入的最大字节数。

file_put_contents()函数的语法格式如下：

```
file_put_contents(file,data,mode,context)
```

其中 file 为必需参数，指定要写入的文件。如果文件不存在，则创建一个新文件。data 为可选参数，指定要写入文件的数据，可以是字符串、数组或数据流。mode 为可选参数，指定如何打开/写入文件。context 为可选参数，规定文件句柄的环境。

【例 13.11】文件写入数据(示例文件 ch13\13.11.php)。

```php
<?php
$file = "gushi.txt";
$str = "迢迢牵牛星，皎皎河汉女。纤纤擢素手，札札弄机杼。";
// 使用 fwrite()函数写入文件
$fp = fopen($file, "wb") or die("打开文件错误！");
fwrite($fp , $str);
fclose($fp);
readfile($file);
echo "<hr/>";

$str = "河汉清且浅，相去复几许！盈盈一水间，脉脉不得语。";
// 使用 file_put_contens()函数往文件追加内容
file_put_contents($file , $str , FILE_APPEND);
readfile($file);
?>
```

运行 13.11.php 文件，结果如图 13-11 所示。

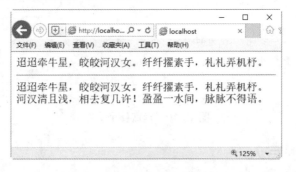

图 13-11　文件写入数据

打开 gushi.txt 文件，可以查看写入的内容，如图 13-12 所示。

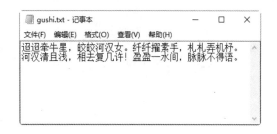

图 13-12　查看文件的内容

13.3.4　重命名和移动文件

rename()函数可以重命名文件或目录。若成功，则该函数返回 true；若失败，则返回 false。语法格式如下：

```
rename(oldname,newname,context)
```

其中 oldname 为必需参数，指定需要重命名文件或目录；newname 为必需参数，指定文件或目录的新名称；context 为可选参数，规定文件句柄的环境。

这里需要注意的是：如果源文件和目标文件路径相同，可以实现文件的重命名；如果源文件和目标文件路径不相同，可以实现移动文件的效果。

【例 13.12】重命名和移动文件(示例文件 ch13\13.12.php)。

```php
<?php
$file = "test.txt";
$newfile = 'newtest.txt';
// 文件的重命名
if (rename($file, $newfile)) {
    echo "文件重命名成功!";
} else {
    echo "文件重命名失败!";
}
// 文件的移动
$movefile = "../test.txt";
if (rename($newfile, $movefile)) {
    echo "文件移动成功!";
} else {
    echo "文件移动失败!";
}
?>
```

运行 13.12.php 文件，结果如图 13-13 所示。

13.3.5　复制文件

使用 copy()函数可以复制文件。语法格式如下：

```
copy(source,destination)
```

其中 source 为必需参数，指定需要复制的文件；destination 为必需参数，指定复制文件的目的地。

图 13-13　重命名和移动文件

文件重命名成功!文件移动成功!

【例 13.13】复制文件(示例文件 ch13\13.13.php)。

```php
<?php
$file = "test1.txt";
$newfile = 'test2.txt';
```

```php
if (copy($file, $newfile)) {
    echo "文件成功复制为".$newfile;
} else {
    echo "文件复制失败！";
}
?>
```

运行 13.13.php 文件，结果如图 13-14 所示。

13.3.6　删除文件

使用 unlink()函数可以删除文件。语法格式如下：

```
unlink(filename)
```

图 13-14　复制文件

其中 filename 为必需参数，指定需要删除的文件。

【例 13.14】删除文件(示例文件 ch13\13.14.php)。

```php
<?php
$file = "test2.txt";
if(unlink($file)) {
    echo "文件".$file."删除成功！";
} else {
    echo "文件".$file."删除失败！";
}
?>
```

运行 13.14.php 文件，结果如图 13-15 所示。

图 13-15　删除文件

13.4　目　录　操　作

在 PHP 中，利用相关函数可以实现对目录的操作。常见的目录操作函数的使用方法和技巧如下。

1. string getcwd(void)

该函数主要是获取当前的工作目录，返回的是字符串。下面举例说明此函数的用法。

【例 13.15】获取当前的工作目录(示例文件 ch13\13.15.php)。

```php
<?php
$d1 = getcwd();     //获取当前路径
echo getcwd();  //输出当前目录
?>
```

程序运行结果如图 13-16 所示。

2. array scandir(string directory[, int sorting_order])

该函数返回一个 array，包含有 directory 中的文件

图 13-16　获取当前的工作目录

和目录。如果 directory 不是一个目录，则返回布尔值 FALSE，并产生一条 E_WARNING 级别的错误。在默认情况下，返回值是按照字母顺序升序排列的。如果使用了可选参数 sorting_order(设为 1)，则按字母顺序降序排列。

下面举例说明此函数的使用方法。

【例 13.16】使用 scandir()函数(示例文件 ch13\13.16.php)。

```php
<?php
$dir = 'C:/wamp/www/code/ch13';      //定义指定的目录
$files1 = scandir($dir);             //列出指定目录中文件和目录
$files2 = scandir($dir, 1);
print_r($files1);                    //输出指定目录中的文件和目录
print_r($files2);
?>
```

程序运行结果如图 13-17 所示。

图 13-17　使用 scandir()函数

3. dir(sting directory)

此函数模仿面向对象机制，将指定的目录名转换为一个对象并返回。使用说明如下：

```
class dir {
    dir(string directory)
    string path
    resource handle
    string read(void)
    void rewind(void)
    void close(void)
}
```

其中 handle 属性含义为目录句柄；path 属性的含义为打开目录的路径；函数 read(void)的含义为读取目录；函数 rewind(void)的含义为复位目录；函数 close(void)的含义为关闭目录。

下面举例说明此函数的使用方法。

【例 13.17】使用 dir()函数(示例文件 ch13\13.17.php)。

```php
<?php
$d2 = dir("C:/wamp/www/code/ch13");
echo "Handle: ".$d2->handle."<br/>\n";
```

```
echo "Path: ".$d2->path."<br/>\n";
while (false !== ($entry = $d2->read())) {
    echo $entry."<br/>\n";
}
$d2->close();
?>
```

程序运行结果如图 13-18 所示。

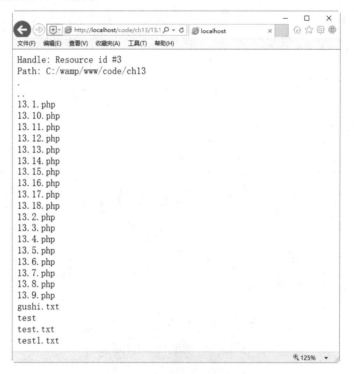

图 13-18　使用 dir()函数

4. chdir(string directory)

此函数将 PHP 的当前目录改为 directory。下面举例说明此函数的使用方法。

【例 13.18】使用 chdir()函数(示例文件 ch13\13.18.php)。

```
<?php
if(chdir("C:/wamp/www/code/ch13")){
    echo "当前目录更改为:
    C:/wamp/www/code/ch13";
}else{
    echo "当前目录更改失败了";
}
?>
```

程序运行结果如图 13-19 所示。

5. void closedir(resource dir_handle)

此函数主要是关闭由 dir_handle 指定的目录

图 13-19　使用 chdir()函数

流。另外，目录流必须已经被 opendir()打开。

6. resource opendir(string path)

返回一个目录句柄。其中 path 为要打开的目录路径。如果 path 不是一个合法的目录或者因为权限限制或文件系统错误而不能打开目录，返回 FALSE 并产生一个 E_WARNING 级别的 PHP 错误信息。如果不想输出错误，可以在 opendir()前面加上@符号。

【例 13.19】使用 opendir()函数(示例文件 ch13\13.19.php)。

```php
<?php
$dir = " C:/wamp/www/code/ch13/";
//打开一个目录，然后读取目录中的内容
if (is_dir($dir)) {
    if ($dh = opendir($dir)) {
        while (($file = readdir($dh)) !== false) {
            print "filename: $file : filetype: "
                    . filetype($dir . $file) . "\n";
        }
        closedir($dh);
    }
}
?>
```

程序运行结果如图 13-20 所示。

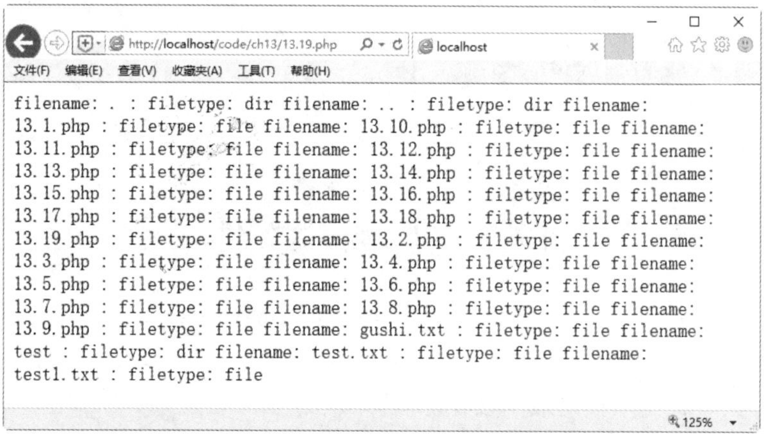

图 13-20　使用 opendir()函数

其中，is_dir()函数主要是判断给定文件名是否是一个目录；readdir()函数从目录句柄中读取条目；closedir()函数关闭目录句柄。

7. string readdir(resource dir_handle)

该函数主要是返回目录中下一个文件的文件名。文件名以在文件系统中的排序返回。

【例 13.20】使用 readdir()函数(示例文件 ch13\13.20.php)。

```php
<?php
//注意在 4.0.0-RC2 之前不存在 !== 运算符
if ($handle = opendir("C:/wamp/www/code/ch13/")) {
```

```
        echo "Directory handle: $handle\n";
        echo "Files:\n";
        /* 这是正确的遍历目录方法 */
        while (false !== ($file = readdir($handle))) {
            echo "$file\n";
        }
        closedir($handle);
    }
?>
```

运行结果如图 13-21 所示。

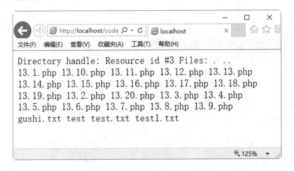

图 13-21　使用 readdir()函数

在遍历目录时，有的人经常会写出如下错误的遍历方法：

```
/* 这是错误的遍历目录的方法 */
while ($file = readdir($handle)) {
    echo "$file\n";
}
```

13.5　上　传　文　件

在网络上，用户可以上传自己的文件。实现这种功能的方法很多，用户把一个文件上传到服务器，需要在客户端和服务器端建立一个通道来传递文件的字节流，并在服务器进行上传操作。下面介绍一种使用代码最少且容易理解的方法。

13.5.1　全局变量$_FILES

通过使用 PHP 的全局变量 $_FILES，用户可以从客户计算机向远程服务器上传文件。全局变量 $_FILES 是一个二维数组，用于接收上传文件的信息，它会保存表单中 type 值为 file 的提交信息，有 5 个主要列，具体含义如下。

(1)　$_FILES["file"]["name"]：存放上传文件的名称。

(2)　$_FILES["file"]["type"]：存放上传文件的类型

(3)　$_FILES["file"]["size"]：存放上传文件的大小，以字节为单位。

(4)　$_FILES["file"]["tmp_name"] ：存放存储在服务器的文件的临时全路径。

(5)　$_FILES["file"]["error"]：存放文件上传导致的错误代码。

在$_FILES["file"]["tmp_name"]中，/tmp 目录是默认的上传临时文件的存放地点，此时用户必须将文件从临时目录中删除或移动到其他位置，否则上传的文件会被自动删除。可见，无论上传是否成功，程序最后都会自动删除临时目录中的文件，所以在删除前，需要将上传的文件复制到其他位置，这样才算真正完成了上传文件的过程。

另外，$_FILES["file"]["error"]中返回的错误代码的常量对应的数值的含义如下。

(1) UPLOAD_ERR_OK=0：表示没有发生任何错误。

(2) UPLOAD_ERR_INI_SIZE=1：表示上传文件的大小超过了约定值。

(3) UPLOAD_ERR_FORM_SIZE =2：表示上传文件的大小超过了 HTML 表单隐藏域属性的 MAX_FILE_SIZE 元素所规定的最大值。

(4) UPLOAD_ERR_PARTIAL =3：表示文件只被部分上传。

(5) UPLOAD_ERR_NO_FILE =4：表示没有上传任何文件。

13.5.2 文件上传

在 PHP 中，使用 move_uploaded_file()函数可以将上传的文件移动到新位置。语法格式如下：

```
move_uploaded_file(file,newloc)
```

其中 file 为需要移动的文件；newloc 参数为文件的新位置。如果 file 指定的上传文件是合法的，则文件被移动到 newloc 指定的位置；如果 file 指定的上传文件不合法，则不会出现任何操作，move_uploaded_file()函数将返回 false；如果 file 指定的上传文件是合法的，但出于某些原因无法移动，不会出现任何操作，move_uploaded_file()函数将返回 false，此外还会发出一条警告。

 move_uploaded_file()函数只能用于通过 HTTP POST 上传的文件。如果目标文件已经存在，将会被覆盖。

下面通过案例来学习上传图片文件的方法和技巧。

【例 13.21】上传图片文件(示例文件 ch13\13.21.html 和 13.21.php)。

step 01 首先创建一个获取上传文件的页面，文件名为 13.21.html。代码如下：

```
<!DOCTYPE html>
<html>
<head>
<title>上传图片文件</title>
</head>
<body>
<form action="13.21.php" method="post" enctype="multipart/form-data">
    <label for="file">文件名：</label>
    <input type="file" name="file" id="file"><br/>
    <input type="submit" name="submit" value="上传">
</form>
</body>
</html>
```

其中 <form action="13.21.php" method="post" enctype="multipart/form-data"> 语 句 中 的

method 属性表示提交信息的方式是 post，即采用数据块；action 属性表示处理信息的页面为 13.21.php；ENCTYPE="multipart/form-data"表示以二进制的方式传递提交的数据。

step 02 ▶ 接着创建一个实现文件上传功能的文件。为了设置和保存上传文件的路径，用户需要在创建文件的目录下新建一个名称为 upload 的文件夹。然后新建 13.21.php 文件。代码如下：

```php
<?php
// 允许上传的图片后缀
$allowedExts = array("gif", "jpeg", "jpg", "png");
$temp = explode(".", $_FILES["file"]["name"]);
echo $_FILES["file"]["size"];
$extension = end($temp);      // 获取文件后缀名
if ((($_FILES["file"]["type"] == "image/gif")
|| ($_FILES["file"]["type"] == "image/jpeg")
|| ($_FILES["file"]["type"] == "image/jpg")
|| ($_FILES["file"]["type"] == "image/pjpeg")
|| ($_FILES["file"]["type"] == "image/x-png")
|| ($_FILES["file"]["type"] == "image/png"))
&& ($_FILES["file"]["size"] < 204800)    // 小于 200 KB
&& in_array($extension, $allowedExts))
{
    if ($_FILES["file"]["error"] > 0)
    {
        echo "错误: : " . $_FILES["file"]["error"] . "<br/>";
    }
    else
    {
        echo "上传文件名: " . $_FILES["file"]["name"] . "<br/>";
        echo "文件类型: " . $_FILES["file"]["type"] . "<br/>";
        echo "文件大小: " . ($_FILES["file"]["size"] / 1024) . " kB<br/>";
        echo "文件临时存储的位置: " . $_FILES["file"]["tmp_name"] . "<br/>";

        // 判断当期目录下的 upload 目录是否存在该文件
        // 如果没有 upload 目录，你需要创建它，upload 目录权限为 777
        if (file_exists("upload/" . $_FILES["file"]["name"]))
        {
            echo $_FILES["file"]["name"] . " 文件已经存在。 ";
        }
        else
        {
            // 如果 upload 目录不存在该文件则将文件上传到 upload 目录下
            move_uploaded_file($_FILES["file"]["tmp_name"], "upload/" .
$_FILES["file"]["name"]);
            echo "文件存储在: " . "upload/" . $_FILES["file"]["name"];
        }
    }
}
else
{
    echo "非法的文件格式";
}
?>
```

运行 13.21.html 网页，结果如图 13-22 所示。单击"浏览"按钮，即可选择需要上传的文件，最后单击"上传"按钮，即可跳转到 13.21.php 文件，如图 13-23 所示，实现了文件的上传操作。

图 13-22　上传文件　　　　　　　　　　　图 13-23　上传文件的信息

13.6　案例实战——编写访客计数器

下面通过对文本文件的操作，利用相关函数编写一个简单的文本类型的访客计数器。

【例 13.22】编写访客计数器(示例文件 ch13\13.22.php)。

```
<!DOCTYPE html>
<html>
<head>
<title>访客计数器</title>
</head>
<body>
<?php
if (!@$fp=fopen("coun.txt","r")){ //以只读方式打开 coun.txt 文件
    echo "coun.txt 文件创建成功! <br/>";
}
@$num = fgets($fp,12);              //读取 11 位数字
if ($num=="") $num=0;              //如果文件的内容为空，初始化为 0
$num++;                            //浏览次数加 1
@fclose($fp);                      //关闭文件
$fp = fopen("coun.txt", "w");      //以只写方式打开 coun.txt 文件
fwrite($fp,$num);                  //写入加 1 后的结果
fclose($fp);                       //关闭文件
echo "您是第".$num."位浏览者!";    //浏览器输出浏览次数
?>
</body>
</html>
```

程序第一次运行时，结果如图 13-24 所示。多次刷新页面后，即可看到数字发生了变化，如图 13-25 所示。

由结果可以看出，该程序首先创建了一个 count.txt 文本文件，用于保存浏览次数；接着，打开这个文件，将数据初始化为 0，并实现加 1 操作。

图 13-24　程序第一次运行的结果　　　　图 13-25　多次刷新页面后的结果

13.7　疑 难 解 惑

疑问 1：如何批量上传多个文件？

答：本章讲述了如何上传单个文件，那么如何上传多个文件呢？用户只需要在表单中使用与复选框相同的数组式提交语法即可。

提交的表单语句如下：

```
<form method="post" action="13.5.php" enctype="multipart/form-data">
    <table border=0 cellspacing=0 cellpadding=0 align=center width="100%">
        <tr>
            <td>
                <input name="userfile[]" type="file"  value="浏览 1" />
                <input name="userfile[]" type="file"  value="浏览 2" />
                <input name="userfile[]" type="file"  value="浏览 3" />
                <input type="submit" value="上传" name="B1" />
            </td>
        </tr>
    </table>
</form>
```

疑问 2：如何从文件中读取一行？

答：在 PHP 网站开发中，支持从文件指针中读取一行。使用 string fgets(int handle[,int length])函数即可实现上述功能。其中 int handle 是要读入数据的文件流指针，由 fopen()函数返回数值；int length 设置读取的字符个数，读入的字符个数为 length-1。如果没有指定 length，则默认为 1024 个字节。

疑问 3：如何获取文件或目录的权限？

答：PHP 提供的 fileperms()函数可以返回文件或目录的权限。如果成功，则返回文件的访问权限。如果失败，则返回 false。语法格式如下：

```
fileperms($filename)
```

其中参数$filename 为需要检查的文件名。

第 14 章

主流的编程思想——面向对象编程

面向对象编程是现在编程的主流，PHP 也不例外。面向对象(object-oriented)，不同于面向过程(process-oriented)，它用类、对象、关系、属性等一系列东西来提高编程的效率。它主要的特性是可封装性、可继承性和多态性。本章主要讲述面向对象的相关知识。

14.1　类和对象的介绍

面向对象编程的主要好处就是把编程的重心从处理过程转移到了对现实世界实体的表达。这十分符合人们的普通思维方法。

类(Class)和对象(Object)并不难理解。试想一下，在日常生活中，自然人对事物的认识，一般是由看到的、感受到的实体对象(日常生活中的吃、穿、住、用)归纳出来的或者抽象出来的类特征，这就是人们认识世界的过程。

然而，程序编写者需要在计算机的世界中再造一个虚拟的"真实世界"。那么，在这里，程序员就要像"造物主"一样思考。就要先定义"类"，然后再由"类"产生一个个"实体"，也就是一个个"对象"。

有这样的情况：过年的时候，有的地方要制作"点心"，点心一般会有鱼、兔、狗等生动的形状。而这些不同的形状是由不同的"模具"做出来的。那么，在这里，鱼、兔、狗的一个个不同的点心就是实体，则最先刻好的"模具"就是类。要明白一点，这个"模具"指的是被刻好的"形状"，而不是制作"模具"的材料。如果你能像造物主一样用意念制作出一个个点心。那么，你的意念的"形状"就是"模具"。

OOP 是面向对象编程(Object-oriented Programming)的英文缩写。对象(Object)在 OOP 中是由属性和操作组成的。属性(Attribute)是对象的特性或是与对象关联的变量。操作(Operation)是对象中的方法(Method)或函数(Function)。

由于 OOP 中最为重要的特性之一就是可封装性，所以对 Object 内部数据的访问，只能通过对象的"操作"来完成，这也被称为对象的"接口"(Interfaces)。

因为类是对象的模板，所以类描述了它的对象的属性和方法。

另外，面向对象编程具有以下三大特点。

1. 封装性

将类的使用和实现分开管理，只保留类的接口，这样开发人员就不用去知道类的实现过程，只需要知道如何使用类即可，从而提高了开发效率。

2. 继承性

继承是面向对象软件技术中的一个概念。如果一个类 A 继承自另一个类 B，就把这个 A 称为"B 的子类"，而把 B 称为"A 的父类"。继承可以使得子类具有父类的各种属性和方法，而不需要再次编写相同的代码。在子类继承父类的同时，可以重新定义某些属性，并重写某些方法，即覆盖父类的原有属性和方法，从而获得与父类不同的功能。另外，还可以为子类追加新的属性和方法。继承可以实现代码的可重用性，简化了对象和类的创建过程。另外，PHP 支持单继承，也就是一个子类只能有一个父类。

3. 多态性

多态是面向对象程序设计的重要特征之一，是扩展性在"继承"之后的又一重大表现。同一操作作用于不同类的实例，将产生不同的执行结果，即不同类的对象收到相同的消息时，将得到不同的结果。

14.2　类的基本操作

类是面向对象中最为重要的概念之一，是面向对象设计中最基本的组成模块。类可以简单地视为一种数据结构，在类中的数据和函数称为类的成员。

14.2.1　类的声明

在 PHP 中，声明类的关键字是 class，声明格式如下：

```php
<?php
权限修饰符 class 类名{
    类的内容；
}
?>
```

其中，权限修饰符是可选项，常见的修饰符包括 public、private 和 protected。创建类时，可以省略权限修饰符，此时默认的修饰符为 public。3 种权限修饰符的区别如下。

(1) 一般情况下，属性和方法默认是 public 的，这意味着一般的属性和方法从类的内部和外部都可以访问。

(2) 用关键字 private 声明的属性和方法，则只能从类的内部访问。也就是说，只有类内部的方法可以访问用此关键字声明的类的属性和方法。

(3) 用关键字 protected 声明的属性和方法，也是只能从类的内部访问。但是，通过"继承"而产生的"子类"，也可以访问这些属性和方法。

例如，定义一个学生为公共类，代码如下：

```php
public class Student {
    //类的内容
}
```

14.2.2　成员属性

成员属性是指在类中声明的变量。在类中可以声明多个变量，所以对象中可以存在多个成员属性，每个变量将存储不同的对象属性信息。

例如以下定义：

```php
public class Student {
    public $name; //类的成员属性
}
```

成员属性必须使用关键词进行修饰，常见的关键词包括 public、protected、private 等。

如果没有特定的意义，仍然需要 var 关键词修饰。另外，在声明成员属性时，可以不进行赋值操作。

14.2.3　成员方法

成员方法是指在类中声明的函数。由于在类中可以声明多个函数，所以对象中可以存在多个成员方法。类的成员方法可以通过关键字进行修饰，从而控制成员方法的使用权限。

定义成员方法的例子如下：

```
class Student {
    public $name;              //类的成员属性
    function GetIp(){
        //方法的内容
    }
}
```

14.2.4　类的实例化

面向对象编程的思想是一切皆为对象。类是对一个事物抽象出来的结果，因此，类是抽象的。对象是某类事物中具体的那个，因此，对象就是具体的。例如，学生就是一个抽象概念，即学生类，但是姓名叫张三的就是学生类中具体的一个学生，即对象。

类和对象可以描述为如下关系。类用来描述具有相同数据结构和特征的"一组对象"。"类"是"对象"的抽象，而"对象"是"类"的具体实例，即一个类中的对象具有相同的"型"，但其中每个对象却具有各不相同的"值"。

> **注意**　类是具有相同或相仿结构、操作和约束规则的对象组成的集合，而对象是某一类的具体化实例，每一个类都是具有某些共同性的对象的抽象。

类的实例化格式如下：

```
$变量名 = new 类名称([参数]);        //类的实例化
```

其中，**new**为创建对象的关键字，"$变量名"返回对象的名称，用于引用类中的方法。参数是可选的，如果存在参数，则用于指定类的构造方法初始化对象使用的值；如果没有定义构造函数参数，PHP会自动创建一个不带参数的默认构造函数。

例如下面的例子：

```
class Student {
    public $name;              //类的成员属性
    function GetIp(){
        //方法的内容;
    }
}
$lili = new Student();           //类的实例化
$liufei = new Student();         //类的实例化
$zhangming = new Student();      //类的实例化
$wangyi = new Student();         //类的实例化
```

上面的例子实例化了4个对象，并且这4个对象之间没有任何联系，只能说明是源于同一个类。可见，一个类可以实例化多个对象，每个对象都是独立存在的。

14.2.5 访问类中的成员属性和方法

通过对象的引用，可以访问类中的成员属性和方法，这需要使用特殊的运算符 "->"。具体的语法格式如下：

```
$变量名 = new 类名称();          //类的实例化
$变量名->成员属性 = 值;          //为成员属性赋值
$变量名->成员属性               //直接获取成员的属性值
$变量名->成员方法               //访问对象中指定的方法
```

另外，程序员还可以使用一些特殊的访问方法。

1. $this

$this 存在于类的每一个成员方法中，它是一个特殊的对象引用方法。成员方法属于哪个对象，$this 引用就代表哪个对象，主要作用是专门完成对象内部成员之间的访问。

2. 操作符 "::"

操作符 "::" 可以在没有任何声明实例的情况下访问类中的成员。使用的语法格式如下：

```
关键字::变量名/常量名/方法名
```

其中关键字主要包括 parent、self 和类名 3 种。parent 关键字表示可以调用父类中的成员变量、常量和成员方法。self 关键字表示可以调用当前类中的常量和静态成员。类名关键字表示可以调用本类中的常量、变量和方法。

以下例子介绍类的声明和实例生成，其中将描述网上商城的客户信息，包括客户姓名和订单价格。

【例 14.1】类的声明和实例生成(示例文件 ch14\14.1.php)。

```php
<?php
class guests{
    private $name;
    private $orderprice;
    function setname($name){
        $this->name = $name;
    }
    function getname(){
        return $this->name;
    }
    function setorderprice ($orderprice){
        $this->orderprice= $orderprice;
    }
    function getorderprice (){
        return $this->orderprice;
    }
};
$aa = new guests;
$aa->setname("张飞");
$aa->setorderprice ("126元");
```

```
$bb =new guests;
$bb->setname("王蒙");
$bb->setorderprice("345 元");
echo $aa->getname()."\t".$aa->getorderprice ()."<br/>";
echo $bb->getname()."\t".$bb->getorderprice ();
?>
```

程序运行结果如图 14-1 所示。

【案例剖析】

(1) 用 class 关键字声明了一个类,这个类的
名称是 guests。在大括号内写入类的属性和方
法。其中 private $name、private $orderprice 为类
guests 的自有属性,用 private 关键字声明。也就
是说,只有在类内部的方法可以访问它们,类外
部是不能访问的。

图 14-1　类的声明和实例生成

(2) function setname($name)、function getname()、function setorderprice ($orderprice)、
function getorderprice ()是类的方法,它们可以对 private $name、private $orderprice 这两个属性
进行操作。$this 是对类本身的引用。用 "->" 连接类属性,格式如$this->name、$this-
>orderprice。

(3) 用 new 关键字生成一个对象,格式为$aa = new Classname,它的对象名是$aa。当程
序通过 new 生成一个类 guests 的实例,也就是对象$aa 的时候,对象$aag 就拥有了类 guests
的所有属性和方法。然后就可以通过 "接口",也就是这个对象的方法(即类的方法的副本)来
对对象的属性进行操作。

(4) 通过接口 setname($name)给实例 $aa 的 $name 属性赋值为 "张飞",通过
setorderprice ($orderprice)给实例$aa 的$orderprice 属性赋值为 "126 元"。同样道理,通过接
口操作了实例$bb 的属性。最后通过接口 getname()、getorderprice ()返回不同的两个实例的
$name 属性和$orderprice 属性,并且打印出结果。

14.3　构造方法和析构方法

构造方法存在于每个声明的类中,主要作用是执行一些初始化任务。如果类中没有直接
声明构造方法,那么类会默认地生成一个没有参数且内存为空的构造方法。

在 PHP 中,声明构造方法的方式有两种,在 PHP 5 版本之前,构造方法的名称必须与类
名相同;从 PHP 5 版本开始,构造方法的方法名称必须是两个下划线开头的,即_xonstruct。
具体的语法格式如下:

```
function _construct([mixed args]){
    //方法的内容
}
```

一个类只能声明一个构造方法。构造方法中的参数是可选的,如果没有传入参数,那么
将使用默认参数为成员变量进行初始化。

在例 14.1 中，对实例$aa 的$name 属性赋值时还需要通过使用接口 setname($name)进行操作，如$aa->setname("王蒙")。如果想在生成实例$aa 的同时就对此实例的属性$name 进行赋值，该怎么办呢？

这时就需要构造方法_construct()了。这个函数的特性是，当通过关键字 new 生成实例的时候，它就会被调用执行，它的用途经常就是对一些属性进行初始化，也就是对一些属性进行初始化的赋值。

下面通过例子介绍构造方法的使用方法和技巧。

【例 14.2】使用构造方法(示例文件 ch14\14.2.php)。

```php
<?php
class guests{
    private $name;
    private $orderprice;
    function _construct($name,$orderprice){
    $this->name = $name;
    $this->orderprice =$orderprice;
    }
    function getname(){
        return $this->name;
    }
    function getorderprice (){
    return $this->orderprice;
    }
};
$aa = new guests("王蒙","135 元");
$bb = new guests("刘飞","835 元");
echo $aa->getname()."\t".$aa->getorderprice ()."<br/>";
echo $bb->getname()."\t".$bb->getorderprice ();
?>
```

程序运行结果如图 14-2 所示。

要记住的是，构造方法是不能返回(return)值的。

有构造方法，就有它的反面"析构方法"(destructor)。它是在对象被销毁的时候被调用执行的。但是因为 PHP 在每个请求的最终都会把所有资源释放，所以析构方法的意义是有限的。具体使用的语法格式如下：

图 14-2 使用构造方法

```
function_destruct(){
    //方法的内容，通常是完成一些在对象销毁前的清理任务
}
```

PHP 具有垃圾回收机制，可以自动清除不再使用的对象，从而释放更多内存。析构方法是在垃圾回收程序执行前被调用的方法，是 PHP 编程中的可选内容。

不过，析构方法在某些特定行为中还是有用的，比如在对象被销毁时清空资源或者记录日志信息。

以下两种情况中,析构方法可能被调用执行。

(1) 代码运行时,当所有的对于某个对象的 reference(引用)被毁掉的情况下。

(2) 当代码执行到最终,并且 PHP 停止请求的时候。

14.4 访 问 器

另外一个很好用的函数是访问方法(accessor),又称访问器。由于 OOP 思想并不鼓励直接从类的外部访问类的属性,以强调封装性,所以可以使用_get 和_set 方法来达到此目的。无论何时,类属性被访问和操作时,访问方法都会被激发。通过使用它们,可以避免直接对类属性的访问。

下面通过例子介绍访问器的使用方法和技巧。

【例 14.3】使用访问器(示例文件 ch14\14.3.php)。

```php
<?php
class guests{
    public $property;
    function _set($propName,$propValue){
        $this->$propName = $propValue;
    }
    function _get($propName){
        return $this->$propName;
    }
};
$aa = new guests;
$aa->name = "刘明明";
$aa->orderprice = "126元";
$bb = new guests;
$bb->name = "王鹏飞";
$bb->counts="13件";
$bb-> orderprice= "365元";
echo $aa->name."的订单总价格为: ".$aa->orderprice."<br />";
echo $bb->name." 的商品个数为: ".$bb->counts
             .",订单总价格为: ".$bb->orderprice."<br />";
?>
```

程序运行结果如图 14-3 所示。

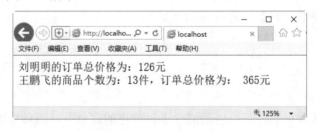

图 14-3 使用访问器

【案例剖析】

(1) $aa 为类 guest 的实例。直接添加属性 name 和 orderprice,并且赋值。例如$xiaoshuai-

>name = "刘小帅"和 $aa-> orderprice = "126 元"，此时，类 guest 中的_set 函数被调用。$bb 实例为同样的过程。另外，$bb 实例添加了一个对象属性 counts。

(2) echo 命令中使用到的对象属性，如$aa->name 等，则是调用了类 guest 中的_get 函数。

(3) 此例中，_set 方法的语法格式如下：

```
function __set($propName,$propValue){
    $this->$propName = $propValue;
}
```

_get 方法的语法格式如下：

```
function __get($propName){
    return $this->$propName;
}
```

其中，$propName 为属性名，$propValue 为属性值。

14.5 类 的 继 承

继承(Inheritance)是 OOP 中最为重要的特性与概念。父类拥有其子类的公共属性和方法。子类除了拥有父类具有的公共属性和方法外，还拥有自己独有的属性和方法。

PHP 使用关键字 extends 来确认子类和父类，实现子类对父类的继承。

具体的语法格式如下：

```
class 子类名称 extends 父类名称{
    //子类成员变量列表
    function 成员方法(){            //子类成员方法
            //方法内容
    }
}
```

下面通过例子介绍类的继承方法。

【例 14.4】使用类继承(示例文件 ch14\14.4.php)。

```
<?php
class Vegetables{
    var $tomato = "西红柿";               //定义变量
    var $cucumber = "黄瓜";
};
class VegetablesType extends Vegetables{    //类之间继承
    var $potato = "马铃薯";                //定义子类的变量
    var $radish = "萝卜";
};
$vegetables = new VegetablesType();        //实例化对象
echo "我最爱的蔬菜：".$vegetables->tomato.", ".$vegetables->cucumber
                ." , ".$vegetables-> potato." , ".$vegetables-> radish;
?>
```

程序运行结果如图 14-4 所示。

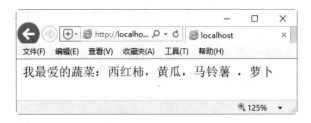

图 14-4　使用类继承

【案例剖析】

从结果可以看出，本例创建了一个蔬菜父类，子类通过关键字 extends 继承了蔬菜父类中的成员属性，最后对子类进行了实例化操作。

14.6　抽象类和接口

抽象类和接口都是特殊的类，因为它们都不能被实例化。下面主要讲述两者的使用方法和技巧。

14.6.1　抽象类

抽象类只能作为父类使用，因为抽象类不能被实例化。抽象类使用关键字 abstract 来声明，具体的语法格式如下：

```
abstract class 抽象类名称{
    //抽象类的成员变量列表
    abstract function 成员方法1(参数);          //抽象类的成员方法
    abstract function 成员方法2(参数);          //抽象类的成员方法
}
```

抽象类与普通类的主要区别在于，抽象类的方法没有方法内容，而且至少包含一个抽象方法。另外，抽象方法也必须使用关键字 abstract 来修饰，而且抽象方法后必须有分号。

【例 14.5】使用抽象类(示例文件 ch14\14.5.php)。

```php
<?php
abstract class MyObject{
    abstract function service($getName,$price,$num);
}
class MyGoods extends MyObject{
    function service($getName,$price,$num){
        echo '您购买的商品是'.$getName.'，该商品的价格是：'.$price.' 元。';
        echo '您购买的数量为：'.$num.' 件。';
    }
}
class MyComputer extends MyObject{
    function service($getName,$price,$num){
        echo '您购买的商品是'.$getName.'，该商品的价格是：'.$price.' 元。';
        echo '您购买的数量为：'.$num.' 件。';
```

```
    }
}
$book = new MyGoods();
$computer = new MyComputer();
$book -> service('海尔洗衣机',3200,2);
echo '<p>';
$computer -> service('创维电视',12000,10);
?>
```

程序运行结果如图 14-5 所示。

图 14-5　使用抽象类

14.6.2　接口

继承特性简化了对象、类的创建，增加了代码的可重用性。但是 PHP 只支持单继承，如果想实现多继承，就需要使用接口。PHP 可以实现多个接口。

接口类通过关键字 interface 来声明。接口中不能声明变量，只能使用关键字 const 声明为常量的成员属性。接口中声明的方法必须是抽象方法。并且接口中所有的成员都必须是 public 的访问权限。

具体的使用语法格式如下：

```
interface 接口名称{              //使用 interface 关键字声明接口
    //常量成员                  //接口中的成员只能是常量
    //抽象方法                  //成员方法必须是抽象方法
}
```

与继承使用 extends 关键字不同的是，实现接口使用的是 implements 关键字：

```
class 实现接口的类 implements 接口名称
```

实现接口的类必须实现接口中声明的所有方法，除非这个类被声明为抽象类。

【例 14.6】类之间的继承关系及接口应用(示例文件 ch14\14.6.php)。

```
<?php
 interface Intgoods{
    //这两个方法必须在子类中继承,修饰符必须为 public
    public function getName();
    public function getPrice();
}
class goods implements Intgoods{
    private $name = '海尔洗衣机';
    private $price = '2888 元';
```

```
    //具体实现接口声明的方法
    public function getName(){
        return $this->name;
    }
    public function getPrice(){
        return $this->price;
    }
    //这里还可以有自己的方法
    public function getOther(){
        return '这是最新采购的商品';
    }
}
$goods = new goods();
echo $goods->getName();
echo '<br/>';
echo $goods->getPrice();
echo '<br/>';
echo $goods->getOther();
?>
```

程序运行结果如图 14-6 所示。

【案例剖析】

(1) 声明接口 Intgoods，然后定义了两个方法 getName()和 getPrice()，分别用来获取商品的名称和价格。

(2) 实现接口的类 goods 使用的是 implements 关键字。然后具体实现了两个方法 getName()和 getPrice()。另外，还定义了自己的方法 getPrice()。

图 14-6　类之间的继承关系及接口应用

通过上面的学习，可以总结出如下的要点。

(1) 在 PHP 中，类的继承只能是单独继承，也即是由一个父类(基类)继承下去，而且可以一直继承下去。PHP 不支持多重继承，即不能由一个以上的父类进行继承，也即是类 C 不能同时继承类 A 和类 B。

(2) 由于 PHP 不支持多重继承，为了对特定类的功能的拓展，就可以使用接口(interface)来实现类似于多重继承的好处。接口用 interface 关键字来声明，并且单独设立接口方法。

(3) 一个类可以继承于一个父类，同时使用一个或多个接口。类还可以直接继承于某个特定的接口。

(4) 类、类的属性和方法的访问，都可以通过放在属性和类的前面的访问修饰符进行控制。public 为公共属性或方法；private 为私有属性或方法；protected 为受保护的可继承属性或方法。

(5) 关键字 final 放在特定的类前面，表示此类不能再被继承。final 放在某个类方法的前面，表示此方法不能在继承后被"覆写"或重新定义。

14.7　面向对象的多态性

多态性是指同一操作作用于不同类的实例，将产生不同的执行结果，即不同类的对象收到相同的消息时，得到不同的结果。在 PHP 中，实现多态的方法有两种，包括通过继承实现多态和通过接口实现多态。

14.7.1　通过继承实现多态

通过继承可以实现多态的效果。下面通过一个例子来理解实现多态的方法。

【例 14.7】通过继承实现多态(示例文件 ch14\14.7.php)。

```php
<?php
abstract class Vegetables{                      //定义抽象类 Vegetables
    abstract function go_Vegetables();          //定义抽象方法 go_Vegetables
}
class Vegetables_potato extends Vegetables{     //马铃薯类继承蔬菜类
    public function go_Vegetables(){            //重写抽象方法
        echo "我们开始种植马铃薯" ;             //输出信息
    }
}
class Vegetables_radish extends Vegetables{     //萝卜类继承蔬菜类
    public function go_Vegetables(){            //重写抽象方法
        echo "我们开始种植萝卜" ;
    }
}
function change($obj){                          //自定义方法根据对象调用不同的方法
    if($obj instanceof Vegetables){
        $obj->go_Vegetables();
    }else{
        echo "传入的参数不是一个对象";          //输出信息
    }
}
echo "实例化 Vegetables_potato: ";
change(new Vegetables_potato());                //实例化 Vegetables_potato
echo "<br>";
echo "实例化 Vegetables_ radish: ";
change(new Vegetables_radish());                //实例化 Vegetables_radish
?>
```

程序运行结果如图 14-7 所示。

图 14-7　通过继承实现多态

【案例剖析】

从结果可以看出，本例创建了一个抽象类 Vegetables，用于表示各种蔬菜的种植方法，然后让子类继承这个 Vegetables。

14.7.2 通过接口实现多态

下面通过接口的方式实现与前面的示例一样的效果。

【例 14.8】通过接口实现多态(示例文件 ch14\14.8.php)。

```php
<?php
interface Vegetables{                              //定义接口 Vegetables
    public function go_Vegetables();               //定义接口方法
}
//Vegetables_potato 实现 Vegetables 接口
class Vegetables_potato implements Vegetables{
    public function go_Vegetables(){               //定义 go_Vegetables 方法
        echo "我们开始种植马铃薯" ;                 //输出信息
    }
}
//Vegetables_radish 实现 Vegetables 接口
class Vegetables_radish implements Vegetables{
    public function go_Vegetables(){               //定义 go_Vegetables 方法
        echo "我们开始种植萝卜" ;                   //输出信息
    }
}
function change($obj){                             //自定义方法根据对象调用不同的方法
    if($obj instanceof Vegetables ){
        $obj->go_Vegetables();
    }else{
        echo "传入的参数不是一个对象";              //输出信息
    }
}
echo "实例化 Vegetables_potato: ";
change(new Vegetables_potato());                   //实例化 Vegetables_potato
echo "<br>";
echo "实例化 Vegetables_ radish: ";
change(new Vegetables_radish());                   //实例化 Vegetables_radish
?>
```

程序运行结果如图 14-8 所示。

图 14-8　通过接口实现多态

【案例剖析】

从结果可以看出，本例创建 Vegetables 接口，然后定义一个空方法 go_Vegetables()，接着定义 Vegetables_potato 和 Vegetables_radish 子类继承 Vegetables 接口。最后通过 instanceof
关键字检查对象是否属于 Vegetables 接口。

14.8　PHP 7 的新变化——支持匿名类

PHP 7 支持通过 new class 来实例化一个匿名类。所谓匿名类，是指没有名称的类，只能
在创建时用 new 语句来声明它们。

下面通过案例来对比 PHP 7 和 PHP 7 之前版本的区别和联系。代码如下：

```php
<?php
interface Logger {
  public function log(string $msg);
}

class Application {
  private $logger;

public function getLogger(): Logger {
    return $this->logger;
  }

  public function setLogger(Logger $logger) {
    $this->logger = $logger;
  }
}

$app = new Application;
// 使用 new class 创建匿名类
$app->setLogger(new class implements Logger {
  public function log(string $msg) {
    print($msg);
  }
});

$app->getLogger()->log("北方有佳人，绝世而独立。一顾倾人城，再顾倾人国。宁不知倾城与
倾国？佳人难再得。");
?>
```

程序运行结果如图 14-9 所示。

图 14-9　使用匿名类

14.9 疑 难 解 惑

疑问 1: 如何理解 "(a < b)? a : b" 的含义?

答: 这是条件控制语句, 是 if 语句的单行表示法。它的语法格式如下:

(条件判断语句)? 判断为 true 的行为 : 判断为 false 的行为

if 语句的单行表示方式的好处是, 可以直接对条件判断的结果的返回值进行处理。例如, 可以直接把返回值赋值给变量: $variable = (a<b)? a : b。如果 a<b 的结果为 true, 则此语句返回 a, 并且直接赋值给$variable; 如果 a<b 的结果为 false, 则此语句返回 b, 并且直接赋值给$variable。

这种表示方法可以节约代码的输入量, 更重要的是可以提高代码执行的效率。由于 PHP 代码执行是对代码由上至下的一个过程, 所以代码的行数越少, 越能节约代码读取的时间。像这样在一行语句中就能对情况做出判断, 并且对代码返回值进行处理, 无疑是一种效率相当高的代码组织方式。

疑问 2: 如何区分抽象类和类的不同之处?

答: 抽象类是类的一种, 通过在类的前面增加关键字 abstract 来表示。抽象类是仅仅用来继承的类。通过 abstract 关键字声明, 就是告诉 PHP, 这个类不再用于生成类的实例, 仅仅是用来被其子类继承的。可以说, 抽象类只关注于类的继承。抽象方法就是在方法前面添加关键字 abstract 声明的方法。抽象类中可以包含抽象方法。一个类中只要有一个方法通过关键字 abstract 声明为抽象方法, 则整个类都要声明为抽象类。然而, 特定的某个类即便不含抽象方法, 也可以通过 abstract 声明为抽象类。

第 15 章
提升网站安全的武器——PHP 加密技术

从互联网诞生起，网站安全问题始终是一个困扰网站开发者的问题，尤其是网站数据的安全性显得尤为重要。为此，PHP 提供了一些加密技术，实质上是一些比较复杂的加密算法。加密函数主要是对原来为明文的文件或数据按某种加密算法进行处理，使其成为一段不可读的代码，通过这样的途径来达到保护数据不被非法窃取、阅读的目的。常见的加密算法有 MD5 和 SHA 等。开发者可以通过这些加密算法创建自己的加密函数。本章主要介绍 PHP 加密技术中各个函数的使用方法和技巧。

15.1　使用 PHP 加密函数

在 PHP 中，常用的加密函数包括 md5()函数、sha1()函数和 crypt()函数。下面主要介绍这些加密函数的使用方法和技巧。

15.1.1　实例 1——使用 md5()函数进行加密

MD5 是 Message-Digest Algorithm 5(信息-摘要算法)的缩写，它的作用是把任意长度的信息作为输入值，并将其换算成一个 128 位长度的"指纹信息"或"报文摘要"值来代表这个输入值，并以换算后的值作为结果。

md5()函数就是使用的 MD5 算法，其语法格式如下：

```
string md5(string str[,bool raw_output]);
```

上述代码中的参数 str 为需要加密的字符串。参数 raw_output 是可选的，默认值为 false；如果设置为 true，则该函数将返回一个二进制形式的密文。

【例 15.1】使用 md5()函数(示例文件 ch15\15.1.php)。

```php
<?php
echo '使用md5()函数加密字符串 password: ';
echo md5('password');
?>
```

程序运行结果如图 15-1 所示。

图 15-1　使用 md5()函数

 目前很多网站注册用户的密码都是首先使用 MD5 进行加密，然后将密码保存到数据库中。当用户登录时，程序把用户输入的密码计算成 MD5 值，然后和数据库中保存的 MD5 值进行对比，这种方法可以保护用户的个人隐私，提高安全性。

15.1.2　实例 2——使用 crypt()函数进行加密

crypt()函数主要完成单向加密功能，其语法格式如下：

```
string crypt()(string str[,string salt]);
```

其中的参数 str 为需要加密的字符串；参数 salt 是可选的，表示加密时使用的干扰串，如果不设置该参数，则会随机生成一个干扰串。crypt()函数支持 4 种算法和长度，如表 15-1 所示。

表 15-1　crypt()函数支持 4 种算法和 salt 参数的长度

算　法	salt 参数的长度
CRYPT_STD_DES	2-character(默认)
CRYPT_EXT_DES	9-character
CRYPT_MD5	12-character(以1开头)
CRYPT_BLOWFISH	16-character(以2开头)

【例 15.2】使用 crypt()函数(示例文件 ch15\15.2.php)。

```php
<?php
    $str = '清水出芙蓉，天然去雕饰';              //声明字符串变量$str
    echo '$str 加密前的值为：'.$str;
    $cry = crypt($str);                          //对变量$str 加密
    echo '<p>$str 加密后的值为：'.$cry;          //输出加密后的变量
?>
```

程序运行结果如图 15-2 所示。

图 15-2　使用 crypt()函数

按 F5 键刷新页面，程序运行结果如图 15-3 所示。

图 15-3　刷新页面后的运行结果

从结果可以看出，每次生成的加密结果都不相同。如果想让加密结果相同，就需要设置参数 salt 的值。

15.1.3 实例 3——使用 sha1()函数进行加密

sha1()函数使用的是 SHA 算法。SHA 是 Secure Hash Algorithm(安全哈希算法)的缩写,该算法和 MD5 算法类似。sha1()函数的语法格式如下:

```
string sha1()(string str[,bool raw_output]);
```

其中的参数 str 为需要加密的字符串。参数 raw_output 是可选的,默认为 false,此时该函数返回一个 40 位的十六进制数;如果 raw_output 为 true,则返回一个 20 位的二进制数。

【例 15.3】使用 md5()函数和 sha1()函数(示例文件 ch15\15.3.php)。

```php
<?php
echo '使用 md5()函数加密字符串 password: ';
echo md5('password');
echo '使用 sha1 ()函数加密字符串 password: ';
echo sha1 ('password');
?>
```

程序运行结果如图 15-4 所示。

图 15-4　使用 md5()函数和 sha1()函数

15.2　使用 PHP 加密扩展库

除了可以使用上面 3 个常见的加密函数以外,读者还可以使用功能更全面的加密库 Mcrypt 和 Mhash。

15.2.1 实例 4——安装和使用 Mcrypt 扩展库

Mcrypt 扩展库可以实现加密和解密功能,就是既能将明文加密,也可以将密文还原。Mcrypt 库支持 20 多种加密算法和 8 种加密模式。Mcrypt 支持的算法有:cast-128、gost、rijndael-128、twofish、arcfour、cast-256、oki97、rijndael-192、saferplus、wake、blowfish-compat、des、rijndael-256、serpent、xtea、blowfish、enigma、rc2、tripledes 等。Mcrypt 支持的加密模式有:cbc、cfb、ctr、ecb、ncfb、nofb、ofb 和 stream。这些算法和模式在应用中要以常量来表示,写的时候加上前缀 MCRYPT_和 MCRYPT_MODE_来表示,如下面 Mcrypt 应用的例子。

(1) DES 算法表示为：MCRYPT_DES。

(2) ECB 模式表示为：MCRYPT_MODE_ECB。

安装 Mcrypt 扩展库的方法比较简单，在 PHP 的主目录下找到 libmcrypt.dll 和 libmhash.dll 文件(libmhash.dll 是 Mhash 扩展库，这里也一起安装)，然后将这两个文件复制到系统目录 windows\system32 下，在 php.ini 文件中找到 ";extension=php_mcrypt.dll" ";extension=php_mhash.dll" 语句，去除前面的分号，最后重启服务器，即可使用 Mcrypt 和 Mhash 扩展库。

Mcrypt 库支持 20 多种加密算法和 8 种加密模式。具体可以通过函数 mcrypt_list_algorithms()和 mcrypt_list_modes()来显示。

【例 15.4】显示加密算法和加密模式(示例文件 ch15\15.4.php)。

```php
<?php
    $en_dir = mcrypt_list_algorithms();
    echo "Mcrypt 支持的算法有：";
    foreach($en_dir as $en_value){
        echo $en_value." ";
}
    $mo_dir = mcrypt_list_modes();
    echo "<p>Mcrypt 支持的加密模式有：";
    foreach($mo_dir as $mo_value){
        echo $mo_value." ";
}
?>
```

程序运行结果如图 15-5 所示。

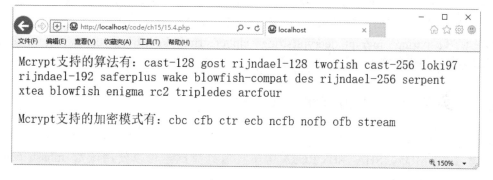

图 15-5　显示加密算法和加密模式

下面通过一个实例来讲解使用 Mcrypt 加密库的方法。

【例 15.5】使用 Mcrypt 加密库(示例文件 ch15\15.5.php)。

```php
<?php
    $str = "浮云游子意 落日故人情";                              //加密内容
    $key = "key:111";                                          //密钥
    $cipher = MCRYPT_DES;                                      //密码类型
    $modes = MCRYPT_MODE_ECB;                                  //密码模式
    $iv = mcrypt_create_iv(mcrypt_get_iv_size($cipher,$modes),MCRYPT_RAND);
                                                               //初始化向量
    echo "加密前内容：".$str."<p>";
    $str_encrypt = mcrypt_encrypt($cipher,$key,$str,$modes,$iv);  //加密函数
```

```
    echo "加密后内容: ".$str_encrypt." <p>";
    $str_decrypt = mcrypt_decrypt($cipher,$key,$str_encrypt,$modes,$iv);
                                                            //解密函数
    echo "还原原始内容: ".$str_decrypt;
?>
```

程序运行结果如图 15-6 所示。

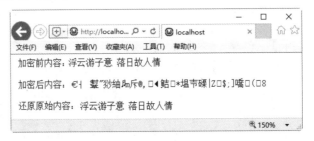

图 15-6　使用 Mcrypt 加密库

【案例剖析】

(1) 函数 string mcrypt_create_iv(int size[,int source])作用是初始化向量，其中 size 指定 iv 的大小，参数 source 为 iv 的源。

(2) 函数 nt mcrypt_get_iv_size(string cipher,string mode)返回初始化向量 iv 的大小。其中参数 cipher 是加密算法，参数 mode 是算法模式。

(3) 函数 string mcrypt_encrypt(string cipher,string key,string data,string mode,string mode[,string iv])的作用是对数据进行加密。其中参数 cipher 是加密算法，参数 key 是密钥，参数 data 是需要加密的数据，参数 mode 是算法模式，参数 iv 是初始化向量。

(4) 函数 string mcrypt_decrypt(string cipher,string key,string data,string mode,string mode[,string iv])的作用是对数据进行解密。

15.2.2　实例 5——使用 Mhash 扩展库

前面的章节中讲述了如何安装 Mhash 扩展库，下面主要讲述 Mhash 扩展库的使用方法。Mhash 库支持 MD5、SHA 和 CRC32 等多种散列算法，可以使用函数 mhash_count()和 mhash_hash_name()来显示。

【例 15.6】显示 Mhash 库支持的多种散列算法(示例文件 ch15\15.6.php)。

```
<?php
$num = mhash_count();                                //函数返回最大的 hash id
echo "Mhash 库支持的算法有: ";
for($i = 0; $i <= $num; $i++){
    echo $i."=>".mhash_get_hash_name($i)."  ";       //输出每一个 hash id 的名称
}
?>
```

程序运行结果如图 15-7 所示。

图 15-7　显示 Mhash 库支持的多种散列算法

Mhash 加密库中包含 5 个函数，除了上面实例中的 2 个函数以外，另外 3 个函数分别如下。

(1) mhash_get_block_size()函数，该函数主要用来获取参数 hash 的区块大小，语法格式如下：

```
int mhash_get_block_size(int hash)
```

(2) mhash()函数，该函数返回一个哈希值，语法格式如下：

```
string mhash(int hash,string data[,string key])
```

其中参数 hash 为要使用的算法；参数 data 为要加密的数据；参数 key 是加密时需要的密钥。

(3) mhash_keygen_s2k()函数，该函数将根据参数 password 和 salt 返回一个长度为 1 字节的 key 值。参数 hash 为要使用的算法。其中 salt 为一个固定 8 字节的值，如果用户给出的数值小于 8 字节，将用 0 补齐。

【例 15.7】生成校验码(示例文件 ch15\15.7.php)。

```php
<?php
    $str = '清水出芙蓉';
    $hash = 3;
    $password = '121';
    $salt = '1234';
    $key = mhash_keygen_s2k(1,$password,$salt,10);
    $str_mhash = bin2hex(mhash($hash,$str,$key));
    echo "清水出芙蓉的校验码是: ".$str_mhash;
?>
```

程序运行结果如图 15-8 所示。该实例使用 mhash_keygen_s2k()函数生成一个校验码，然后使用 bin2hex()函数将二进制结果转换为十六进制。

图 15-8　生成校验码

15.3　疑　难　解　惑

疑问 1：对称加密和非对称加密的区别是什么？

答：对称加密技术的特点如下。

(1)　加密方和解密方使用同一个密钥。

(2)　加密和解密的速度比较快，适合数据比较长时使用。

(3)　密钥传输的过程不安全，且容易被破解。密钥管理也比较麻烦。

非对称加密技术的特点如下。

(1)　每个用户拥有一对密钥加密：公钥和私钥。

(2)　公钥加密，私钥解密；私钥加密，公钥解密。

(3)　公钥传输的过程不安全，易被窃取和替换。

(4)　由于公钥使用的密钥长度非常长，所以公钥加密速度非常慢，一般不使用其加密。

(5)　某一个用户用其私钥加密，其他用户用其公钥解密，实现数字签名的作用。

由于非对称加密算法的运行速度比对称加密算法的速度慢很多，当需要加密大量的数据时，建议采用对称加密算法，提高加解密速度。对称加密算法不能实现签名，因此签名只能使用非对称算法。

由于对称加密算法的密钥管理是一个复杂的过程，密钥的管理直接决定着它的安全性，因此当数据量很小时，可以考虑采用非对称加密算法。

疑问 2：crypt()函数中的干扰串长度如何规定？

答：在默认情况下，crypt()函数中使用两个字符的 DES 干扰串。如果系统使用的是 MD5，则会使用一个 12 个字符的干扰串。读者可以通过 CRYPT_SALT_LENGTH 变量来查看当前的干扰串的长度。

第 3 篇

高 级 技 能

第 16 章

管理 MySQL 的利器
——phpMyAdmin
操作 MySQL 数据库

　　要使一个网站达到互动效果，不是让网页充满了动画和音乐，而是当浏览者对网页提出要求时能出现响应的结果。这样的效果大多需要搭配数据库的使用，让网页读出保存在数据库中的数据，显示在网页上。因为每个浏览者对于某个相同的网页所提出的要求不同，显示出的结果也不同，这才是真正的互动网站。由于 WampServer 集成环境已经安装好了 MySQL 数据库，通过 phpMyAdmin 即可管理 MySQL 数据库，更重要的是，操作非常简单。

16.1 什么是 MySQL

MySQL 是一个小型关系数据库管理系统，与其他大型数据库管理系统(如 Oracle、DB2、SQL Server 等)相比，MySQL 规模小、功能有限，但是它体积小、速度快、成本低，且提供的功能对稍微复杂的应用来说已经够用。这些特性使得 MySQL 成为世界上最受欢迎的开放源代码数据库。

16.1.1 客户-服务器软件

主从式结构(Client/Server Model)或客户-服务器(Client/Server)结构，简称 C/S 结构，是一种网络架构。通常在该网络架构下，软件分为客户(Client)和服务器(Server)两个部分。

服务器是整个应用系统资源的存储和管理中心，多个客户端则各自处理相应的功能，共同实现完整的应用。在客户/服务器结构中，客户端用户的请求被传送到数据库服务器，数据库服务器进行处理后，将结果返回给用户，从而减少了网络数据传输量。

用户使用应用程序时，首先启动客户端，通过有关命令告知服务器进行连接，以完成各种操作，而服务器则按照此请示提供相应的服务。每一个客户端软件的实例都可以向一个服务器或应用程序服务器发出请求。

这种系统的特点，就是客户端和服务器程序不在同一台计算机上运行，这些客户端和服务器程序通常归属不同的计算机。

主从式架构通过不同的途径应用于很多不同类型的应用程序。例如，现在人们最熟悉的在因特网上使用的网页。当顾客想要在当当网上买书的时候，电脑和网页浏览器就被当作一个客户端，同时，组成当当网的电脑、数据库和应用程序就被当作服务器。当顾客的网页浏览器向当当网请求搜寻数据库相关的图书时，当当网服务器从当当网的数据库中找出所有该类型的图书信息，结合成一个网页，再发送回顾客的浏览器。服务器端一般使用高性能的计算机，并配合使用不同类型的数据库，比如 Oracle、Sybase 或者 MySQL 等；客户端需要安装专门的软件，比如浏览器。

16.1.2 数据库的原理

在使用数据库之前，用户必须对数据库的构造及运行方式有所了解，才能有效地制作互动程序。

数据库(Database)是一些相关数据的集合，我们可以用一定的原则与方法添加、编辑和删除数据的内容，进而对所有数据进行搜索、分析及对比，取得可用的信息，产生所需要的结果。

一个数据库中不是只能保存一种简单的数据，可以将不同的数据内容保存在同一个数据库中。例如，在进销存管理系统中，可以同时将货物数据与厂商数据保存在同一个数据库文件中，归类及管理时较为方便。

若不同类的数据之间有关联，还可以彼此使用。例如，可以查询出某种产品的名称、规格及价格，而且可以利用其厂商编号查询到厂商名称及联系电话。我们称保存在数据库中不同类别的记录集合为数据表(Table)，一个数据库中可以保存多个数据表，而每个数据表之间并不是互不相干的，如果有关联的话，是可以协同作业彼此合作的，如图 16-1 所示。

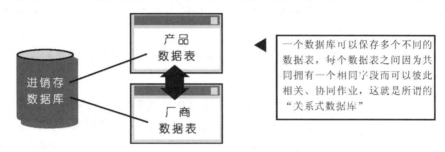

图 16-1　数据库示意

每一个数据表都由一个个字段组合起来。例如，在产品数据表中，可能会有产品编号、产品名称、产品价格等字段，只要按照一个个字段的设置输入数据，即可完成一个完整的数据库，如图 16-2 所示。

图 16-2　数据表示意

这里有一个很重要的概念，一般人认为数据库是保存数据的地方，这是不对的。其实，数据表才是真正保存数据的地方，数据库是放置数据表的场所。

16.1.3　MySQL 版本

针对不同用户，MySQL 分为两个不同的版本。

(1)　MySQL Community Server(社区版)：该版本完全免费，但是官方不提供技术支持。

(2)　MySQL Enterprise Server(企业版服务器)：它能够以很高性价比为企业提供数据仓库应用，支持 ACID 事务处理，提供完整的提交、回滚、崩溃恢复和行级锁定功能。但是该版本需要付费使用，官方提供电话技术支持。

MySQL Cluster 主要用于架设集群服务器，需要在社区版或企业版基础上使用。

MySQL 的命名机制由 3 个数字和 1 个后缀组成，如 MySQL-5.7.10。

(1)　第 1 个数字(5)是主版本号，描述了文件格式，所有版本 5 的发行版都有相同的文件格式。

(2)　第 2 个数字(7)是发行级别，主版本号和发行级别组合在一起便构成了发行序列号。

(3)　第 3 个数字(10)是在此发行系列的版本号，随每次新分发版本递增。通常选择已经发行的最新版本。

在 MySQL 开发过程中，同时存在多个发布系列，每个发布处在成熟度的不同阶段。

(1) MySQL 5.7 是最新开发的稳定(GA)发布系列，是将执行新功能的系列，目前已经可以正常使用。

(2) MySQL 5.6 是比较稳定(GA)发布系列。只针对漏洞修复重新发布，没有增加会影响稳定性的新功能。

(3) MySQL 5.1 是前一稳定(产品质量)发布系列。只针对严重漏洞修复和安全修复重新发布，没有增加会影响该系列的重要功能。

> 对于 MySQL 4.1、4.0 和 3.23 等低于 5.0 的老版本，官方将不再提供支持。而所有发布的 MySQL(Current Generally Available Release)版本已经经过严格标准的测试，可以保证其安全可靠地使用。针对不同的操作系统，读者可以在 MySQL 官方下载页面(http://dev.MySQL.com/downloads/)到相应的安装文件。

16.1.4 MySQL 的优势

MySQL 的主要优势如下。

(1) 速度。运行速度快。

(2) 价格。MySQL 对多数个人用户来说是免费的。

(3) 容易使用。与其他大型数据库的设置和管理相比，其复杂程度较低，易于学习。

(4) 可移植性。能够工作在众多不同的系统平台上，如 Windows、Linux、Unix、Mac OS 等操作系统。

(5) 丰富的接口。提供了用于 C、C++、Eiffel、Java、Perl、PHP、Python、Ruby 和 Tcl 等语言的 API。

(6) 支持查询语言。MySQL 可以利用标准 SQL 语法并且支持 ODBC(开放式数据库连接)的应用程序。

(7) 安全性和连接性。十分灵活和安全的权限和密码系统，允许基于主机的验证。连接到服务器时，所有的密码传输均采用加密形式，从而保证了密码安全。并且由于 MySQL 是网络化的，因此可以在因特网上的任何地方访问，提高了数据共享的效率。

16.2 创建 MySQL 数据库和数据表

MySQL 数据库的指令都是在命令提示符界面中使用的。但这对于初学者是比较困难的。针对这一难题，本书将采用 phpMyAdmin 管理程序来执行，以便能有更简易的操作环境与使用效果。

16.2.1 启动 phpMyAdmin 管理程序

phpMyAdmin 是一套使用 PHP 程序语言开发的管理程序，它采用网页形式的管理界面。如果要正确执行这个管理程序，就必须要在网站服务器上安装 PHP 与 MySQL 数据库。

step 01 如果要启动 phpMyAdmin 管理程序，只要单击桌面右下角的 WampServer 图标，在弹出的菜单中选择 phpMyAdmin 命令，如图 16-3 所示。

step 02 phpMyAdmin 启动后进入登录页面。在默认情况下，MySQL 数据库的管理员用户名为 root，密码为空。输入完成后，单击"执行"按钮，如图 16-4 所示。

图 16-3　选择 phpMyAdmin 命令　　　　　图 16-4　数据库登录页面

step 03 进入 phpMyAdmin 的工作界面，如图 16-5 所示。用户只需要单击"新建"链接，即可创建新的数据库。

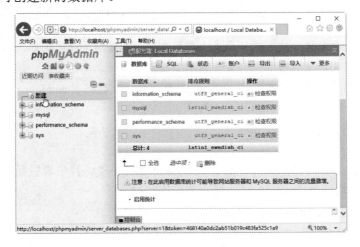

图 16-5　phpMyAdmin 的工作界面

16.2.2　创建数据库

在 MySQL 数据库中，会有 4 个内置数据库：mysql、information_schema、

performance_schema 和 sys。

(1) mysql 数据库是系统数据库，在 24 个数据表中保存了整个数据库的系统设置，十分重要。

(2) information_schema 包括数据库系统有什么库，有什么表，有什么字典，有什么存储过程等所有对象信息和进程访问、状态信息。

(3) performance_schema 新增一个存储引擎，主要用于收集数据库服务器性能参数。包括锁、互斥变量、文件信息；保存历史的事件汇总信息，为提供 MySQL 服务器性能做出详细的判断，对于新增和删除监控事件点都非常容易，并可以随意改变 mysql 服务器的监控周期。

(4) sys 数据库为系统数据库，通过这个数据库可以快速地了解系统的元数据信息。

 sys 数据库是 MySQL 5.7 新增的一个功能，这个数据库是通过视图的形式把 information_schema 和 performance_schema 结合起来，查询出令人更加容易理解的数据。

这里以在 MySQL 中创建一个企业员工管理数据库 company 为例，并添加一个员工信息表 employee。如图 16-6 所示，在文本框中输入要创建数据库的名称 company，再单击"创建"按钮即可。

图 16-6　创建数据库 company

 在一个数据库中可以保存多个数据表，以本页所举的范例来说明：一个企业员工管理的数据库中，可以包含员工信息数据表、岗位工资数据表、销售业绩数据表等。因此，这里需要创建数据库 company，也需要创建数据表 employee。

16.2.3　认识数据表的字段

在添加数据表之前，首先要规划数据表中要使用的字段。其中设置数据字段的类型非常重要，使用正确的数据类型才能正确地保存和应用数据。

在 MySQL 数据表中常用的字段数据类型可以分为以下 3 个类别。

1. 数值类型

可用来保存、计算的数值数据字段，如会员编号或是产品价格等。在 MySQL 中的数值字段按照保存的数据所需空间大小有以下区别，如表 16-1 所示。

表 16-1　数值类型

数值数据类型	保存空间	数据的表示范围
TINYINT	1 byte	signed −128　～127/unsigned 0～255
SMALLINT	2 bytes	signed −32 768　～32 767/unsigned 0～65 535
MEDIUMINT	3 bytes	signed −8 388 608　～8 388 607/unsigned 0　～16 777 215
INT	4 bytes	signed −2 147 483 648　～2 147 483 647/unsigned 0　～4 294 967 295

注：signed 表示其数值数据范围可能有负值；unsigned 表示其数值数据均为正值。

2. 日期及时间类型

可用来保存日期或时间类型的数据，如会员生日、留言时间等。MySQL 中的日期及时间类型有下列几种格式，如表 16-2、表 16-3 和表 16-4 所示。

表 16-2　日期数据类型

数据类型名称	DATE
存储空间	3 byte
数据的表示范围	'1000-01-01'～'9999-12-31'
数据格式	"YYYY-MM-DD" "YY-MM-DD" "YYYYMMDD" "YYMMDD" YYYYMMDD YYMMDD

注：在数据格式中，若没有加上引号则为数值的表示格式；若前后加上引号则为字符串的表示格式。

表 16-3　时间数据类型

数据类型名称	TIME
存储空间	3 byte
数据的表示范围	'-838:59:59'～'838:59:59'
数据格式	^{M}hh:mm:ss^{N}　"hhmmss" hhmmss

注：在数据格式中，若没有加上引号则为数值的表示格式；若前后加上引号则为字符串的表示格式。

表 16-4　日期与时间数据类型

数据类型名称	DATETIME
存储空间	8 byte
数据的表示范围	'1000-01-01 00:00:00'～'9999-12-31 23:59:59'
数据格式	"YYYY-MM-DD hh:mm:ss" "YY-MM-DD hh:mm:ss" "YYYYMMDDhhmmss" "YYMMDDhhmmss" YYYYMMDDhhmmss YYMMDDhhmmss

注：在数据格式中，若没有加上引号则为数值的表示格式；若前后加上引号则为字符串的表示格式。

3. 文本类型

可用来保存文本类型的数据，如学生姓名、地址等。在 MySQL 中文本类型数据有下列几种格式，如表 16-5 所示。

表 16-5　文本数据类型

文本数据类型	保存空间	数据的特性
CHAR(M)	M bytes，最大为 255 bytes	必须指定字段大小，数据不足时以空白字符填满
VARCHAR(M)	M bytes，最大为 255 bytes	必须指定字段大小，以实际填入的数据内容来存储
TEXT	最多可保存 25 535 bytes	无须指定字段大小

在设置数据表时，除了要根据不同性质的数据选择适合的字段类型之外，有些重要的字段特性定义也能在不同的类型字段中发挥其功能，常用的设置如下，如表 16-6 所示。

表 16-6　特殊字段数据类型

特性定义名称	适用类型	定义内容
SIGNED,UNSIGNED	数值类型	定义数值数据中是否允许有负值，SIGNED 表示允许
AUTOJNCREMENT	数值类型	自动编号，由 0 开始以 1 来累加
BINARY	文本类型	保存的字符有大小写区别
NULL,NOTNULL	全部	是否允许在字段中不填入数据
默认值	全部	若是字段中没有数据，即以默认值填充
主键	全部	主索引，每个数据表中只能允许一个主键列，而且该栏数据不能重复，加强数据表的检索功能

16.2.4　创建数据表

要添加一个员工信息数据表，如表 16-7 所示是这个数据表字段的规划。

表 16-7　员工信息数据

名　称	字　段	名称类型	是否为空
员工编号	cmID	INT(8)	否
姓名	cmName	VARCHAR(20)	否
性别	cmSex	CHAR(2)	否
生日	cmBirthday	DATE	否
电子邮件	cmEmail	VARCHAR(100)	是
电话	cmPhone	VARCHAR(50)	是
住址	cmAddress	VARCHAR(100)	是

其中有以下几个要注意的地方。

(1)　员工编号(cmID)为这个数据表的主索引字段，基本上它是数值类型保存的数据，因为一般座号不会超过两位数，也不可能为负数，所以设置它的字段类型为 TINYINT(2)，属性为 UNSIGNED。在添加数据时，数据库能自动为学生编号，所以在字段上加入了 auto_increment 自动编号的特性。

(2) 姓名(cmName)属于文本字段，一般不会超过 10 个中文字，也就是不会超过 20 Bytes, 所以这里设置为 VARCHAR(20)。

(3) 性别(cmSex)属于文本字段，因为只保存一个中文字(男或女)，所以设置为 CHAR(2), 默认值为"男"。

(4) 生日(cmBirthday)属于日期时间格式，设置为 DATE。

(5) 电子邮件(cmEmail)和住址(cmAddress)都是文本字段，设置为 VARCHAR(100)，最多可保存 100 个英文字符，50 个中文字。电话(cmPhone)设置为 VARCHAR(100)。因为每个人不一定有这些数据，所以这 3 个字段允许为空。

接着就要回到 phpMyAdmin 的管理界面，为 MySQL 中的 company 数据库添加数据表。在左侧列表中选择创建的 company 数据库，输入添加的数据表名称和字段数，然后单击"执行"按钮，如图 16-7 所示。

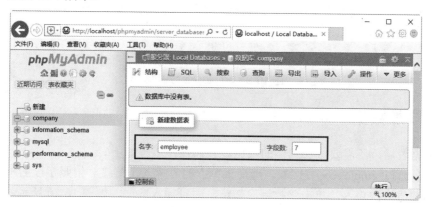

图 16-7　新建数据表 employee

如图 16-8 所示为添加的数据表字段，请按照其中的内容设置数据表。

图 16-8　添加数据表字段

设置的过程中要注意以下 4 点。

● 设置 cmID 为整数。

- 设置 cmID 为自动编号。
- 设置 cmID 为主键列。
- 允许 cmEmail、cmPhoned、cmAddress 为空位。

在设置完毕之后，单击"保存"按钮，在打开的界面中可以查看完成的 employee 数据表，如图 16-9 所示。

图 16-9 employee 数据表

16.2.5 添加数据

添加数据表后，还需要添加具体的数据。具体操作步骤如下。

step 01 选择 employee 数据表，选择菜单上的"插入"链接。依照字段的顺序，将对应的数值依次输入，单击"执行"按钮，即可插入数据，如图 16-10 所示。

图 16-10 插入数据

step 02 按照图 16-11 所示的数据，重复执行上一步的操作，将数据输入到数据表中。

cmID	cmName	cmSex	cmBirthday	cmEmail	cmPhone	cmAddress
10001	王猛	男	1982-06-02	pingguo@163.com	0992-1234567	长鸣路12号
10002	王小敏	女	1972-06-02	wangxiaomin@163.com	0992-1234560	西华街19号
10003	张华	男	1970-06-02	zhanghua@163.com	0992-1234561	长安路20号
10004	王菲	女	1982-03-02	wangfei@163.com	0992-1234562	兴隆街11号
10005	杨康	男	1978-06-02	yangkang@163.com	0992-1234568	长安街20号
10006	冯菲菲	女	1982-03-20	fengfeifei@163.com	0992-1234512	长安街42号

图 16-11　输入的数据

16.3　加密 MySQL 数据库

下面介绍 MySQL 数据库的高级应用，主要包括 MySQL 数据库的安全、MySQL 数据库的加密等内容。

16.3.1　MySQL 数据库的安全问题

MySQL 数据库是存在于网络上的数据库系统。只要是网络用户，都可以连接到这个资源。如果没有权限或其他措施，任何人都可以对 MySQL 数据库进行存取。MySQL 数据库在安装完毕后，默认是完全不设防的。也就是任何人都可以不使用密码就连接到 MySQL 数据库。这是一个相当危险的安全漏洞。

1. phpMyAdmin 管理程序的安全考虑

phpMyAdmin 是一套网页界面的 MySQL 管理程序。有许多 PHP 的程序设计师都会将这套工具直接上传到他的 PHP 网站文件夹里。管理员只能从远端通过浏览器登录 phpMyAdmin 来管理数据库。

这个方便的管理工具是否也是方便的入侵工具呢？没错。只要是对 phpMyAdmin 管理较为熟悉的朋友，看到该网站是使用 PHP+MySQL 的互动架构，都会去测试该网站 <phpMyAdmin>的文件夹是否安装了 phpMyAdmin 管理程序。若是网站管理员一时疏忽，很容易让人猜中，进入该网站的数据库。

2. 防堵安全漏洞的建议

无论是 MySQL 数据库本身的权限设置，还是 phpMyAdmin 管理程序的安全漏洞，为了避免他人通过网络入侵数据库，必须要先做以下几件事。

(1) 修改 phpMyAdmin 管理程序的文件夹名称。这个做法虽然简单，但至少已经挡掉一大半非法入侵者了。最好是修改成不容易猜到并且与管理或是 MySQL、phpMyAdmin 等关键字无关的文件夹名称。

(2) 为 MySQL 数据库的管理账号加上密码。我们一再提到 MySQL 数据库的管理账号 root，默认是不设任何密码的。这就好像装了安全系统，却没打开电源开关一样，所以替 root 加上密码是相当重要的。

(3) 养成备份 MySQL 数据库的习惯。当用户一旦所有安全措施都失效了，若平常就有备份的习惯，即使数据被删除了，还能很轻松地恢复。

16.3.2 为 MySQL 管理账号加上密码

在 MySQL 数据库中的管理员账号为 root，为了保护数据库账号的安全，我们可以为管理员账号加密。具体操作步骤如下。

step 01 进入 phpMyAdmin 的管理主界面。单击"权限"链接，来设置管理员账号的权限，如图 16-12 所示。

图 16-12 设置管理员密码

step 02 这里有两个 root 账号，分别为由本机(localhost)进入和所有主机(：：1)进入的管理账号，默认没有密码。首先修改所有主机的密码，单击"编辑权限"链接，如图 16-13 所示。进入下一页。

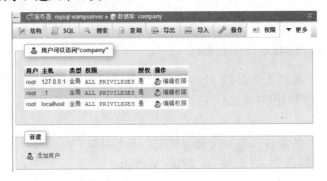

图 16-13 查看用户界面

step 03 在打开的界面中的"密码"文本框中输入所要使用的密码，如图 16-14 所示。单击"执行"按钮，即可添加密码。

图 16-14 添加密码

16.4　数据库的备份与还原

在 MySQL 数据库里备份数据是十分简单又轻松的事情。下面介绍如何备份 MySQL 的数据表，以及数据表的删除与插入操作。

16.4.1　数据库的备份

用户可以使用 phpMyAdmin 的管理程序将数据库中的所有数据表导出成一个单独的文本文件。当数据库受到损坏或是要在新的 MySQL 数据库中加入这些数据时，只要将这个文本文件插入即可。

以本章所使用的文件为例，先进入 phpMyAdmin 的管理界面，下面就可以备份数据库了。具体操作步骤如下。

step 01　选择需要导出的数据库，单击"导出"链接，选择导出方式为"快速-显示最少的选项"，单击"执行"按钮，如图 16-15 所示。

图 16-15　选择要导出的数据库

step 02　打开"另存为"对话框，在其中输入保存文件的名称，设置保存的类型及位置，如图 16-16 所示。

图 16-16　"另存为"对话框

> **提示**　　　MySQL 备份下的文件是扩展名为*.sql 的文本文件，这样的备份操作不仅简单，文件内容也较小。

16.4.2　数据库的还原

还原数据库文件的具体操作步骤如下。

step 01 在执行数据库的还原前，必须将原来的数据表删除。单击 employees 数据表右侧的"删除"链接，如图 16-17 所示。

step 02 此时会显示一个询问画面，单击"确定"按钮，如图 16-18 所示。

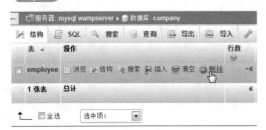

图 16-17　单击"删除"链接

图 16-18　信息提示框

step 03 回到原界面，会发觉该数据表已经被删除了，如图 16-19 所示。

step 04 接着要插入刚才备份的<company.sql>文件，将该数据表还原。单击"导入"链接，打开"要导入的文件"界面，如图 16-20 所示。

图 16-19　已经删除数据表

图 16-20　"要导入的文件"界面

step 05 单击界面中的"浏览"按钮，打开"选择要加载的文件"对话框，选择文本文件 company.sql，单击"打开"按钮，如图 16-21 所示。

step 06 单击"执行"按钮，系统即会读取 company.sql 文件中所记录的指令与数据，将数据表恢复，如图 16-22 所示。

step 07 在执行完毕后，company 数据库中又出现了一个数据表 employee，如图 16-23 所示。

图 16-21　"选择要加载的文件"对话框	图 16-22　开始执行导入操作

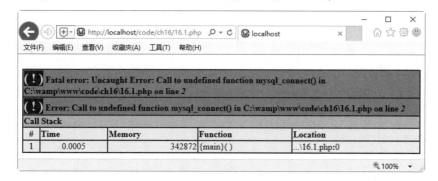

图 16-23　导入的数据表

16.5　疑　难　解　惑

疑问 1：预览网页时提示如图 16-24 所示的错误信息，如何解决？

图 16-24　错误信息

答：出现上面的错误信息，主要是因为从 MySQL 7 开始，提示用户 mysql_connect 这个模块已经弃用，这里需要使用 mysqli 或者 PDO 来替代。

将类似以下连接语句：

```
$link = mysql_connect('localhost', 'user', 'password');
mysql_select_db('dbname', $link);
```

修改如下：

```
$link = mysqli_connect('localhost', 'user', 'password', 'dbname');
```

疑问2：如何导出制定的数据表?

答：如果用户想导出制定的数据表，在选择导出方式时，选中"自定义-显示所有可用的选项"单选按钮，然后在"数据表"列表中选择需要导出的数据表即可，如图16-25所示。

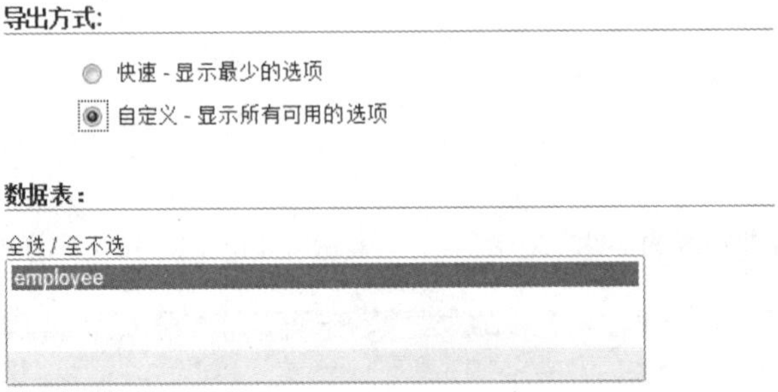

导出方式：

○ 快速 - 显示最少的选项

◉ 自定义 - 显示所有可用的选项

数据表：

全选 / 全不选

employee

图 16-25　设置导出方式

第 17 章

数据库编程——
MySQL 数据库与
SQL 查询

如果想更加深入地使用 MySQL 数据库，就需要进一步学习 MySQL 中相关的 SQL 语句。本章讲述 MySQL 5.7 数据库如何独立安装和配置、MySQL 服务器上的重要操作等知识。

17.1　安装与配置 MySQL 5.7

Windows 平台下安装 MySQL，可以使用图形化的安装包。图形化的安装包提供了详细的安装向导。通过向导，读者可以一步一步地完成对 MySQL 的安装。下面介绍使用图形化安装包安装 MySQL 的步骤。

17.1.1　安装 MySQL 5.7

要想在 Windows 中运行 MySQL，需要 32 位或 64 位 Windows 操作系统，如 Windows 7、Windows 8、Windows 10、Windows Server 2003、Windows Server 2008 等。Windows 可以将 MySQL 服务器作为服务来运行。通常，在安装时需要具有系统的管理员权限。

Windows 平台下提供两种安装方式：MySQL 二进制分发版(.msi 安装文件)和免安装版(.zip 压缩文件)。一般来讲，应当使用二进制分发版，因为该版本比其他的分发版使用起来要简单，不再需要其他工具来启动就可以运行 MySQL。这里，在 XP 平台上选用图形化的二进制安装方式，其他 Windows 平台上安装过程也差不多。

1. 下载 MySQL 安装文件

下载 MySQL 安装文件的具体操作步骤如下。

step 01　打开 IE 浏览器，在地址栏中输入网址 http://dev.mysql.com/downloads/installer/，单击转到按钮，打开 MySQL Community Server 5.7.19 下载页面，选择 Microsoft Windows 平台，然后根据读者的平台选择 32 位或者 64 位安装包，在这里选择 32 位，单击右侧的 Download 按钮开始下载，如图 17-1 所示。

step 02　在弹出的页面中单击 Login 按钮，如图 17-2 所示。

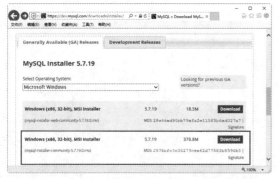

图 17-1　MySQL 下载页面　　　　　　　　图 17-2　单击 Login 按钮

这里有 32 位的安装程序有两个版本，分别为 mysql-installer-web-community 和 mysql-installer-communityl，前者为在线安装版本，后者为离线安装版本。

step 03　弹出用户登录页面，输入用户名和密码后，单击"登录"按钮，如图 17-3 所示。

step 04 弹出开始下载页面，单击 Download Now 按钮，即可开始下载，如图 17-4 所示。

图 17-3　用户登录页面

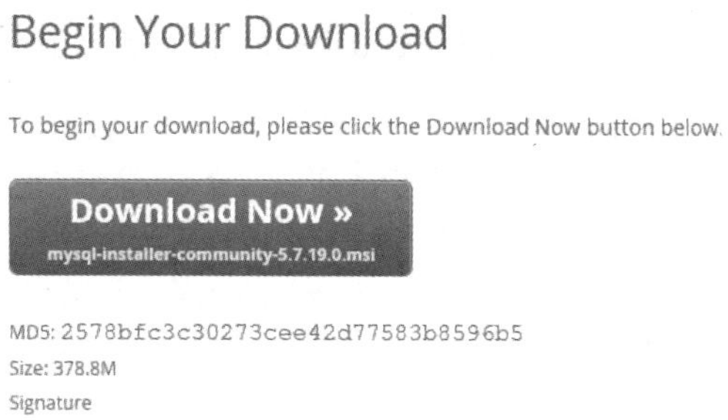

图 17-4　开始下载页面

 如果用户没有用户名和密码，可以单击"创建账户"链接进行注册即可。

2. 安装 MySQL 5.7

MySQL 下载完成后，找到下载文件，双击进行安装。具体操作步骤如下。

step 01 双击下载的 mysql-installer-community-5.7.19.0.msi 文件，如图 17-5 所示。

mysql-installer-community-5.7.19.0.msi

图 17-5　MySQL 安装文件名称

step 02 打开 License Agreement(用户许可证协议)窗口，勾选 I accept the license terms(我接受许可协议)复选框，单击 Next(下一步)按钮，如图 17-6 所示。

step 03 打开 Choosing a Setup Type(安装类型选择)窗口，在其中列出了 5 种安装类型，分别是：Developer Default(默认安装类型)、Server only(仅作为服务器)、Client only(仅作为客户端)、Full(完全安装)和 Custom(自定义安装类型)。这里选中 Custom(自定义安装类型)单选按钮，单击 Next(下一步)按钮，如图 17-7 所示。

图 17-6　用户许可证协议窗口

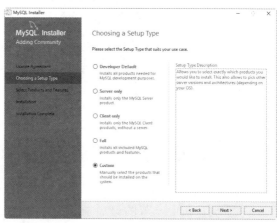

图 17-7　安装类型窗口

step 04 打开 Select Products and Features(产品定制选择)窗口，选择 MySQL Server 5.7.10-x86 后，单击添加按钮 ➡，即可选择安装 MySQL 服务器。采用同样的方法，添加 Samples and Examples 5.7.10-x86 和 MySQL Documentation 5.7.10-x86 选项，如图 17-8 所示。

step 05 单击 Next(下一步)按钮，进入安装确认对话框，单击 Execute(执行)按钮，如图 17-9 所示。

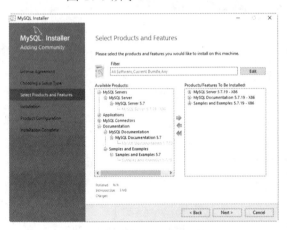
图 17-8　自定义安装组件窗口

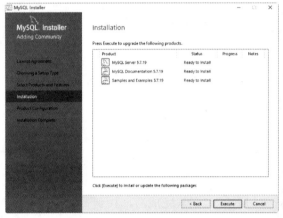
图 17-9　准备安装对话框

step 06 开始安装 MySQL 文件，安装完成后在 Status(状态)列表下将显示 Complete(安装完成)，如图 17-10 所示。

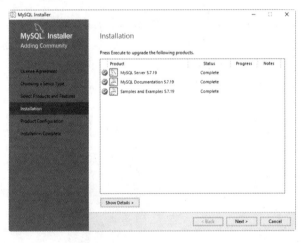
图 17-10　安装完成窗口

17.1.2　配置 MySQL 5.7

MySQL 安装完毕之后，需要对服务器进行配置。具体的配置步骤如下。

step 01 在上一节的最后一步中，单击 Next(下一步)按钮，进入服务器配置窗口，如图 17-11 所示。单击 Next(下一步)按钮。

step 02 进入 MySQL 服务器配置窗口，采用默认设置，单击 Next(下一步)按钮，如图 17-12 所示。

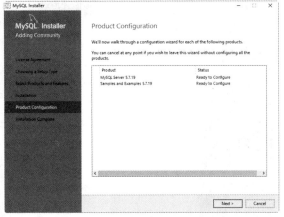 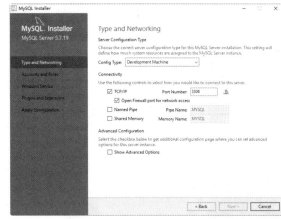

图 17-11　服务器配置窗口　　　　　　　图 17-12　MySQL 服务器配置窗口

MySQL 服务器配置窗口中各个参数的含义如下。

Server Configuration Type：该选项用于设置服务器的类型。单击该选项右侧的向下按钮，即可看到包括 3 个选项，如图 17-13 所示。

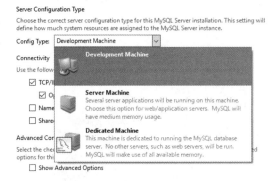

图 17-13　MySQL 服务器的类型

图 17-13 中 3 个选项的具体含义如下。

(1) Development Machine(开发机器)：该选项代表典型个人用桌面工作站。假定机器上运行着多个桌面应用程序。将 MySQL 服务器配置成使用最少的系统资源。

(2) Server Machine(服务器)：该选项代表服务器，MySQL 服务器可以同其他应用程序一起运行，如 FTP、Email 和 Web 服务器。MySQL 服务器配置成使用适当比例的系统资源。

(3) Dedicated Machine(专用服务器)：该选项代表只运行 MySQL 服务的服务器。假定没有运行其他服务程序，MySQL 服务器配置成使用所有可用系统资源。

提示　　作为初学者，建议选择 Development Machine(开发者机器)选项，这样占用系统的资源比较少。

step 03 打开设置服务器的密码窗口，重复输入两次同样的登录密码后，单击 Next(下一步)按钮，如图 17-14 所示。

step 04 打开设置服务器名称窗口，本案例设置服务器名称为 MySQL，单击 Next(下一步)按钮，如图 17-15 所示。

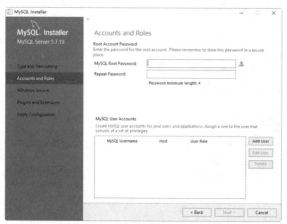

图 17-14 设置服务器的登录密码

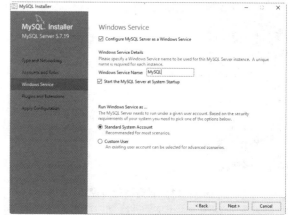

图 17-15 设置服务器的名称

 系统默认的用户名称为 root，如果想添加新用户，可以单击 add User(添加用户)按钮进行添加。

step 05 打开确认设置服务器窗口，单击 Execute(执行)按钮，如图 17-16 所示。

step 06 系统自动配置 MySQL 服务器。配置完成后，单击 Finish(完成)按钮，即可完成服务器的配置，如图 17-17 所示。

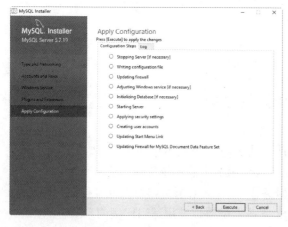

图 17-16 确认设置服务器

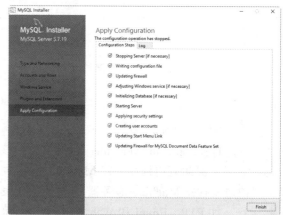

图 17-17 完成设置服务器

step 07 按 Ctrl+Alt+Del 组合键，打开"任务管理器"对话框，可以看到 MySQL 服务进程 mysqld.exe 已经启动了，如图 17-18 所示。

图 17-18 任务管理器窗口

至此，就完成了在 Windows 10 操作系统环境下安装 MySQL 的操作。

17.2 启动服务并登录 MySQL 数据库

用户可以下载 MySQL 并安装。安装完毕之后，需要启动服务器进程，不然客户端无法连接数据库。客户端通过命令行工具登录数据库。下面介绍如何启动 MySQL 服务器和登录 MySQL 的方法。

17.2.1 启动 MySQL 服务

在前面的配置过程中，已经将 MySQL 安装为 Windows 服务。当 Windows 启动、停止时，MySQL 也自动启动、停止。不过，用户还可以使用图形服务工具来控制 MySQL 服务器或从命令行使用 NET 命令。

可以通过 Windows 的服务管理器查看，具体操作步骤如下。

step 01 右击"开始"按钮，在弹出的快捷菜单中选择"运行"菜单命令，打开"运行"对话框，输入 services.msc，按 Enter 键确认，如图 17-19 所示。

step 02 打开 Windows 的服务管理器，在其中可以看到服务名为 MySQL 的服务项，其右边状态为"正在运行"，表明该服务已经启动，如图 17-20 所示。

由于设置了 MySQL 为自动启动，在这里可以看到，服务已经启动，而且启动类型为自动。如果没有"正在运行"字样，说明 MySQL 服务未启动。启动方法为：打开"运行"对话框，输入 cmd，按 Enter 键确认。弹出命令提示符界面。然后输入 net start MySQL，按 Enter 键，就能启动 MySQL 服务了，而停止 MySQL 服务的命令为 net stop MySQL，如图 17-21 所示。

也可以直接双击 MySQL 服务，打开"MySQL 的属性"对话框，在其中通过单击"启动"或"停止"按钮来更改服务状态，如图 17-22 所示。

图 17-19 "运行"对话框

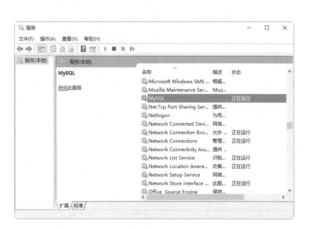

图 17-20 服务管理器窗口

图 17-21 在命令行中启动和停止 MySQL

图 17-22 "MySQL 的属性(本地
计算机)"对话框

 提示
　　　　输入的 MySQL 是服务的名字。如果读者的 MySQL 服务的名字是 DB 或其他名字，应该输入 net start DB 或其他名称。

17.2.2 登录 MySQL 数据库

　　当 MySQL 服务启动完成后，便可以通过客户端来登录 MySQL 数据库。在 Windows 操作系统下，可以通过以下两种方式登录 MySQL 数据库。

　　1. 以 Windows 命令行方式登录

　　具体操作步骤如下。

　　step 01 打开 DOS 窗口，输入以下命令并按 Enter 键确认，如图 17-23 所示。

```
cd C:\Program Files\MySQL\MySQL Server 5.7\bin\
```

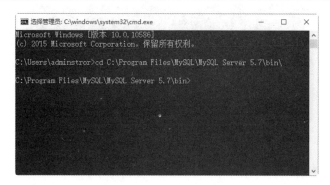

图 17-23　DOS 窗口

step 02　在 DOS 窗口中可以通过登录命令连接到 MySQL 数据库，连接 MySQL 的命令格式如下：

```
mysql -h hostname -u username -p
```

其中 MySQL 为登录命令，-h 后面的参数是服务器的主机地址，在这里客户端和服务器在同一台机器上，所以输入 localhost 或者 IP 地址 127.0.0.1；-u 后面跟登录数据库的用户名称，在这里为 root；-p 后面是用户登录密码。

接下来，输入如下命令：

```
mysql -h localhost -u root -p
```

按 Enter 键，系统会提示输入密码 Enter password，这里输入在前面配置向导中自己设置的密码，验证正确后，即可登录到 MySQL 数据库，如图 17-24 所示。

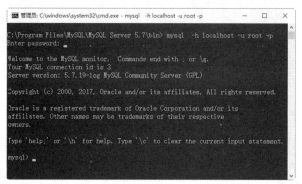

图 17-24　Windows 命令行登录窗口

　　当窗口中出现如图 17-24 所示的说明信息，命令提示符变为"MySQL>"时，表明已经成功登录 MySQL 服务器了，可以开始对数据库进行操作。

2. 使用 MySQL Command Line Client 登录

依次选择"开始"|"所有程序"|MySQL|MySQL Server 5.7|MySQL 5.7 Command Line Client 菜单命令，进入密码输入窗口，如图 17-25 所示。

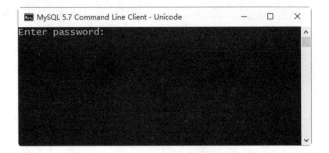

图 17-25　MySQL 命令行登录窗口

输入正确的密码之后，就可以登录到 MySQL 数据库了。

17.3　MySQL 数据库的基本操作

下面详细介绍数据库的基本操作。

17.3.1　创建数据库

创建数据库是在系统磁盘上划分一块区域用于数据的存储和管理。如果管理员在设置权限时为用户创建了数据库，则可以直接使用；否则，需要自己创建数据库。在 MySQL 中创建数据库的基本 SQL 语法格式如下：

```
CREATE DATABASE database_name;
```

database_name 为要创建的数据库的名称，该名称不能与已经存在的数据库重名。

【例 17.1】创建测试数据库 test，输入语句如下：

```
CREATE DATABASE test;
```

17.3.2　查看数据库

数据库创建好之后，可以使用 SHOW CREATE DATABASE 声明查看数据库的定义。

【例 17.2】查看创建好的数据库 test 的定义，输入语句如下：

```
mysql> SHOW CREATE DATABASE test\G
*************************** 1. row ***************************
       Database: test
Create Database: CREATE DATABASE `test` /*!40100 DEFAULT CHARACTER SET utf8 */
1 row in set (0.00 sec)
```

可以看到，如果数据库创建成功，将显示数据库的创建信息。

再使用 SHOW DATABASES 语句来查看当前所有存在的数据库，输入语句如下：

```
mysql> SHOW databases;
+--------------------------+
| Database                 |
+--------------------------+
```

```
| information_schema |
| mysql              |
| performance_schema |
| sakila             |
| sys                |
| test               |
| world              |
+--------------------+
7 rows in set (0.05 sec)
```

可以看到，列表中包含了刚创建的数据库 test 和其他已经存在的数据库的名称。

17.3.3　删除数据库

删除数据库是将已经存在的数据库从磁盘空间上清除，清除之后，数据库中的所有数据也将一同被删除。删除数据库语句和创建数据库的命令相似。MySQL 中删除数据库的基本语法格式如下：

```
DROP DATABASE database_name;
```

database_name 为要删除的数据库的名称，如果指定的数据库不存在，则删除出错。

【例 17.3】删除测试数据库 test，输入语句如下：

```
DROP DATABASE test;
```

语句执行完毕之后，数据库 test 将被删除。再使用 SHOW CREATE DATABASE 声明查看数据库的定义，结果如下：

```
mysql> SHOW CREATE DATABASE test\G
ERROR 1049 (42000): Unknown database 'test'
ERROR:
No query specified
```

执行结果给出一条错误信息 ERROR 1049(42000)：Unknown database 'test'，即数据库 test 已不存在，删除成功。

提示　　使用 DROP DATABASE 命令时要非常谨慎。在执行该命令时，MySQL 不会给出任何提醒确认信息。DROP DATABASE 声明删除数据库后，数据库中存储的所有数据表和数据也将一同被删除，而且不能恢复。

17.3.4　选择数据库

用户创建了数据库后，并不能使用 SQL 语句操作该数据库，还需要使用 USE 语句选择该数据库。具体的语法如下：

```
USE 数据库名;
```

【例 17.4】选择数据库 test，输入语句如下：

```
mysql> USE test;
Database changed
```

17.4　MySQL 数据表的基本操作

下面详细介绍数据表的基本操作，主要内容包括：创建数据表、查看数据表结构、修改数据表、删除数据表。

17.4.1　创建数据表

数据表属于数据库。在创建数据表之前，应该使用语句"USE <数据库名>"指定操作是在哪个数据库中进行的。如果没有选择数据库，会抛出 No database selected 错误。

创建数据表的语句为 CREATE TABLE，语法格式如下：

```
CREATE TABLE <表名>
(
    字段名1，数据类型 [列级别约束条件] [默认值]，
    字段名2，数据类型 [列级别约束条件] [默认值]，
    ...
    [表级别约束条件]
);
```

使用 CREATE TABLE 创建表时，必须指定以下信息。

(1) 要创建的表的名称，不区分大小写，不能使用 SQL 语言中的关键字，如 DROP、ALTER、INSERT 等。

(2) 数据表中每一个列(字段)的名称和数据类型，如果创建多个列，要用逗号隔开。

【例 17.5】创建员工表 tb_emp1，结构如表 17-1 所示。

表 17-1　tb_emp1 表的结构

字段名称	数据类型	备　注
id	INT(11)	员工编号
name	VARCHAR(25)	员工名称
deptId	INT(11)	所在部门编号
salary	FLOAT	工资

首先创建数据库，SQL 语句如下：

```
CREATE DATABASE test;
```

选择创建表的数据库，SQL 语句如下：

```
USE test;
```

创建 tb_emp1 表，SQL 语句如下：

```
CREATE TABLE tb_emp1
(
id      INT(11),
```

```
name    VARCHAR(25),
deptId  INT(11),
salary  FLOAT
);
```

语句执行后，便创建了一个名称为 tb_emp1 的数据表，使用 SHOW TABLES 语句查看数据表是否创建成功，SQL 语句如下：

```
mysql> SHOW TABLES;
+----------------------+
| Tables_in_ test |
+----------------------+
| tb_emp1         |
+----------------------+
1 row in set (0.00 sec)
```

可以看到，test 数据库中已经有了数据表 tb_emp1，数据表创建成功。

17.4.2　查看数据表的结构

使用 SQL 语句创建好数据表之后，可以查看表结构的定义，以确认表的定义是否正确。在 MySQL 中，查看表结构可以使用 DESCRIBE 和 SHOW CREATE TABLE 语句。这里将针对这两个语句分别进行详细的讲解。

DESCRIBE/DESC 语句可以查看表的字段信息，其中包括字段名、字段数据类型、是否为主键、是否有默认值等。语法格式如下：

```
DESCRIBE 表名;
```

或者简写为：

```
DESC 表名;
```

【例 17.6】使用 DESCRIBE 查看表 tb_emp1 的表结构。

查看 tb_emp1 表结构，SQL 语句如下：

```
mysql> DESC tb_emp1;
+--------+-------------+------+-----+---------+-------+
| Field  | Type        | Null | Key | Default | Extra |
+--------+-------------+------+-----+---------+-------+
| id     | int (11)    | YES  |     | NULL    |       |
| name   | varchar(25) | YES  |     | NULL    |       |
| deptId | int (11)    | YES  |     | NULL    |       |
| salary | float       | YES  |     | NULL    |       |
+--------+-------------+------+-----+---------+-------+
```

其中，各个字段的含义分别解释如下。

- NULL：表示该列是否可以存储 NULL 值。
- Key：表示该列是否已编制索引。PRI 表示该列是表主键的一部分；UNI 表示该列是 UNIQUE 索引的一部分；MUL 表示在列中某个给定值允许出现多次。
- Default：表示该列是否有默认值，如果有的话值是多少。
- Extra：表示可以获取的与给定列有关的附加信息，如 AUTO_INCREMENT 等。

SHOW CREATE TABLE 语句可以用来显示创建表时的 CREATE TABLE 语句，其语法格式如下：

```
SHOW CREATE TABLE <表名\G>;
```

 使用 SHOW CREATE TABLE 语句，不仅可以查看表创建时的详细语句，而且还可以查看存储引擎和字符编码。

如果不加"\G"参数，显示的结果可能非常混乱，加上参数"\G"之后，可使显示结果更加直观，易于查看。

【例 17.7】使用 SHOW CREATE TABLE 查看表 tb_emp1 的详细信息，SQL 语句如下：

```
mysql> SHOW CREATE TABLE tb_emp1;
+--------+----------------------------------------------------------
------------------------------------------------------------------
---------------------------------------------------------------+
| Table  | Create Table

| +--------+-----------------------------------------------------
------------------------------------------------------------------
---------------------------------------------------------------+
| fruits | CREATE TABLE 'fruits' (
  'f_id' char(10) NOT NULL,
  's_id' int(11) NOT NULL,
  'f_name' char(255) NOT NULL,
  'f_price' decimal(8,2) NOT NULL,
  PRIMARY KEY ('f_id'),
  KEY 'index_name' ('f_name'),
  KEY 'index_id_price' ('f_id', 'f_price')
) ENGINE=InnoDB DEFAULT CHARSET=gb2312 |
+--------+----------------------------------------------------------
------------------------------------------------------------------
---------------------------------------------------------------+
```

使用参数"\G"之后的结果如下：

```
mysql> SHOW CREATE TABLE tb_emp1\G
*************************** 1. row ***************************
     Table: tb_emp1
Create Table: CREATE TABLE 'tb_emp1' (
  'id' int(11) DEFAULT NULL,
  'name' varchar(25) DEFAULT NULL,
  'deptId' int(11) DEFAULT NULL,
  'salary' float DEFAULT NULL
) ENGINE=InnoDB DEFAULT CHARSET=gb2312
1 row in set (0.00 sec)
```

17.4.3 修改数据表结构

MySQL 是通过 ALTER TABLE 语句来修改表结构的，具体语法格式如下：

```
ALTER[IGNORE] TABLE 数据表名 alter_spec[, alter_spec]...
```

其中 alter_spec 定义要修改的内容，语法格式如下：

```
ADD [COLUMN] create_definition [FIRST|AFTER column_name]    //添加新字段
| ADD INDEX [index_name](index_col_name,...)                //添加索引名称
| ADD PRIMARY KEY (index_col_name,...)                      //添加主键名称
| ADD UNIQUE[index_name](index_col_name,...)                //添加唯一索引
| ALTER [COLUMN] col_name{SET DEFAULT literal |DROP DEFAULT}  //修改字段名称
| CHANGE [COLUMN] old_col_name create_definition            //修改字段类型
| MODIFY [COLUMN] create_definition                         //添加子句定义类型
| DROP [COLUMN] col_name                                    //删除字段名称
| DROP  PRIMARY KEY                                         //删除主键名称
| DROP INDEX idex_name                                      //删除索引名称
| RENAME [AS] new_tbl_name                                  //更改表名
| table_options
```

【例 17.8】将数据表 tb_dept1 中 name 字段的类型由 VARCHAR(22)改成 VARCHAR(30)。输入如下 SQL 语句并执行：

```
ALTER TABLE tb_dept1 MODIFY name VARCHAR(30);
```

17.4.4　删除数据表

删除数据表就是将数据库中已经存在的表从数据库中删除。注意，在删除表的同时，表的定义和表中所有的数据均会被删除。因此，在进行删除操作前，最好对表中的数据做个备份，以免产生无法挽回的后果。

在 MySQL 中，使用 DROP TABLE 可以一次删除一个或多个没有被其他表关联的数据表。语法格式如下：

```
DROP TABLE [IF EXISTS] 表1, 表2, ..., 表n;
```

其中，"表 n"指要删除的表的名称，后面可以同时删除多个表，只需将要删除的表名依次写在后面，相互之间用逗号隔开即可。如果要删除的数据表不存在，则 MySQL 会提示一条错误信息"ERROR 1051 (42S02): Unknown table '表名'"。参数 IF EXISTS 用于在删除前判断删除的表是否存在，加上该参数后，再删除表的时候，如果表不存在，SQL 语句可以顺利执行，但是会发出警告(warning)。

【例 17.9】删除数据表 tb_dept2，SQL 语句如下：

```
DROP TABLE IF EXISTS tb_dept2;
```

17.5　MySQL 语句的操作

下面讲述 MySQL 语句的基本操作。

17.5.1　插入记录

使用基本的 INSERT 语句插入数据，要求指定表名称和插入到新记录中的值。基本语法

格式如下：

```
INSERT INTO table_name(column_list) VALUES(value_list);
```

table_name 指定要插入数据的表名；column_list 指定要插入数据的那些列；value_list 指定每个列应对应插入的数据。注意，使用该语句时，字段列和数据值的数量必须相同。

在 MySQL 中，可以一次性插入多行记录，各行记录直接由逗号分隔即可。

【例 17.10】创建数据表 tmp7，定义数据类型为 TIMESTAMP 的字段 ts，向表中插入值 '19950101010101'，'950505050505'，'1996-02-02 02:02:02'，'97@03@03 03@03@03'，121212121212，NOW()，SQL 语句如下：

```
CREATE TABLE tmp7(ts TIMESTAMP);
INSERT INTO tmp7(ts) values('19950101010101'),
                ('950505050505'),
                ('1996-02-02 02:02:02'),
                ('97@03@03 03@03@03'),
                (121212121212),
                (NOW());
```

17.5.2 查询记录

MySQL 从数据表中查询数据的基本语句为 SELECT 语句。SELECT 语句的基本格式如下：

```
SELECT
{* | <字段列表>}
[
    FROM <表1>,<表2>,...
     [WHERE <表达式>]
     [GROUP BY <group by definition>]
     [HAVING <expression> [{<operator> <expression>}...]]
     [ORDER BY <order by definition>]
     [LIMIT [<offset>,] <row count>]
]
SELECT [字段1,字段2,...,字段n]
FROM [表或视图]
WHERE [查询条件];
```

其中，各条子句的含义如下。

- {* | <字段列表>}：包含星号通配符和字段列表，表示查询的字段，其中字段列至少包含一个字段名称，如果要查询多个字段，多个字段之间用逗号隔开，最后一个字段后不要加逗号。
- FROM <表1>,<表2>,...：表1和表2表示查询数据的来源，可以是单个或者多个。
- WHERE：该子句是可选项，如果选择该项，将限定查询行必须满足的查询条件。
- GROUP BY <字段>：该子句告诉 MySQL 如何显示查询出来的数据，并按照指定的字段分组。
- ORDER BY <字段>：该子句告诉 MySQL 按什么样的顺序显示查询出来的数据，可以进行的排序有升序(ASC)、降序(DESC)。

- [LIMIT [<offset>,] <row count>]：该子句指明每次显示查询出来的数据条数。

【例 17.11】从 fruits 表中获取 f_name 和 f_price 两列，SQL 语句如下：

```
SELECT f_name, f_price FROM fruits;
```

17.5.3　修改记录

表中有数据之后，接下来可以对数据进行更新操作。在 MySQL 中使用 UPDATE 语句更新表中的记录，可以更新特定的行或者同时更新所有的行。基本语法格式如下：

```
UPDATE table_name
SET column_name1 = value1,column_name2=value2,...,column_namen=valuen
WHERE (condition);
```

column_name1,column_name2,...,column_namen 为指定更新的字段的名称；value1, value2,...,valuen 为相对应的指定字段的更新值；condition 指定更新的记录需要满足的条件。更新多个列时，每个"列-值"对之间用逗号隔开，最后一列之后不需要逗号。

【例 17.12】在 person 表中，更新 id 值为 11 的记录，将 age 字段值改为 15，将 name 字段值改为 LiMing，SQL 语句如下：

```
UPDATE person SET age = 15, name='LiMing' WHERE id = 11;
```

17.5.4　删除记录

从数据表中删除数据使用 DELETE 语句。DELETE 语句允许 WHERE 子句指定删除条件。DELETE 语句的基本语法格式如下：

```
DELETE FROM table_name [WHERE <condition>];
```

table_name 指定要执行删除操作的表；[WHERE <condition>]为可选参数，指定删除条件；如果没有 WHERE 子句，DELETE 语句将删除表中的所有记录。

【例 17.13】在 person 表中，删除 id 等于 11 的记录，SQL 语句如下：

```
mysql> DELETE FROM person WHERE id = 11;
Query OK, 1 row affected (0.02 sec)
```

17.6　MySQL 数据库的备份与还原

MySQL 提供了多种方法对数据进行备份和还原。下面介绍数据备份和数据还原的相关知识。

17.6.1　数据备份

数据备份是数据库管理员非常重要的工作。系统意外崩溃或者硬件的损坏都可能导致数据库的丢失。因此，MySQL 管理员应该定期地备份数据库，使得在意外情况发生时，尽可能减少损失。下面介绍数据备份的 3 种方法。

1. 使用 mysqldump 命令备份

mysqldump 是 MySQL 提供的一个非常有用的数据库备份工具。mysqldump 命令执行时，可以将数据库备份成一个文本文件。该文件中实际上包含了多个 CREATE 和 INSERT 语句，使用这些语句可以重新创建表和插入数据。

mysqldump 备份数据库语句的基本语法格式如下：

```
mysqldump -u user -h host -ppassword dbname[tbname, [tbname...]]> filename.sql
```

其中，user 表示用户名称；host 表示登录用户的主机名称；password 为登录密码；dbname 为需要备份的数据库名称；tbname 为 dbname 数据库中需要备份的数据表，可以指定多个需要备份的表；右箭头符号 ">" 告诉 mysqldump 将备份数据表的定义和数据写入备份文件；filename.sql 为备份文件的名称。

【例 17.14】使用 mysqldump 命令备份数据库中的所有表，执行过程如下。

为了更好地理解 mysqldump 工具如何工作，这里给出一个完整的数据库例子。首先登录 MySQL，按下面的数据库结构创建 booksDB 数据库和各个表，并插入数据记录。数据库和表定义如下：

```
CREATE DATABASE booksDB;
use booksDB;

CREATE TABLE books
(
    bk_id INT NOT NULL PRIMARY KEY,
    bk_title VARCHAR(50) NOT NULL,
    copyright YEAR NOT NULL
);
INSERT INTO books
VALUES (11078, 'Learning MySQL', 2010),
       (11033, 'Study Html', 2011),
       (11035, 'How to use php', 2003),
       (11072, 'Teach yourself javascript', 2005),
       (11028, 'Learning C++', 2005),
       (11069, 'MySQL professional', 2009),
       (11026, 'Guide to MySQL 5.7', 2008),
       (11041, 'Inside VC++', 2011);

CREATE TABLE authors
(
    auth_id INT NOT NULL PRIMARY KEY,
    auth_name VARCHAR(20),
    auth_gender CHAR(1)
);
INSERT INTO authors
VALUES (1001, 'WriterX' ,'f'),
       (1002, 'WriterA' ,'f'),
       (1003, 'WriterB' ,'m'),
       (1004, 'WriterC' ,'f'),
       (1011, 'WriterD' ,'f'),
```

```
        (1012, 'WriterE' ,'m'),
        (1013, 'WriterF' ,'m'),
        (1014, 'WriterG' ,'f'),
        (1015, 'WriterH' ,'f');

CREATE TABLE authorbook
(
    auth_id INT NOT NULL,
    bk_id INT NOT NULL,
    PRIMARY KEY (auth_id, bk_id),
    FOREIGN KEY (auth_id) REFERENCES authors (auth_id),
    FOREIGN KEY (bk_id) REFERENCES books (bk_id)
);

INSERT INTO authorbook
VALUES (1001, 11033), (1002, 11035), (1003, 11072), (1004, 11028),
        (1011, 11078), (1012, 11026), (1012, 11041), (1014, 11069);
```

完成数据插入后，打开操作系统命令行输入窗口，输入备份命令如下：

```
C:\> mysqldump -u root -p booksdb > C:/backup/booksdb_20180301.sql
Enter password: **
```

输入密码之后，MySQL 便对数据库进行了备份，在 C:\backup 文件夹下面查看刚才备份过的文件，使用文本查看器打开文件，可以看到其部分文件内容大致如下：

```
-- MySQL dump 10.13  Distrib 5.7.19, for Win32 (x86)
--
-- Host: localhost    Database: booksDB
-- ------------------------------------------------------
-- Server version   5.7.19

/*!40101 SET @OLD_CHARACTER_SET_CLIENT=@@CHARACTER_SET_CLIENT */;
/*!40101 SET @OLD_CHARACTER_SET_RESULTS=@@CHARACTER_SET_RESULTS */;
/*!40101 SET @OLD_COLLATION_CONNECTION=@@COLLATION_CONNECTION */;
/*!40101 SET NAMES utf8 */;
/*!40103 SET @OLD_TIME_ZONE=@@TIME_ZONE */;
/*!40103 SET TIME_ZONE='+00:00' */;
/*!40014 SET @OLD_UNIQUE_CHECKS=@@UNIQUE_CHECKS, UNIQUE_CHECKS=0 */;
/*!40014 SET @OLD_FOREIGN_KEY_CHECKS=@@FOREIGN_KEY_CHECKS, FOREIGN_KEY_
CHECKS=0 */;
/*!40101 SET @OLD_SQL_MODE=@@SQL_MODE, SQL_MODE=
'NO_AUTO_VALUE_ON_ZERO' */;
/*!40111 SET @OLD_SQL_NOTES=@@SQL_NOTES, SQL_NOTES=0 */;


--
-- Table structure for table 'authorbook'
--

DROP TABLE IF EXISTS 'authorbook';
/*!40101 SET @saved_cs_client = @@character_set_client */;
/*!40101 SET character_set_client = utf8 */;
CREATE TABLE `authorbook` (
  'auth_id' int(11) NOT NULL,
  'bk_id' int(11) NOT NULL,
```

网站开发案例课堂

```
  PRIMARY KEY ('auth_id', 'bk_id'),
  KEY 'bk_id' ('bk_id'),
  CONSTRAINT 'authorbook_ibfk_1' FOREIGN KEY ('auth_id')
  REFERENCES 'authors' ('auth_id'),
  CONSTRAINT 'authorbook_ibfk_2' FOREIGN KEY ('bk_id')
REFERENCES 'books' ('bk_id')
) ENGINE=InnoDB DEFAULT CHARSET=utf8;
/*!40101 SET character_set_client = @saved_cs_client */;

--
-- Dumping data for table 'authorbook'
--

LOCK TABLES 'authorbook' WRITE;
/*!40000 ALTER TABLE 'authorbook' DISABLE KEYS */;
INSERT INTO 'authorbook' VALUES (1012,11026),(1004,11028),(1001,11033),
(1002,11035),(1012, 11041),(1014,11069),(1003,11072),(1011,11078);
/*!40000 ALTER TABLE 'authorbook' ENABLE KEYS */;
UNLOCK TABLES;
...
...省略部分内容
...
/*!40103 SET TIME_ZONE=@OLD_TIME_ZONE */;

/*!40101 SET SQL_MODE=@OLD_SQL_MODE */;
/*!40014 SET FOREIGN_KEY_CHECKS=@OLD_FOREIGN_KEY_CHECKS */;
/*!40014 SET UNIQUE_CHECKS=@OLD_UNIQUE_CHECKS */;
/*!40101 SET CHARACTER_SET_CLIENT=@OLD_CHARACTER_SET_CLIENT */;
/*!40101 SET CHARACTER_SET_RESULTS=@OLD_CHARACTER_SET_RESULTS */;
/*!40101 SET COLLATION_CONNECTION=@OLD_COLLATION_CONNECTION */;
/*!40111 SET SQL_NOTES=@OLD_SQL_NOTES */;
-- Dump completed on 2011-08-18 10:44:08
```

可以看到，备份文件包含了一些信息，文件开头首先表明了备份文件使用的 mysqldump 工具的版本号；然后是备份账户的名称和主机信息，以及备份的数据库的名称，最后是 MySQL 服务器的版本号，在这里为 5.7.19。

备份文件接下来的部分是一些 SET 语句，这些语句将一些系统变量值赋给用户定义变量，以确保被恢复的数据库的系统变量与原来备份时的变量相同。例如：

```
/*!40101 SET @OLD_CHARACTER_SET_CLIENT=@@CHARACTER_SET_CLIENT */;
```

该 SET 语句将当前系统变量 character_set_client 的值赋给用户定义变量@old_character_set_client。其他变量与此类似。

备份文件的最后几行 MySQL 使用 SET 语句恢复服务器系统变量原来的值。例如：

```
/*!40101 SET CHARACTER_SET_CLIENT=@OLD_CHARACTER_SET_CLIENT */;
```

该语句将用户定义的变量@old_character_set_client 中保存的值赋给实际的系统变量 character_set_client。

备份文件中的 "--" 字符开头的行为注释语句；以 "/*!" 开头、 "*/" 结尾的语句为可执行的 MySQL 注释，这些语句可以被 MySQL 执行，但在其他数据库管理系统中将被作为注释忽略，这可以提高数据库的可移植性。

另外注意到，备份文件开始的一些语句以数字开头，这些数字代表了 MySQL 版本号。这些数字告诉我们，这些语句只有在指定的 MySQL 版本或者比该版本高的情况下才能执行。例如，40101 表明这些语句只有在 MySQL 版本号为 4.01.01 或更高的条件下才可以被执行。

在前面介绍的 mysqldump 语法中介绍过，mysqldump 还可以备份数据中的某个表，其语法格式如下：

```
mysqldump -u user -h host -p dbname [tbname, [tbname...]] > filename.sql
```

tbname 表示数据库中的表名，多个表名之间用空格隔开。

备份表和备份数据库中所有表的语句中不同的地方在于，要在数据库名称 dbname 之后指定需要备份的表名称。

【例 17.15】备份 booksDB 数据库中的 books 表，输入语句如下：

```
mysqldump -u root -p booksDB books > C:/backup/books_20180301.sql
```

该语句创建名称为 books_20180301.sql 的备份文件，文件中包含了前面介绍的 SET 语句等内容。不同的是，该文件只包含 books 表的 CREATE 和 INSERT 语句。

如果要使用 mysqldump 备份多个数据库，需要使用--databases 参数。备份多个数据库的语法格式如下：

```
mysqldump -u user -h host -p --databases [dbname, [dbname...]] > filename.sql
```

使用--databases 参数之后，必须指定至少一个数据库的名称，多个数据库名称之间用空格隔开。

【例 17.16】使用 mysqldump 备份 booksDB 和 test 数据库，输入语句如下：

```
mysqldump -u root -p --databases booksDB test > C:\backup\books_testDB_20180301.sql
```

该语句创建名称为 books_testDB_20180301.sql 的备份文件，文件中包含了创建两个数据库 booksDB 和 test 所必需的所有语句。

另外，使用--all-databases 参数可以备份系统中所有的数据库，输入语句如下：

```
mysqldump -u user -h host -p --all-databases > filename.sql
```

使用参数--all-databases 参数时，不需要指定数据库名称。

【例 17.17】使用 mysqldump 备份服务器中的所有数据库，输入语句如下：

```
mysqldump -u root -p --all-databases > C:/backup/alldbinMySQL.sql
```

该语句创建名称为 alldbinMySQL.sql 的备份文件，文件中包含了对系统中所有数据库的备份信息。

在服务器上进行备份，并且表均为 MyISAM 表时，应考虑使用 mysqlhotcopy，因为这可以更快地进行备份和恢复。

mysqldump 还有一些其他选项可以用来指定备份过程，如--opt 选项，该选项将打开--quick、--add-locks、--extended-insert 等多个选项。--opt 选项可以提供最快的数据库转储。
mysqldump 的其他常用选项如下。

- --add-drop-database：在每个 CREATE DATABASE 语句前添加 DROP DATABASE 语句。
- --add-drop-tables：在每个 CREATE TABLE 语句前添加 DROP TABLE 语句。
- --add-locking：用 LOCK TABLES 和 UNLOCK TABLES 语句引用每个表转储。重载转储文件时插入得更快。
- --all-database,-A：转储所有数据库中的所有表。与使用--database 选项相同，在命令行中命名所有数据库。
- --comments[=0|1]：如果设置为 0，则禁止转储文件中的其他信息，如程序版本、服务器版本和主机。--skip-comments 与--comments=0 的结果相同。默认值为 1，即包括额外信息。
- --compact：产生少量输出。该选项禁用注释并启用--skip-add-drop-tables、--no-set-names、--skip-disable-keys 和--skip-add-locking 选项。
- --compatible=name：产生与其他数据库系统或旧的 MySQL 服务器更兼容的输出。值可以为 ansi、mysql323、mysql40、postgresql、oracle、mssql、db2、maxdb、no_key_options、no_tables_options 或者 no_field_options。
- --complete-insert,-c：使用包括列名的完整的 INSERT 语句。
- ---debug[=debug_options],-# [debug_options]：写调试日志。
- --delete,-D：导入文本文件前清空表。
- --default-character-set=charset：用 charset 作为默认字符集。若没有指定，mysqldump 使用 utf8。
- --delete-master-logs：在主复制服务器上，完成转储操作后删除二进制日志。该选项自动启用-master-data。
- --extended-insert,-e：使用包括几个 VALUES 列表的多行 INSERT 语法。这样使转储文件更小，重载文件时可以加速插入。
- --flush-logs,-F：开始转储前刷新 MySQL 服务器日志文件。要求 RELOAD 权限。
- --force,-f：在表转储过程中，即使出现 SQL 错误也继续。
- --lock-all-tables,-x：对所有数据库中的所有表加锁。在整体转储过程中通过全局锁定来实现。该选项自动关闭--single-transaction 和--lock-tables。
- --lock-tables,-l：开始转储前锁定所有表。用 READ LOCAL 锁定表以允许并行插入 MyISAM 表。对于事务表(如 InnoDB 和 BDB)，--single-transaction 是一个更好的选项，因为它根本不需要锁定表。
- --no-create-db,-n：该选项禁用 CREATE DATABASE /*!32312 IF NOT EXISTS*/ db_name 语句，如果给出--database 或--all-database 选项，则包含到输出中。
- --no-create-info,-t：只导出数据，而不添加 CREATE TABLE 语句。
- --no-data,-d：不写表的任何行信息，只转储表的结构。
- --opt：该选项是速记，等同于指定--add-drop-tables--add-locking，--create-option、--disable-keys--extended-insert，--lock-tables-quick 和--set-charset。它可以快速进行转储操作并产生一个能很快装入 MySQL 服务器的转储文件。该选项默认开启，但可以用--skip-opt 禁用。要想禁用-opt 启用的选项，可以使用--skip 形式，如--skip-add-

drop-tables 或--skip-quick。

- --password[=password],-p[password]：当连接服务器时使用的密码。如果使用短选项形式(-p)，选项和密码之间不能有空格。如果在命令行中--password 或-p 选项后面没有密码值，则提示输入一个密码。
- --port=port_num,-P port_num：用于连接的 TCP/IP 端口号。
- --protocol={TCP | SOCKET | PIPE | MEMORY}：使用的连接协议。
- --replace,-r：--replace 和--ignore 选项控制替换或负责唯一键值已有记录的输入记录的处理。如果指定--replace，新行替换有相同的唯一键值的已有行；如果指定--ignore，已有的唯一键值的输入行被跳过。如果不指定这两个选项，当发现一个复制键值时会出现一个错误，并且忽视文本文件的剩余部分。
- --silent,-s：沉默模式。只有出现错误时才输出。
- --socket=path,-S path：当连接 localhost 时使用的套接字文件(为默认主机)。
- --user=user_name,-u user_name：当连接服务器时 MySQL 使用的用户名。
- --verbose,-v：冗长模式。打印出程序操作的详细信息。
- --version,-V：显示版本信息并退出。
- --xml,-X：产生 XML 输出。

mysqldump 提供许多选项，包括用于调试和压缩的，在这里只是列举了最有用的。运行帮助命令 mysqldump --help，可以获得特定版本的完整选项列表。

　　　　如果运行 mysqldump 没有--quick 或--opt 选项，mysqldump 在转储结果前将整个结果集装入内存。如果转储大数据库可能会出现问题。该选项默认启用，但可以用--skip-opt 禁用。如果使用最新版本的 mysqldump 程序备份数据，并用于还原到比较旧版本的 MySQL 服务器中，则不要使用--opt 或-e 选项。

2. 直接复制整个数据库目录

　　因为 MySQL 表保存为文件方式，所以可以直接复制 MySQL 数据库的存储目录及文件进行备份。MySQL 的数据库目录位置不一定相同，在 Windows 平台下，MySQL 5.7 存放数据库的目录通常默认为 C:\Documents and Settings\All Users\Application Data\MySQL\MySQL Server 5.7\data 或者其他用户自定义目录；在 Linux 平台下，数据库目录位置通常为/var/lib/mysql/，不同 Linux 版本下目录会有所不同，读者应在自己用的平台下查找该目录。

　　这是一种简单、快速、有效的备份方式。要想保持备份的一致性，备份前需要对相关表执行 LOCK TABLES 操作，然后对表执行 FLUSH TABLES。这样当复制数据库目录中的文件时，允许其他客户继续查询表。需要 FLUSH TABLES 语句来确保开始备份前将所有激活的索引页写入硬盘。当然，也可以停止 MySQL 服务再进行备份操作。

　　这种方法虽然简单，但并不是最好的方法，因为这种方法对 InnoDB 存储引擎的表不适用。使用这种方法备份的数据最好还原到相同版本的服务器中，不同的版本可能不兼容。

　　　　在 MySQL 版本号中，第一个数值表示主版本号。主版本号相同的 MySQL 数据库文件格式相同。

3. 使用 mysqlhotcopy 工具快速备份

mysqlhotcopy 是一个 Perl 脚本,最初由 Tim Bunce 编写并提供。它使用 LOCK TABLES、FLUSH TABLES 和 cp 或 scp 来快速备份数据库。它是备份数据库或单个表的最快的途径,但它只能运行在数据库目录所在的机器上,并且只能备份 MyISAM 类型的表。mysqlhotcopy 在 Unix 系统中运行。

mysqlhotcopy 命令的语法格式如下:

```
mysqlhotcopy db_name_1, ... db_name_n /path/to/new_directory
```

db_name_1,…,db_name_n 分别为需要备份的数据库的名称;/path/to/new_directory 指定备份文件目录。

【例 17.18】使用 mysqlhotcopy 备份 test 数据库到/usr/backup 目录下,输入语句如下:

```
mysqlhotcopy -u root -p test /usr/backup
```

要想执行 mysqlhotcopy,必须可以访问备份的表文件,具有那些表的 SELECT 权限、RELOAD 权限(以便能够执行 FLUSH TABLES)和 LOCK TABLES 权限。

mysqlhotcopy 只是将表所在的目录复制到另一个位置,只能用于备份 MyISAM 和 ARCHIVE 表。备份 InnoDB 类型的数据表时会出现错误信息。由于它复制本地格式的文件,故也不能移植到其他硬件或操作系统下。

17.6.2 数据还原

管理人员操作的失误、计算机故障以及其他意外情况,都会导致数据的丢失和破坏。当数据丢失或意外破坏时,可以通过还原已经备份的数据尽量减少数据丢失和破坏造成的损失。下面介绍数据还原的方法。

1. 使用 mysql 命令还原

对于已经备份的包含 CREATE、INSERT 语句的文本文件,可以使用 mysql 命令导入到数据库中。下面介绍用 mysql 命令导入 SQL 文件的方法。

备份的 SQL 文件中包含 CREATE、INSERT 语句(有时也会有 DROP 语句)。mysql 命令可以直接执行文件中的这些语句。其语法格式如下:

```
mysql -u user -p [dbname] < filename.sql
```

user 是执行 backup.sql 中语句的用户名;-p 表示输入用户密码;dbname 是数据库名。如果 filename.sql 文件为 mysqldump 工具创建的包含创建数据库语句的文件,则执行的时候不需要指定数据库名。

【例 17.19】使用 mysql 命令将 C:\backup\booksdb_20180301.sql 文件中的备份导入到数据库中,输入语句如下:

```
mysql -u root -p booksDB < C:/backup/booksdb_20180301.sql
```

执行该语句前,必须先在 MySQL 服务器中创建 booksDB 数据库,如果不存在,恢复过程将会出错。命令执行成功之后，booksdb_20180301.sql 文件中的语句就会在指定的数据库中恢复以前的表。

如果已经登录 MySQL 服务器，还可以使用 source 命令导入 SQL 文件。source 语句的语法格式如下：

```
source filename
```

【例 17.20】使用 root 用户登录到服务器，然后使用 source 导入本地的备份文件 booksDB_20180301.sql，输入语句如下：

```
--选择要恢复到的数据库
mysql> use booksDB;
Database changed

--使用 source 命令导入备份文件
mysql> source C:\backup\booksDB_20180301.sql
```

命令执行后，会列出备份文件 booksDB_20180301.sql 中每一条语句的执行结果。source 命令执行成功后，booksDB_20180301.sql 中的语句会全部导入到现有数据库中。

执行 source 命令前，必须使用 use 语句选择数据库。不然，恢复过程中会出现 ERROR 1046 (3D000): No database selected 的错误。

2. 直接复制到数据库目录

如果数据库通过复制数据库文件备份，就可以直接复制备份的文件到 MySQL 数据目录下实现还原。通过这种方式还原时，必须保证备份数据的数据库和待还原的数据库服务器的主版本号相同。而且这种方式只对 MyISAM 引擎的表有效，对于 InnoDB 引擎的表不可用。

执行还原以前，关闭 mysql 服务，将备份的文件或目录覆盖 MySQL 的 data 目录，启动 mysql 服务。对 Linux/Unix 操作系统来说，复制完文件后，需要将文件的用户和组更改为 mysql 运行的用户和组，通常用户是 mysql，组也是 mysql。

3. mysqlhotcopy 快速恢复

mysqlhotcopy 备份后的文件也可以用来恢复数据库。在 MySQL 服务器停止运行时，将备份的数据库文件复制到 MySQL 存放数据的位置(MySQL 的 data 文件夹)，重新启动 MySQL 服务即可。如果以根用户执行该操作，必须指定数据库文件的所有者，输入语句如下：

```
chown -R mysql.mysql /var/lib/mysql/dbname
```

【例 17.21】从 mysqlhotcopy 复制的备份恢复数据库，输入语句如下：

```
cp -R /usr/backup/test usr/local/mysql/data
```

执行完该语句，重启服务器，MySQL 将恢复到备份状态。

如果需要恢复的数据库已经存在，则在使用 DROP 语句删除已经存在的数据库之后，恢复才能成功。另外，MySQL 不同版本之间必须兼容，这样，恢复之后的数据才可以使用。

17.7 疑难解惑

疑问1: 每一个表中都要有一个主键吗?

答: 并不是每一个表中都需要主键。一般如果多个表之间进行连接操作时,需要用到主键。因此,并不需要为每个表都建立主键,而且有些情况最好不使用主键。

疑问2: mysqldump备份的文件只能在MySQL中使用吗?

答: mysqldump备份的文本文件实际是数据库的一个副本。使用该文件不仅可以在MySQL中恢复数据库,而且通过对该文件进行简单修改,还可以在SQL Server或者Sybase等其他数据库中恢复数据库。这在某种程度上实现了数据库之间的迁移。

疑问3: 如何选择备份工具?

答: 直接复制数据文件是最为直接、快速的备份方法,但缺点是基本上不能实现增量备份。备份时必须确保没有使用这些表。如果在复制一个表的同时服务器正在修改它,则复制无效。备份文件时,最好关闭服务器,然后重新启动服务器。为了保证数据的一致性,需要在备份文件前,执行以下SQL语句:

```
FLUSH TABLES WITH READ LOCK;
```

也就是把内存中的数据都刷新到磁盘中,同时锁定数据表,以保证复制过程中不会有新的数据写入。这种方法备份的数据恢复也很简单,直接复制回原来的数据库目录下即可。

mysqlhotcopy是一个Perl程序,它使用LOCK TABLES、FLUSH TABLES和cp或scp来快速备份数据库。它是备份数据库或单个表的最快途径,但它只能运行在数据库文件所在的机器上,并且mysqlhotcopy只能用于备份MyISAM表。mysqlhotcopy适合于小型数据库的备份,数据量不大,可以使用mysqlhotcopy程序每天进行一次完全备份。

mysqldump将数据表导成SQL脚本文件,在不同的MySQL版本之间升级时相对比较合适,这也是最常用的备份方法。mysqldump比直接复制要慢一些。

第 18 章

最经典的方法——使用 MySQLi 操作 MySQL

PHP 是一种简单的、面向对象的、解释型的、健壮的、安全的、性能非常高的、独立于架构的、可移植的和动态的脚本语言。而 MySQL 是快速的和开源的网络数据库系统。PHP 和 MySQL 的结合是目前 Web 开发中的黄金组合。

那么 PHP 是如何操作 MySQL 数据库的呢？本章介绍 PHP 操作 MySQL 数据库的各种函数和技巧。

18.1　PHP 访问 MySQL 数据库的一般步骤

对于一个通过 Web 访问数据库的工作过程，一般分为如下几个步骤。

(1)　用户使用浏览器对某个页面发出 HTTP 请求。

(2)　服务器端接收到请求，发送给 PHP 程序进行处理。

(3)　PHP 解析代码。在代码中有连接 MySQL 数据库的命令和请求特定数据库的某些特定数据的 SQL 命令。根据这些代码，PHP 打开一个与 MySQL 的连接，并且发送 SQL 命令到 MySQL 数据库。

(4)　MySQL 接收到 SQL 语句之后，加以执行。执行完毕后返回执行结果到 PHP 程序。

(5)　PHP 执行代码，并根据 MySQL 返回的请求结果数据，生成特定格式的 HTML 文件，且传递给浏览器。HTML 经过浏览器渲染，就得到用户请求的展示结果。

18.2　连接数据库前的准备工作

从 PHP 5 版本开始，PHP 连接数据库的方法有两种：MySQLi 和 PDO。本章重点学习 MySQLi 的使用方法和技巧。用户首先需要开启对 MySQLi 的支持。

打开 php.ini 文件，找到 ";extension=php_mysqli.dll"，去掉该语句前的分号 ";"，如图 18-1 所示，保存 php.ini 文件，重新启动 IIS 或 Apache 服务器即可。

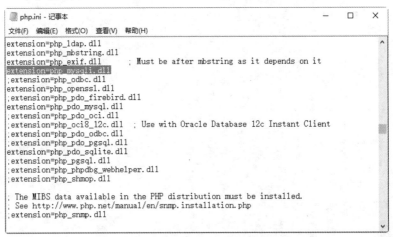

图 18-1　修改 php.ini 文件

配置文件设置完成后，可以通过 phpinfo()函数来检查是否配置成功。如果显示出的 PHP 的环境配置信息中有 mysqli 的项目，就表示已经开启了对 MySQL 数据库的支持，如图 18-2 所示。

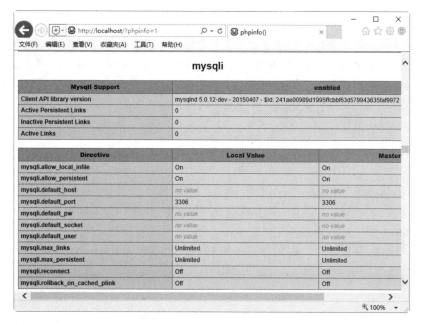

图 18-2　PHP 的环境配置页面

18.3　PHP 操作 MySQL 数据库

下面介绍 PHP 操作 MySQL 数据库所使用的各个函数的含义和使用方法。

18.3.1　连接 MySQL 服务器

PHP 是使用 mysqli_connect()函数连接到 mysql 数据库的。

mysqli_connect()函数的语法格式如下：

```
mysqli_connect('MYSQL 服务器地址', '用户名', '用户密码', '要连接的数据库名')
```

例如，下面的案例将连接服务器 localhost。

【例 18.1】连接服务器 localhost(示例文件 ch18\18.1.php)。

```php
<?php
$servername = "localhost";
$username = "root";
$password = "123456";
// 创建连接
$db = mysqli_connect($servername, $username, $password);
// 检测连接
if (!$db) {
    die("连接失败: " . mysqli_connect_error());
}
echo "连接成功";
?>
```

程序运行结果如图 18-3 所示。

【案例剖析】

该案例就是通过此函数连接到 MySQL 数据库并且把此连接生成的对象传递给名为$db 的变量，也就是对象 $db。其中 MySQL 服务器地址为 localhost，用户名为 root，用户密码为本环境 root 设定密码 123456。

图 18-3　连接服务器 localhost

在默认情况下，MySQL 服务的端口号为 3360。如果采用默认的端口号，可以不用指定；如果采用了其他端口号，比如采用 1066 端口，则需要特别指定，例如 127.0.0.1:1066 表示 MySQL 服务于本地机器的 1066 端口。

其中 localhost 换成本地地址或者 127.0.0.1，都能实现同样的效果。

如果用户在连接服务器时，同时也连接好默认的数据库为 test，可以将如下代码：

```
$db = mysqli_connect($servername, $username, $password);
```

修改如下：

```
$db = mysqli_connect($servername, $username, $password,test);
```

例 18.1 中连接数据库的方式为面向过程。由于 PHP 是面向对象的语言，所以也可以用面向对象的方式连接 MySQL 数据库。代码如下：

```php
<?php
$servername = "localhost";
$username = "root";
$password = "123456";

// 创建连接
$db = new mysqli($servername, $username, $password);

// 检测连接
if ($db->dbect_error) {
    die("连接失败: " . $db->dbect_error);
}
echo "连接成功";
?>
```

18.3.2　选择数据库

连接到服务器以后，就需要选择数据库，只有选择了数据库，才能对数据表进行相关的操作。这里需要使用函数 mysqli_select_db()来选择。它的语法格式如下：

```
mysqli_select_db(数据库服务器连接对象，目标数据库名)
```

下面的案例将连接服务器 localhost，然后连接数据库 test。

【例 18.2】 连接数据库 test(示例文件 ch18\18.2.php)。

```php
<?php
$servername = "localhost";
```

```
$username = "root";
$password = "123456";
// 创建连接
$db = mysqli_connect($servername, $username, $password);
mysqli_select_db($db,'test');
// 检测连接
if (!$db) {
    die("连接失败: " . mysqli_connect_error());
}
echo "选择数据库成功了";
?>
```

程序运行结果如图 18-4 所示。

在新的语句中，mysqli_select_db($db,'test') 语句确定了"数据库服务器连接对象"为$db，而"目标数据库名"为 test。

提示

mysqli_select_db() 函数经常使用在提前不知道应该连接哪个数据库或者要修改已经连接的默认数据库。

图 18-4　连接数据库 test

18.3.3　创建数据库

连接到 MySQL 服务器后，用户也可以自己创建数据库。使用 mysqli_query()函数可以执行 SQL 语句。语法格式如下：

```
mysqli_query(dbection,query);
```

其中参数 dbection 为数据库连接；参数 query 为 SQL 语句。

下面的案例将创建 mytest 数据库。

【例 18.3】创建 mytest 数据库(示例文件 ch18\18.3.php)。

```
<?php
$servername = "localhost";
$username = "root";
$password = "123456";

// 创建连接
$db = mysqli_connect($servername, $username, $password);
// 检测连接
if (!$db) {
    die("连接失败: " . mysqli_connect_error());
}

// 创建数据库
$sql = "CREATE DATABASE mytest";
if (mysqli_query($db, $sql)) {
    echo "数据库创建成功";
} else {
    echo "数据库创建失败: " . mysqli_error($db);
```

```
}
//关闭数据库的连接
mysqli_close($db);
?>
```

程序运行结果如图18-5所示。

由于 PHP 是面向对象的语言，所以也可以用面向对象的方式创建 MySQL 数据库，上面的案例代码修改如下：

图 18-5　创建数据库 mytest

```php
<?php
$servername = "localhost";
$username = "root";
$password = "123456";

// 创建连接
$db = new mysqli($servername, $username, $password);
// 检测连接
if ($db->dbect_error) {
    die("连接失败: " . $db->dbect_error);
}

// 创建数据库
$sql = "CREATE DATABASE mytest";
if ($db->query($sql) === TRUE) {
    echo "数据库创建成功";
} else {
    echo "数据库创建失败: " . $db->error;
}

$db->close();
?>
```

提示　如果服务器端口不是 3306，可以指定自定义的端口。例如指定端口为 3307，命令如下：

```php
$db = new mysqli($servername, $username, $password,3307);
```

18.3.4　创建数据表

数据库创建完成后，即可在该数据库中创建数据表。创建数据表需要执行 CREATE TABLE 语句。前面章节中详细讲述了该语句的使用方法，这里不再赘述。

下面创建一个数据表 employee，包含 4 个字段，SQL 语句如下：

```sql
CREATE TABLE employee
(
id      INT(11),
name    VARCHAR(25),
age    INT(4),
salary FLOAT
);
```

【例 18.4】 创建数据表 employee(示例文件 ch18\18.4.php)。

```php
<?php
$servername = "localhost";
$username = "root";
$password = "123456";
$dbname = "mytest";

// 创建连接
$db = mysqli_connect($servername, $username, $password, $dbname);
// 检测连接
if (!$db) {
    die("连接失败: " . mysqli_connect_error());
}

// 使用 sql 创建数据表
$sql = "CREATE TABLE employee
(
id      INT(11) UNSIGNED AUTO_INCREMENT PRIMARY KEY,
name    VARCHAR(25) NOT NULL,
age     INT(4) NOT NULL,
salary  FLOAT
)";
if (mysqli_query($db, $sql)) {
    echo "数据表 employee 创建成功";
} else {
    echo "创建数据表错误: " . mysqli_error($db);
}

mysqli_close($db);
?>
```

程序运行结果如图 18-6 所示。

由于 PHP 是面向对象的语言，所以也可以用面向对象的方式创建 MySQL 数据表，上面的案例代码修改如下：

图 18-6　创建数据表 employee

```php
<?php
$servername = "localhost";
$username = "root";
$password = "123456";
$dbname = "mytest";

// 创建连接
$db = new mysqli($servername, $username, $password, $dbname);
// 检测连接
if ($db->connect_error) {
    die("连接失败: " . $db->connect_error);
}

// 使用 sql 创建数据表
$sql = " CREATE TABLE employee
```

```
(
  id      INT(11) UNSIGNED AUTO_INCREMENT PRIMARY KEY,
  name    VARCHAR(25) NOT NULL,
  age     INT(4) NOT NULL,
  salary  FLOAT
)";

if ($db->query($sql) === TRUE) {
    echo "数据表 employee 创建成功";
} else {
    echo "创建数据表错误: " . $db->error;
}

$db->close();
?>
```

18.3.5　添加数据

数据表创建完成后，就可以向表中添加数据。需要注意的是，添加数据的过程中需要遵循以下原则。

(1)　PHP 中 SQL 查询语句必须使用引号。

(2)　在 SQL 查询语句中的字符串值必须加引号。

(3)　数值的具体值不需要引号。

(4)　NULL 值不需要引号。

向 MySQL 表添加新的记录需要使用 INSERT INTO 语句。在前面章节中详细讲述了该语句的使用方法，这里不再重述。

【例 18.5】插入单条数据(示例文件 ch18\18.5.php)。

```
<?php
$servername = "localhost";
$username = "root";
$password = "123456";
$dbname = "mytest";

// 创建连接
$db = mysqli_connect($servername, $username, $password, $dbname);
// 检测连接
if (!$db) {
    die("数据库连接失败: " . mysqli_connect_error());
}

$sql = "INSERT INTO employee(id,name,age,salary)
    VALUES (1001, '张三', 32, 4680)";

if (mysqli_query($db, $sql)) {
    echo "新记录插入成功";
} else {
    echo "插入数据错误: ".$sql . "<br>" . mysqli_error($db);
```

```
}

mysqli_close($db);
?>
```

程序运行结果如图 18-7 所示。

由于 PHP 是面向对象的语言，所以也可以用
面向对象的方式插入数据，上面的案例代码修改
如下：

图 18-7　插入单条数据

```php
<?php
$servername = "localhost";
$username = "root";
$password = "123456";
$dbname = "mytest";

// 创建连接
$db = new mysqli($servername, $username, $password, $dbname);
// 检测连接
if ($db->connect_error) {
    die("连接失败: " . $db->connect_error);
}

$sql = "INSERT INTO employee(firstname, lastname, email)
VALUES (1001, '张三', 32, 4680)";

if ($db->query($sql) === TRUE) {
    echo "新记录插入成功";
} else {
    echo "插入数据错误: " . $sql . "<br/>" . $db->error;
}

$db->close();
?>
```

18.3.6　一次插入多条数据

如果一次性想插入多条数据，需要使用 mysqli_multi_query()函数，语法格式如下：

```
mysqli_multi_query(dbection,query);
```

其中参数 dbection 为数据库连接；参数 query 为 SQL 语句，多个语句之间必须用分号
隔开。

下面的案例将一次性插入 3 条记录。

【例 18.6】一次插入 3 条数据(示例文件 ch18\18.6.php)。

```php
<?php
$servername = "localhost";
$username = "root";
$password = "123456";
$dbname = "mytest";
```

```
// 创建连接
$db = mysqli_connect($servername, $username, $password, $dbname);
// 检测连接
if (!$db) {
    die("数据库连接失败: " . mysqli_connect_error());
}
$sql = "INSERT INTO employee(id,name,age,salary)
VALUES (1002, '李四', 35, 5680);";
$sql .= " INSERT INTO employee(id,name,age,salary)
VALUES (1003, '王蒙', 32, 3680);";
$sql .= "INSERT INTO employee(id,name,age,salary)
VALUES (1004, '刘飞', 39, 6680)";

if (mysqli_multi _query($db, $sql)) {
    echo "三条记录插入成功";
} else {
    echo "插入数据错误: ".$sql . "<br>" . mysqli_error($db);
}

mysqli_close($db);
?>
```

运行结果如图 18-8 所示。

由于 PHP 是面向对象的语言,所以也可以用面向对象的方式一次插入多条数据,上面的案例代码修改如下:

图 18-8　一次插入 3 条数据

```
<?php
$servername = "localhost";
$username = "root";
$password = "123456";
$dbname = "mytest";

// 创建连接
$db = new mysqli($servername, $username, $password, $dbname);
// 检测连接
if ($db->connect_error) {
    die("连接失败: " . $db->connect_error);
}
$sql = "INSERT INTO employee(id,name,age,salary)
VALUES (1002, '李四', 35, 5680);";
$sql .= " INSERT INTO employee(id,name,age,salary)
VALUES (1003, '王蒙', 32, 3680);";
$sql .= "INSERT INTO employee(id,name,age,salary)
VALUES (1004, '刘飞', 39, 6680)";
if ($db-> multi_query ($sql) === TRUE) {
    echo "三条记录插入成功";
} else {
    echo "插入数据错误: " . $sql . "<br/>" . $db->error;
}
```

```
$db->close();
?>
```

18.3.7　读取数据

插入完数据后，读者可以读取数据表中的数据。下面的案例主要学习如何读取 employee 数据表的记录。

【例 18.7】读取数据(示例文件 ch18\18.7.php)。

```php
<?php
$servername = "localhost";
$username = "root";
$password = "123456";
$dbname = "mytest";

// 创建连接
$db = mysqli_connect($servername, $username, $password, $dbname);
// 检测连接
if (!$db) {
    die("数据库连接失败: " . mysqli_connect_error());
}
$sql = "SELECT id,name,age,salary FROM employee";
$result = mysqli_query($db, $sql);
if (mysqli_num_rows($result) > 0) {
    // 输出数据
    while($row = mysqli_fetch_assoc($result)) {
        echo "编号: " . $row["id"]. " - 姓名: " . $row["name"]." -年龄: " .
$row["age"]." -工资: " . $row["salary"]. "<br/>";
    }
} else {
    echo "没有输出结果";
}
mysqli_free_result($result);
mysqli_close($db);
?>
```

程序运行结果如图 18-9 所示。

【案例剖析】

(1) SQL 语句的作用是从 employee 查询 id、name、age 和 salary 这 4 个字段，然后将查询结果赋给变量$result。

(2) 使用 mysqli_num_rows($result)函数获取查询结果包含的数据记录的条数。

(3) 如果返回的是多条数据，函数 mysqli_fetch_assoc 将结果集放入到关联数组，然后配合 while 语句将查询结果输出。

图 18-9　读取数据

由于 PHP 是面向对象的语言，所以也可以用面向对象的方式读取数据表中的数据，上面的案例代码修改如下：

```php
<?php
$servername = "localhost";
$username = "root";
$password = "123456";
$dbname = "mytest";

// 创建连接
$db = new mysqli($servername, $username, $password, $dbname);
// 检测连接
if ($db->connect_error) {
    die("连接失败: " . $db->connect_error);
}
$sql = "SELECT id,name,age,salary FROM employee";
$result = mysqli_query($db, $sql);
if (mysqli_num_rows($result) > 0) {
    // 输出数据
    while($row = mysqli_fetch_assoc($result)) {
        echo "编号: " . $row["id"]. " - 姓名: " . $row["name"]." -年龄: " .
$row["age"]." -工资: " . $row["salary"]. "<br/>";
    }
} else {
    echo "没有输出结果";
}

$db->close();
?>
```

18.3.8 释放资源

释放资源的函数为 mysqli_free_result()，函数的语法格式如下：

`mysqli_free_result(SQL 请求所返回的数据库对象)`

例如，上一节中 18.7.php 文件中通过 mysqli_free_result($result)语句释放了 SQL 请求返回的对象$result 所占用的资源。

18.3.9 关闭连接

在连接数据库时，可以使用 mysqli_connect()函数。与之相对应，在完成了一次对服务器的使用的情况下，需要关闭此连接，以免出现对 MySQL 服务器中数据的误操作。一个服务器的连接也是一个对象型的数据类型。

mysqli_connect()函数的语法格式如下：

`mysqli_connect(需要关闭的数据库连接对象)`

在 18.3.7 小节的 18.7.php 文件中，mysqli_close($db)语句关闭了$db 连接。

18.4 案例实战 1——动态添加员工信息

下面讲述 PHP 在开发动态网页时如何操作数据库。这里以动态添加员工信息为例进行讲解。

【例 18.8】使用 adatabase 的 user 数据库表格，添加新的用户信息。

step 01 创建 18.8.html 文件。代码如下：

```
<!doctype html>
<html>
<head>
<title>添加信息</title>
</head>
<body>
<h2>添加员工信息</h2>
<form action="18.8.php" method="post">
  员工姓名：
    <input name="username" type="text" size="20"/> <br />
    员工年龄：
<input name="age" type="text" size="3"/> <br />
    员工工资：
<input name="salary" type="text" size="6"/> <br />
<input name="submit" type="submit" value="上传数据"/>
</form>
</body>
</html>
```

step 02 创建 18.8.php 文件。代码如下：

```
<?php
$username = $_POST['username'];
$age = $_POST['age'];
$salary = $_POST['salary'];

$servername = "localhost";
$username = "root";
$password = "123456";
$dbname = "mytest";

// 创建连接
$db = mysqli_connect($servername, $username, $password, $dbname);
// 检测连接
if (!$db) {
    die("数据库连接失败： " . mysqli_connect_error());
}
$username = addslashes($username);
$age = addslashes($age);
$salary = addslashes($salary);

$q = "INSERT INTO employee( name, age,salary)
VALUES ('$username',$age,$salary)";
```

```
if(!mysqli_query($db,$q)){
    echo "员工信息添加失败";
}else{
    echo "员工信息已经成功添加";
};
mysqli_close($db);
?>
```

step 03 运行 18.8.html，即可输入员工的信息，运行结果如图 18-10 所示。

step 04 单击"上传数据"按钮，页面跳转至 18.8.php，并返回添加信息的情况，如图 18-11 所示。

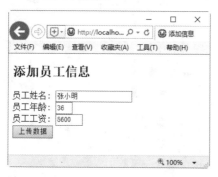

图 18-10 18.8.html 的运行结果

图 18-11 员工信息添加成功

【案例剖析】

(1) 18.8.html 文件中建立了 employee 数据表中除 id 外每个字段的信息输入框。

(2) 18.8.php 文件中建立 MySQL 连接。这里的插入数据的语句为：$q = "INSERT INTO employee(name, age,salary) VALUES ('$username',$age,$salary)"，用于接收表单中的数据信息。

18.5 案例实战 2——动态查询数据信息

本案例讲述如何使用 SELECT 语句查询数据信息。这里主要查询 employee 数据表中指定年龄的员工信息。

【例 18.9】动态查询数据信息。

step 01 创建 18.9.html。代码如下：

```
<!doctype html>
<html>
<head>
    <title>查询信息</title>
</head>
<body>
    <h2>查询员工信息</h2>
    <form action="18.9.php" method="post">
        选择员工年龄：
        <select name="age">
            <option value="31">31 岁</option>
```

```
            <option value="32">32 岁</option>
            <option value="32">33 岁</option>
            <option value="34">34 岁</option>
            <option value="35">35 岁</option>
        </select><br />
        <input name="submit" type="submit" value="查询员工信息"/>
    </form>
</body>
</html>
```

step 02 创建 18.9.php 文件。代码如下：

```php
<?php
$servername = "localhost";
$username = "root";
$password = "123456";
$dbname = "mytest";
$age = $_POST['age'];
// 创建连接
$db = mysqli_connect($servername, $username, $password, $dbname);
// 检测连接
if (!$db) {
    die("数据库连接失败: " . mysqli_connect_error());
}
$sql = "SELECT id,name,age,salary FROM employee WHERE age = '".$age."'";
$result = mysqli_query($db, $sql);
if (mysqli_num_rows($result) > 0) {
    // 输出数据
    while($row = mysqli_fetch_assoc($result)) {
        echo "编号: " . $row["id"]. " - 姓名: " . $row["name"]." -年龄: " .
$row["age"]." -工资: " . $row["salary"]. "<br/>";
    }
} else {
    echo "没有输出结果";
}
mysqli_free_result($result);
mysqli_close($db);
?>
```

step 03 运行 18.9.html，选择员工的年龄，例如这里选择 32 岁，如图 18-12 所示。

step 04 单击"查询员工信息"按钮，页面跳转至 18.9.php，如图 18-13 所示，查询出所有年龄为 32 岁的员工信息。

图 18-12 选择员工的年龄

图 18-13 查询员工信息

18.6 提升安全性——防止 SQL 注入的攻击

所谓 SQL 注入，就是通过把 SQL 命令插入到 Web 表单提交或输入域名或页面请求的查询字符串，最终达到欺骗服务器执行恶意的 SQL 命令。

PHP 7 中的预处理语句对于防止 MySQL 注入是非常有用的。预处理语句用于执行多个相同的 SQL 语句，并且执行效率更高。

预处理语句的工作原理如下。

(1) 创建 SQL 语句模板并发送到数据库。预留的值使用参数"?"标记。例如：

```
INSERT INTO employee(id,name,age,salary)VALUES (VALUES(?, ?, ? , ?)
```

(2) 数据库解析，编译，对 SQL 语句模板执行查询优化，并存储结果而不输出。

(3) 最后，将应用绑定的值传递给参数("?"标记)，数据库执行语句。

相比于直接执行 SQL 语句，预处理语句有两个主要优点。

(1) 预处理语句大大减少了分析时间，只做了一次查询。

(2) 绑定参数减少了服务器带宽，只需要发送查询的参数，而不是整个语句。

预处理语句针对 SQL 注入是非常有用的，因为参数值发送后使用不同的协议，保证了数据的合法性。

【例 18.10】防止 SQL 注入(示例文件 ch18\18.10.php)。

```php
<?php
$servername = "localhost";
$username = "root";
$password = "123456";
$dbname = "mytest";

// 创建连接
$db = new mysqli($servername, $username, $password, $dbname);

// 检测连接
if ($db->connect_error) {
    die("连接失败: " . $db->connect_error);
}

// 预处理及绑定
$stmt = $db->prepare("INSERT INTO employee (name,age,salary) VALUES
(?, ?, ?)");
$stmt->bind_param("sii", $name, $age, $salary);

// 设置参数并执行
$name = '张晓峰';
$age = 33;
$salary = 4550;
$stmt->execute();

$name = '张菲菲';
```

```
$age = 37;
$salary = 4800;
$stmt->execute();

$name = '刘天佑';
$age = 38;
$salary = 4300;
$stmt->execute();

echo "新记录插入成功";

$stmt->close();
$db->close();
?>
```

程序运行结果如图 18-14 所示。

【案例剖析】

(1) INSERT INTO employee (name,age,salary) VALUES (?, ?, ?)语句中"？"号可以替换为整型、字符串、双精度浮点型或布尔值。

(2) $stmt->bind_param("sii", $name, $age, $salary) 语句绑定了 SQL 的参数，且指定数据库参数的值。"sii" 参数列处理其余参数的数据类型。s(string)字符告诉数据库该参数为字符串。i(integer)字符告诉数据库该参数为整型。

图 18-14　防止 SQL 注入

(3) 每个参数都需要指定类型。通过告诉数据库参数的数据类型，可以降低 SQL 注入的风险。

18.7 疑 难 解 惑

疑问 1：修改 php.ini 文件后仍然不能调用 MySQL 数据库怎么办？

答：有时修改 php.ini 文件不能保证一定可以加载 MySQL 函数库。此时，如果使用 phpinfo()函数不能显示 MySQL 的信息，说明配置失败了。重新按照 18.2 节的内容检查配置是否正确，如果正确，则把 PHP 安装目录下的 libmysql.dll 库文件直接复制，然后拷贝到系统的 system32 目录下，然后重新启动 IIS 或 Apache，最好再次使用 phpinfo()进行验证，即可看到 MySQL 信息，表示此时已经配置成功。

疑问 2：为什么应尽量省略 MySQL 语句中的分号？

答：在 MySQL 语句中，每一行的命令都是用分号(;)作为结束的。但是，当一行 MySQL 被插入到 PHP 代码中时，最好把后面的分号省略掉。这主要是因为 PHP 也是以分号作为一行的结束的，额外的分号有时会让 PHP 的语法分析器搞不明白，所以还是省略掉为好。在这种情况下，虽然省略了分号，但是 PHP 在执行 MySQL 命令时会自动加上去的。

另外，还有一个不要加分号的情况。当用户想把字段竖着排列显示下来，而不是像通常的那样横着排列时，可以用 G 来结束一行 SQL 语句，这时就用不上分号了，例如：

```
SELECT * FROM paper WHERE USER_ID =1G
```

疑问 3：如何对数据表中的信息进行排序操作？

答：使用 ORDER BY 语句可以对数据表中的信息进行排序操作。例如将数据表 employee 中的信息按年龄从小到大排序。SQL 语句如下：

```
SELECT id,name,age,salary FROM employee ORDER BY age ASC
```

其中 ASC 为默认关键词，表示按升序排列。如果想降序排列，可以使用 DESC 关键词。

第 19 章

最兼容的方法——
使用 PDO 操作
MySQL 数据库

　　PHP 的数据库抽象类的出现是 PHP 发展过程中重要的一步。PDO 扩展为 PHP
访问数据库定义了一个轻量级的、一致性的接口，它提供了一个数据访问抽象层。
这样，无论使用什么数据库，都可以通过一致的函数执行查询和获取数据。本章主
要讲述 PDO 数据库抽象类库的使用方法。

19.1　认识 PDO

随着 PHP 应用的快速增长和通过 PHP 开发跨平台应用的普及，使用不同的数据库是十分常见的。PHP 需要支持 MySQL、SQL Server 和 Oracle 等多种数据库。

如果只是通过单一的接口针对单一的数据库编写程序，比如用 MySQL 函数处理 MySQL 数据库，用其他函数处理 Oracle 数据库，这在很大程度上增加了 PHP 程序在数据库方面的灵活性并提高了编程的复杂性和工程量。

如果通过 PHP 开发一个跨数据库平台的应用，比如对于一类数据需要到两个不同的数据库中提取数据，在使用传统方法的情况下只好写两个不同的数据库连接程序，并且要对两个数据库连接的工作过程进行协调。

为了解决这个问题，程序员们开发出了"数据库抽象层"。通过这个抽象层，把数据处理业务逻辑和数据库连接区分开来。也就是说，不管 PHP 连接的是什么数据库，都不影响 PHP 程序的业务逻辑。这样对一个应用来说，就可以采用若干个不同的数据库支持方案。

PDO 就是 PHP 中最为主流的实现"数据库抽象层"的数据库抽象类。PDO 类是 PHP 中最为突出的功能之一。在 PHP 5 版本以前，PHP 都是只能通过针对 MySQL 的类库、针对 Oracle 的类库、针对 SQL Server 的类库等实现有针对性的数据库连接。

PDO 是 PHP Data Objects 的简称，是为 PHP 访问数据库定义的一个轻量级的、一致性的接口，它提供了一个数据访问抽象层。这样，无论使用什么数据库，都可以通过一致的函数执行查询和获取数据。

PDO 通过数据库抽象层实现了以下一些特性。

(1) 灵活性。可以在 PHP 运行期间，直接加载新的数据库，而不需要在新的数据库使用时，重新设置和编译。

(2) 面向对象。这个特性完全配合了 PHP，通过对象来控制数据库的使用。

(3) 速度极快。由于 PDO 是使用 C 语言编写并且编译进 PHP 的，所以比那些用 PHP 编写的抽象类要快很多。

19.2　PDO 的安装

由于 PDO 类库是 PHP 7 自带的类库，所以要使用 PDO 类库，只需要在 php.ini 中把关于 PDO 类库的语句前面的注释符号去掉。

首先启用 extension=php_pdo.dll 类库，这个类库是 PDO 类库本身。然后是不同的数据库驱动类库选项。extension=php_pdo_mysql.dll 适用于 MySQL 数据库的连接。如果使用 SQL Server，可以启用 extension=php_pdo_mssql.dll 类库。如果使用 Oracle 数据库，可以启用 extension=php_pdo_oci.dll。除了这些，还有支持 PgSQL 和 SQLite 等的类库。

本机环境下启用的类库为 extension=php_pdo.dll 类库和 extension=php_pdo_mysql.dll 类库，如图 19-1 所示。

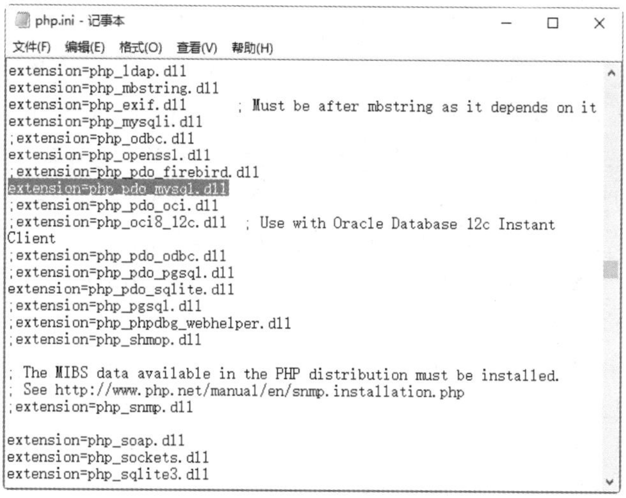

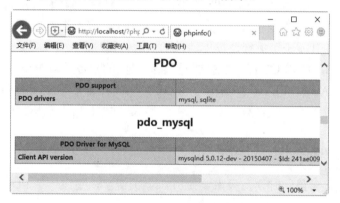

图 19-1 配置 php.ini 文件

可以通过 phpinfo() 查看是否安装成功，如图 19-2 所示。

图 19-2 查看安装是否成功

19.3 使用 PDO 操作 MySQL

在本开发环境下使用的数据库是 MySQL，所以在使用 PDO 操作数据库之前，需要首先连接到 MySQL 服务器和特定的 MySQL 数据库。

这个操作是通过 PDO 类库内部的构造函数来完成的。PDO 的构造函数的语法格式如下：

```
PDO::constuct(DSN, username, password, driver_options)
```

其中 DSN 是一个"数据源名称"；username 是接入数据源的用户名；password 是用户密码；driver_options 是特定连接要求的其他参数。

DSN 是一个字符串，它是由"数据库服务器类型""数据库服务器地址"和"数据库名称"组成的。它们组合的语法格式如下：

```
'数据库服务器类型:host=数据库服务器地址;dbname=数据库名称'
```

driver_options 是一个数组，它有很多选项。

- PDO::ATTR_AUTOCOMMIT：此选项定义 PDO 在执行时是否注释每条请求。
- PDO::ATTR_CASE：通过此选项，可以控制在数据库中取得的数据的字母的大小写。具体说来就是，可以通过 PDO::CASE_UPPER 使所有读取的数据字母变为大写；可以通过 PDO::CASE_LOWER 使所有读取的数据字母变为小写；可以通过 PDO::CASE_NATURL 使用特定的在数据库中发现的字段。
- PDO::ATTR_EMULATE_PREPARES：此选项可以利用 MySQL 的请求缓存功能。
- PDO::ATTR_ERRMODE：使用此选项定义 PDO 的错误报告模型。具体的 3 种模式分别为 PDO::ERRMODE_EXCEPTION 异常模式、PDO::ERRMODE_SILENT 沉默模式和 PDO::ERRMODE_WARNING 警报模式。
- PDO::ATTR_ORACLE_NULLS：此选项在使用 Oracle 数据库时会把空字符串转换为 NULL 值。一般情况下，此选项默认为关闭。
- PDO::ATTR_PERSISTENT：使用此选项来确定此数据库连接是否可持续。但是其默认值为 false，不启用。
- PDO::ATTR_PREFETCH：此选项确定是否要使用数据库的 prefetch 功能。此功能是在用户取得一条记录操作之前就取得多条记录，以准备给其下一次请求数据操作提供数据，并且减少了执行数据库请求的次数，提高了效率。
- PDO::ATTR_TIMEOUT：此选项设置超时时间的秒数。但 MySQL 不支持此功能。
- PDO::DEFAULT_FETCH_MODE：此选项可以设定默认的 fetch 模型，是以联合数据的形式取得数据，或以数字索引数组的形式取得数据，或以对象的形式取得数据。

19.3.1 连接 MySQL 数据库

当建立一个连接对象的时候，只需要使用 new 关键字，生成一个 PDO 的数据库连接实例即可。

例如，使用 MySQL 作为数据库生成一个数据库连接。代码如下：

```
$db = new PDO('mysql:host=localhost;dbname=mytest','root','123456');
```

如果连接数据库有错误，将会抛出一个 **PDOException** 异常对象。

用户可以使用 **try-catch** 异常处理机制。代码如下：

```php
<?php
try {
    $dbconnect =
        new PDO('mysql:host=localhost;dbname=mytest','root','123456');
} catch(PDOException $exception) {
    echo "数据库连接错误: " . $exception->getMessage();
}
?>
```

如果连接数据库成功，返回一个 PDO 类的实例给脚本，此连接在 PDO 对象的生存周期中保持活动。

要想关闭连接，需要销毁对象以确保所有剩余对它的引用都被删除，可以赋一个 NULL

值给对象变量。

如果不销毁对象，PHP 在程序结束时会自动关闭连接。

关闭一个连接的命令：

```php
<?php
$db = new PDO('mysql:host=localhost;dbname=mytest','root','123456');
// 在此使用连接

// 现在运行完成，在此关闭连接
$db = null;
?>
```

但是，很多 Web 应用程序却需要持久性的连接，因为持久性连接在程序结束后不会被关闭，且被缓存，当另一个使用相同凭证的程序连接请求时被重用。可见，持久连接缓存可以避免每次程序都需要建立一个新连接的开销，从而让 Web 应用程序更快。

设置持久化连接的命令：

```php
<?php
$db = new PDO('mysql:host=localhost;dbname=mytest','root','123456',array(
    PDO::ATTR_PERSISTENT => true
));
?>
```

 如果想使用持久连接，必须在传递给 PDO 构造函数的驱动选项数组中设置 PDO::ATTR_PERSISTENT。

19.3.2 创建数据库

连接到 MySQL 服务器后，用户也可以自己创建数据库。例如，下面的案例将创建 mypdo 数据库。

【例 19.1】创建 mypdo 数据库(示例文件 ch19\19.1.php)。

```php
<?php
$servername = "localhost";
$username = "root";
$password = "123456";

try {
    $db = new PDO("mysql:host=$servername;dbname=mytest", $username,
$password);

    // 设置 PDO 错误模式为异常
    $db->setAttribute(PDO::ATTR_ERRMODE, PDO::ERRMODE_EXCEPTION);
    $sql = "CREATE DATABASE mypdo";

    // 使用 exec() ，因为没有结果返回
    $db->exec($sql);

    echo "数据库创建成功<br/>";
```

```
}
catch(PDOException $e)
{
    echo $sql . "<br>" . $e->getMessage();
}

$db = null;
?>
```

程序运行结果如图 19-3 所示。

使用 PDO 的最大好处是在数据库查询过程出现问题时可以使用异常类来处理问题。如果 try{ } 代码块出现异常，脚本会停止执行并会跳到第一个 catch(){ } 代码块执行代码。在上面的捕获的代码块中输出了 SQL 语句并生成错误信息。

图 19-3　创建数据库 mypdo

19.3.3　创建数据表

数据库创建完成后，即可在该数据库中创建数据表。创建数据表需要执行 CREATE TABLE 语句。

下面创建一个数据表 fruits，包含 4 个字段，SQL 语句为：

```
CREATE TABLE fruits
(
   id      INT(11),
   name    VARCHAR(20),
   amount  INT(8)
   salary  FLOAT
);
```

【例 19.2】创建数据表 fruits(示例文件 ch19\19.2.php)。

```
<?php
$servername = "localhost";
$username = "root";
$password = "123456";
$dbname = "mypdo";

try {
    $db = new PDO("mysql:host=$servername;dbname=$dbname", $username,
$password);
    // 设置 PDO 错误模式, 用于抛出异常
    $db->setAttribute(PDO::ATTR_ERRMODE, PDO::ERRMODE_EXCEPTION);

    // 使用 sql 创建数据表
    $sql = "CREATE TABLE fruits(
    id INT(6) UNSIGNED AUTO_INCREMENT PRIMARY KEY,
    name   VARCHAR(20) NOT NULL,
    amount INT(8) NOT NULL,
```

```php
    salary  FLOAT
    )";

    // 使用 exec()，没有结果返回
    $db->exec($sql);
    echo "数据表 fruits 创建成功";
}
catch(PDOException $e)
{
    echo $sql . "<br/>" . $e->getMessage();
}

$db = null;
?>
```

程序运行结果如图 19-4 所示。

19.3.4 添加数据

数据表创建完成后，就可以向表中添加数据。
向 MySQL 表添加新的记录需要使用 INSERT INTO
语句，在前面章节中详细讲述了该语句的使用方
法，这里不再赘述。

图 19-4   创建数据表 fruits

【例 19.3】插入单条数据(示例文件 ch19\19.3.php)。

```php
<?php
$servername = "localhost";
$username = "root";
$password = "123456";
$dbname = "mypdo";

try {
    $db = new PDO("mysql:host=$servername;dbname=$dbname", $username,
$password);
    // 设置 PDO 错误模式，用于抛出异常
    $db->setAttribute(PDO::ATTR_ERRMODE, PDO::ERRMODE_EXCEPTION);
     $sql = "INSERT INTO fruits (name, amount, salary)
    VALUES ('苹果', 3000, 3.2)";
    // 使用 exec() ，没有结果返回
    $db->exec($sql);
    echo "新记录插入成功";
}
catch(PDOException $e)
{
    echo $sql . "<br/>" . $e->getMessage();
}

$db = null;
?>
```

程序运行结果如图 19-5 所示。

19.3.5　一次插入多条数据

如果一次性想插入多条数据，需要通过事务来完成。下面的案例将一次性插入 3 条记录。

【例 19.4】一次插入 3 条记录(示例文件 ch19\19.4.php)。

图 19-5　插入单条数据

```php
<?php
$servername = "localhost";
$username = "root";
$password = "123456";
$dbname = "mypdo";

try {
    $db = new PDO("mysql:host=$servername;dbname=$dbname", $username,
$password);
    // 设置 PDO 错误模式，用于抛出异常
$db->setAttribute(PDO::ATTR_ERRMODE, PDO::ERRMODE_EXCEPTION);
    // 开始事务
    $db->beginTransaction();
    // SQL 语句
    $db->exec("INSERT INTO fruits (name, amount, salary)
    VALUES ('香蕉', 3200, 3.6)");
    $db->exec("INSERT INTO fruits (name, amount, salary)
    VALUES ('橘子', 3300, 3.8)");
    $db->exec("INSERT INTO fruits (name, amount, salary)
    VALUES ('芒果', 3600, 3.1)");
    // 提交事务
    $db->commit();
    echo "三条记录插入成功";
}
catch(PDOException $e)
{
    // 如果执行失败回滚
    $db->rollback();
    echo $sql . "<br/>" . $e->getMessage();
}

$db = null;
?>
```

程序运行结果如图 19-6 所示。

19.3.6　读取数据

插入完数据后，读者可以读取数据表中的数据。下面的案例主要学习如何读取 fruits 数据表中的记录，并将记录显示在表格中。

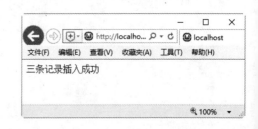

图 19-6　一次插入 3 条数据

【例 19.5】读取数据(示例文件 ch19\19.5.php)。

```php
<?php
echo "<table style='border: solid 1px black;'>";
echo "<tr><th>编号</th><th>名称</th><th>数量</th><th>单价</th></tr>";

class TableRows extends RecursiveIteratorIterator {
    function __construct($it) {
        parent::__construct($it, self::LEAVES_ONLY);
    }

    function current() {
        return "<td style='width:150px;border:1px solid black;'>" .
parent::current(). "</td>";
    }

    function beginChildren() {
        echo "<tr>";
    }

    function endChildren() {
        echo "</tr>" . "\n";
    }
}

$servername = "localhost";
$username = "root";
$password = "123456";
$dbname = "mypdo";

try {
    $db = new PDO("mysql:host=$servername;dbname=$dbname", $username,
$password);
    $db->setAttribute(PDO::ATTR_ERRMODE, PDO::ERRMODE_EXCEPTION);
    $stmt = $db->prepare("SELECT id, name, amount, salary FROM fruits");
    $stmt->execute();

    // 设置结果集为关联数组
    $result = $stmt->setFetchMode(PDO::FETCH_ASSOC);
    foreach(new TableRows(new RecursiveArrayIterator($stmt->fetchAll())) as
$k=>$v) {
        echo $v;
    }
}
catch(PDOException $e) {
    echo "读取数据错误: " . $e->getMessage();
}
$db = null;
echo "</table>";
?>
```

程序运行结果如图 19-7 所示。

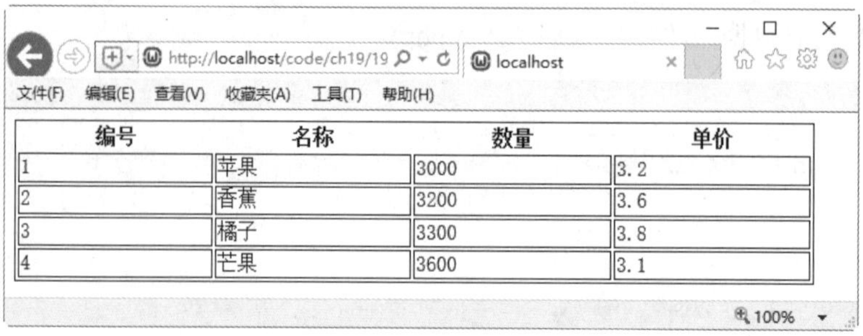

图 19-7　读取数据

19.4　提升安全性——防止 SQL 注入的攻击

PHP 7 中的预处理语句对于防止 MySQL 注入是非常有用的。当执行一个 SQL 语句时，需要 PDO 对语句进行执行。正常情况下可以逐句执行。而每执行这样一句，都需要 PDO 首先对语句进行解析，然后传递给 MySQL 来执行。这都需要 PDO 的工作。如果是不同的 SQL 语句，则这是必要过程。但如果是 INSERT 这样的语句，语句结构都一样，只是每一项具体的数值不同，在这种情况下 PDO 的 prepare 表述就可以只提供改变的变量值，而不改变 SQL 语句，起到减少解析过程、节省资源、提高效率和防止 SQL 注入的作用。

【例 19.6】防止 SQL 注入(示例文件 ch19\19.6.php)。

```php
<?php
$servername = "localhost";
$username = "root";
$password = "123456";
$dbname = "mypdo";

try {
    $db = new PDO("mysql:host=$servername;dbname=$dbname", $username,
$password);
    // 设置 PDO 错误模式为异常
    $db->setAttribute(PDO::ATTR_ERRMODE, PDO::ERRMODE_EXCEPTION);

    // 预处理 SQL 并绑定参数
    $stmt = $db->prepare("INSERT INTO fruits (name, amount, salary) VALUES
(:name, :amount,:salary)");
    $stmt->bindParam(':name', $name);
    $stmt->bindParam(':amount', $amount, PDO::PARAM_INT);
    $stmt->bindParam(':salary', $salary, PDO::PARAM_STR);
    // 插入第一行
    $name = "橙子";
    $amount = 2300;
    $salary = 3.9;
    $stmt->execute();

    // 插入第二行
    $name = "火龙果";
    $amount = 2600;
```

```
    $salary = 5.2;
    $stmt->execute();

    // 插入第三行
    $name = "哈密瓜";
    $amount = 3600;
    $salary = 3.8;
    $stmt->execute();

    echo "三行记录插入成功";
}
catch(PDOException $e)
{
    echo "插入数据错误: " . $e->getMessage();
}
$db = null;
?>
```

程序运行结果如图 19-8 所示。

图 19-8　防止 SQL 注入

19.5　疑 难 解 惑

疑问 1：在操作 MySQL 数据库时，PDO 和 MySQLi 到底哪个好？

答：PDO 和 MySQLi 各有优势，具体介绍如下。

(1)　PDO 应用在 12 种不同数据库中，MySQLi 只针对 MySQL 数据库。

(2)　两者都是面向对象，但 MySQLi 还提供了 API 接口。

(3)　两者都支持预处理语句。预处理语句可以防止 SQL 注入，对于 Web 项目的安全性是非常重要的。

可见，如果项目需要在多种数据库之间切换，建议使用 PDO，因为只需要修改连接字符串和部分查询语句即可。使用 MySQLi，如果是不同的数据库，需要重新编写所有代码，包括查询语句。

疑问 2：在 PDO 中事务如何处理？

答：在 PDO 中同样可以实现事务处理的功能，具体使用方法如下。

(1)　开启事务。使用 beginTransaction()方法将关闭自动提交模式，直到事务提交或者回滚以后才恢复。

(2) 提交事务。使用 commit()方法完成事务的提交操作，成功则返回 TRUE，否则返回 FALSE。

(3) 事务回滚。使用 rollBack()方法执行事务的回滚操作。

疑问 3：如何通过 PDO 连接 SQL Server 数据库？

答：通过 PDO 可以实现与 SQL Server 数据库连接的操作。下面通过例子来讲解具体的连接方法。代码如下：

```php
<?php
header("Content-Type:text/html;charset=utf-8");        //设置页面的编码风格
$host = 'PC-201405212233';                             //设置主机名称
$user = 'sa';                                          //设置用户名
$pwd = '123456';                                       //设置密码
$dbName = 'mydatabase';                                //设置需要连接的数据库
$dbms = 'mssql';  //
$dsn = "mssql:host=$host;dbname-$dbName";
try{                                                   //利用try-catch捕获异常
    $pdo = new PDO($dsn,$user,$pwd);
    echo "成功连接 SQL Server 数据库"
}catch(Exception $e){
    Die("错误提示！".$e->getMessage())
}
?>
```

第 20 章
跨平台的数据通信
——PHP 与
XML 技术

XML 作为一个经常用来跨平台的通用语言，越来越受到大家的重视。XML 是一种标准化的文本格式，可以在 Web 上表示结构化信息，利用它可以存储有复杂结构的数据信息。XML 是 HTML 的补充，但它并不是 HTML 的替代品。在将来的网页开发中，XML 将被用来描述、存储数据，而 HTML 则是用来格式化和显示数据的。本章主要讲述 PHP 与 XML 技术的相关应用。

20.1　理解 XML 概念

随着互联网的发展，为了控制网页显示样式，就增加了一些描述如何显现数据的标签，如<center>、<b>等标签。但随着 HTML 的不断发展，W3C 组织意识到 HTML 存在着以下无法避免的问题。

(1)　不能解决所有解释数据的问题。例如影音文件或化学公式、音乐符号等其他形态的内容。

(2)　效能问题。需要下载整份文件，才能开始对文件做搜寻的操作。

(3)　扩充性、弹性、易读性均不佳。

为了解决以上问题，专家们使用 SGML 精简制作，并依照 HTML 的发展经验，开发出一套使用上规则严谨但是简单的描述数据语言：XML。

XML(eXtensible Markup Language，可扩展标记语言)是 W3C 推荐参考通用标记语言，同样也是 SGML 的子类，可以定义自己的一组标签。它具有下面几个特点。

(1)　XML 是一种元标记语言。所谓"元标记语言"就是开发者可以根据自己的需要定义自己的标签。例如，开发者可以定义标签<book><name>，任何满足 XML 命名规则的名称都可以作为标签，这就为不同的应用程序的应用打开了大门。

(2)　允许通过使用自定义格式，标识、交换和处理数据库可以理解的数据。

(3)　基于文本的格式，允许开发人员描述结构化数据并在各种应用之间发送和交换这些数据。

(4)　有助于在服务器之间传输结构化数据。

(5)　XML 使用的是非专有的格式，不受版权、专利、商业秘密或是其他种类的知识产权的限制。XML 的功能是非常强大的，同时对人类或是计算机程序来说，都容易阅读和编写。因而成为交换语言的首选。网络带给人类的最大好处是信息共享，在不同的计算机发送数据，而 XML 是用来告诉我们"数据是什么"，利用 XML 可以在网络上交换任何一种信息。

【例 20.1】XML 文件的显示(示例文件 ch20\20.1.xml)。

```
<?xml version="1.0" encoding="GB2312" ?>
<电器>
   <家用电器>
     <品牌>小天鹅洗衣机</品牌>
     <购买时间>2018-10-01</购买时间>
     <价格 币种="人民币">899 元</价格>
   </家用电器>
   <家用电器>
     <品牌>海尔冰箱</品牌>
     <购买时间>2018-08-16</购买时间>
     <价格 币种="人民币">3990</价格>
   </家用电器>
</电器>
```

此处需要将文件保存为 XML 文件。在该文件中，每个标签都是用汉语编写的，是自定义标签。整个电器可以看作是一个对象，该对象包含了多个家用电器。家用电器是用来存储电器的相关信息的，也可以说家用电器对象是一种数据结构模型。在页面中没有对数据的样式进行修饰，而只告诉我们数据结构是什么，数据是什么。

浏览效果如图 20-1 所示，可以看到整个页面以树形结构显示，通过单击 "–" 可以关闭整个树形结构，单击 "+" 可以展开树形结构。

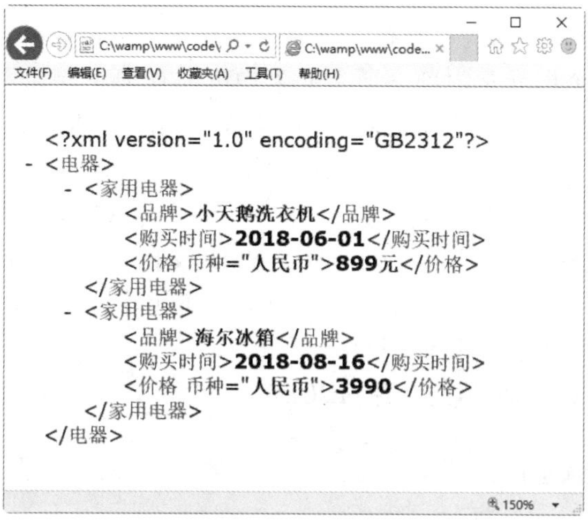

图 20-1　XML 文件显示

20.2　XML 语法基础

XML 是标记语言，可支持开发者为 Web 信息设计自己的标签。XML 要比 HTML 强大得多，它不再是固定的标签，而是允许定义数量不限的标签来描述文档中的资料，是允许嵌套的信息结构。

20.2.1　XML 文档组成和声明

一个完整的 XML 文档由声明、元素、注释、字符引用和处理指令组成。在文档中，所有这些 XML 文档的组成部分都是通过元素标签来指明的。可以将 XML 文档分为 3 个部分，如图 20-2 所示。

XML 声明必须作为 XML 文档的第一行，前面不能有空白、注释或其他的处理指令。完整的声明格式如下：

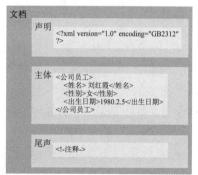

图 20-2　XML 文档组成

```
<?xml version="1.0" encoding="编码" standalone="yes/no" ?>
```

其中 version 属性不能省略，且必须在属性列表中排在第一位，指明所采用的 XML 的版本号，值为 1.0。该属性用来保证对 XML 未来版本的支持。encoding 属性是可选属性。该属性指定了文档采用的编码方式，即规定了采用哪种字符集对 XML 文档进行字符编码，常用的编码方式为 UTF-8 和 GB2312。如果没有使用 encoding 属性，那么该属性的默认值是 UTF-8；如果 encoding 属性值设置为 GB2312，则文档必须使用 ANSI 编码保存，文档的标记以及标记内容只可以使用 ASCII 字符和中文。

使用 GB2312 编码的 XML 声明如下：

```
<?xml version="1.0" encoding="GB2312" ?>
```

XML 文档主体必须有根元素。所有的 XML 必须包含可定义根元素的单一标签对。所有其他元素都必须处于这个根元素内部。所有元素均可拥有子元素。子元素必须被正确地嵌套于它们的父元素内部。根标记及根标记内容共同构成 XML 文档主体。没有文档主体的 XML 文档将不会被浏览器或其他 XML 处理程序所识别。

注释可以提高文档的可读性。尽管 XML 解析器通常会忽略文档中的注释，但位置适当且有意义的注释可以大大提高文档的可读性。所以 XML 文档中不用于描述数据的内容都可以包含在注释中，注释以"<!--"开始，以"-->"结束，在起始符和结束符之间为注释内容，注释内容可以输入符合注释规则的任何字符串。

【例 20.2】XML 文档组成(示例文件 ch20\20.2.xml)。

```
<?xml version="1.0" encoding="gb2312"?>
<!--这是一个优秀学生名单-->
<学生名单>
<学生>
  <姓名>张三</姓名>
  <学号>21</学号>
  <性别>男</性别>
</学生>
<学生>
  <姓名>李四</姓名>
  <学号>22</学号>
  <性别>女</性别>
</学生>
</学生名单>
```

在上述代码中，第一句代码是一个 XML 声明。"<学生>"标签是"<学生名单>"标签的子元素，而"<姓名>"标签和"<学号>"标签是"<学生>"标签的子元素。"<!-- -->"是一个注释。

浏览效果如图 20-3 所示，可以看到页面显示了一个树形结构，并且数据层次感非常好。

20.2.2 XML 元素介绍

元素是以树形分层结构排列的，它可以嵌套在其他元素中。

图 20-3　XML 文档组成

1. 元素类别

在 XML 文档中，元素可分为非空元素和空元素两种类型。一个 XML 非空元素是由开始标签、结束标签及标签之间的数据构成的。开始标签和结束标签用来描述标签之间的数据。标签之间的数据被认为是元素的值。非空元素的语法格式如下：

```
<开始标签>文本内容</结束标签>
```

而空元素就是不包含任何内容的元素，即开始标签和结束标签之间没有任何内容的元素。其语法格式如下：

```
<开始标签></结束标签>
```

可以把元素内容为文本的非空元素转换为空元素。例如：

```
<hello>下午好</hello>
```

<hello>是一个非空元素，如果把非空元素的文本内容转换为空元素的属性，那么转换后的空元素可以写为：

```
<hello content="下午好"></hello>
```

2. 元素命名规范

XML 元素命名规则与 Java、C 语言等命名规则类似，它也是一种对大小写敏感的语言。XML 元素命名必须遵守下列规则。

(1) 元素名中可以包含字母、数字和其他字符，如<place>、<地点>、<no123>等。元素名中虽然可以包含中文，但是在不支持中文的环境中不能够解释包含中文字符的 XML 文档。

(2) 元素名中不能以数字或标点符号开头。例如，<123no>、<.name>、<?error>元素名称都是非法名称。

(3) 元素名中不能包含空格，如<no 123>。

3. 元素嵌套

元素的内容可以包含子元素。子元素本身也是元素，被嵌套在上层元素之内。如果子元素嵌套了其他元素，那么它同时也是父元素，例如下面所示的部分代码：

```
<?xml version="1.0" encoding="gb2312" ?>
<students>
  <student>
    <name>张三</name>
    <age>20</age>
  </student>
  …
</students>
```

<student>是<students>的子元素，同时也是<name>和<age>的父元素，而<name>和<age>是<student>的子元素。

4. 元素实例

【例 20.3】显示通讯录的 XML 文档(示例文件 ch20\20.3.xml)。

网站开发案例课堂

```xml
<?xml version="1.0" encoding="gb2312" ?>
<通讯录>
  <!--"记录"标签中包含姓名、地址、电话和电子邮件 -->
  <记录 date="2018/2/1">
    <姓名>张三</姓名>
    <地址>中州大道 1 号</地址>
    <电话>0371-12345678</电话>
    <电子邮件>rose@tom.com</电子邮件>
  </记录>
  <记录 date="2018/3/12">
    <姓名>李四</姓名>
    <地址>邯郸市工农大道 2 号</地址>
    <电话>123456</电话>
  </记录>
  <记录 date="2018/6/23">
    <姓名>闫阳</姓名>
    <地址>长春市幸福路 6 号</地址>
    <电话>0431-123456</电话>
    <电子邮件>yy@sina.com</电子邮件>
  </记录>
</通讯录>
```

在文件代码中，第一行是 XML 声明，它声明该文档是 XML 文档、文档所遵守的版本号以及文档使用的字符编码集。在这个例子中，遵守的是 XML 1.0 版本规范，字符编码是 GB2312 编码方式。<记录>是<通讯录>的子标签，但<记录>标签同时是<姓名>和<地址>等标签的父元素。

浏览效果如图 20-4 所示，可以看到页面显示了一个树形结构，每个标签中包含相应的数据。

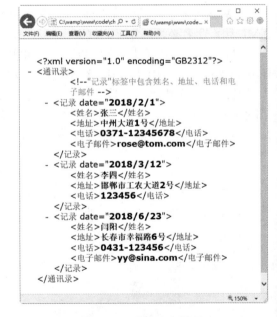

图 20-4　程序运行结果

20.2.3　处理指令实体引用

有些字符在 XML 中有特殊的意思，而这些字符需要转义。

比如在<name> </name>之间无法直接使用用于编写标签的符号"<"和">"。如果直接在标签内使用，如<name>天地一斗<天地二斗</name>，在 XML 执行时便会出错，因为 XML 不知道标签的结尾从哪里开始。

要解决这个问题只有用另外的一种方式来表示此符号，使所有符号在 XML 中合法，这样就不会使 XML 发生字符确认的混淆。这种表示方法就是"实体引用"。一些实体引用如下："<"为"<"，">"为">"，"&"为"&"，"'"为"'"，"""为

"&qout;"，则：

```
<name>天地一斗< 天地二斗</name>
```

可以表示为：

```
<name>天地一斗 &lt; 天地二斗</name>
```

XML 对空格符不做多余处理，保留输入的情况。

20.2.4 XML 命名空间

XML 内的元素名称都是由自定义产生的。所以只有遵循一定的规则才不会出现问题。XML 命名空间就给出了避免命名冲突的方法。

比如，如果一个 XML 文档中出现了 HTML 文档中才出现的元素名称，如：

```
<body>
  <form></form>
</body>
```

则浏览器在解析的时候将会出错，不知道到底是按照 XML 进行还是按照 HTML 进行。

要解决这个问题，可以通过使用名称前缀。如：

```
<s:body>
  <s:form></s:form>
</s:body>
```

其中，"s:"就是元素名前缀。但是配合名称前缀的使用，一定要在"根元素"上定义命名空间(name space)属性。例如：

```
<?xml version="1.0" encoding="gb2312"?>
<store xmlns:s="http://www.w3.org/TR/html4/">
<album catalog="song">
    <name>天地一斗</name>
    <author>Jay</author>
    <heading>周杰伦专辑</heading>
    <body>这是 jay 的最新专辑</body>
    <time>2018-02-20</time>
  </album>
</store>
```

其中，xmlns 属性的语法格式如下：

```
xmlns:前缀名 ="URI"
```

其中 URI 是指向介绍前缀信息的页面，不是靠这个来解析前缀名的。

例如：

```
<?xml version="1.0" encoding="gb2312"?>
<store xmlns="http://www.w3.org/TR/html4/">
<album catalog="song">
    <name>天地一斗</name>
    <author>Jay</author>
    <head>周杰伦专辑</head>
```

```
  <body>这是 jay 的最新专辑</body>
   <time>2018-02-20</time>
  </album>
</store>
```

上述代码中定义了一个默认命名空间，也就是在不加任何前缀的情况下，出现的 HTML 元素就按照 HTML 元素进行处理。

```
<head>周杰伦专辑</head>
   <body>这是 jay 的最新专辑</body>
```

20.2.5　XML DTD

XML 一定要按照规定的语法形式书写。为了验证它的合法性，可以通过 DTD 文档进行验证。

DTD 是 Document Type Definition 的缩写，意思是文档类型定义。DTD 文档是对类型文档进行定义的。在 XML 中使用，就是用来对 XML 文档进行定义的。比如，DTD 文件 store.dtd 就定义了 store.xml 文件的架构。代码如下：

```
<!DOCTYPE store
[
<!ELEMENT store (album)>
<!ELEMENT album (name,author,heading,body,time)>
<!ELEMENT author(#PCDATA)>
<!ELEMENT heading(#PCDATA)>
<!ELEMENT body (#PCDATA)>
<!ELEMENT time(#PCDATA)>
]>
```

如果要使 DTD 起作用，可以进行相关的添加，即引入文件：

```
<?xml version="1.0" encoding="gb2312"?>
<!DOCTYPE store SYSTEM "store.dtd">
<store>
  <album catalog="song">
  …
  </album>
</store>
```

也可以直接把它写在 XML 的声明语句之后，例如以下代码：

```
<?xml version="1.0" encoding="gb2312"?>
<!DOCTYPE store
[
<!ELEMENT store (album)>
<!ELEMENT album (name,author,heading,body,time)>
<!ELEMENT name(#PCDATA)>
<!ELEMENT author(#PCDATA)>
<!ELEMENT heading(#PCDATA)>
<!ELEMENT body (#PCDATA)>
<!ELEMENT time(#PCDATA)>
]>
<store>
```

```
  <album catalog="song">
  …
  </album>
</store>
```

20.2.6　使用 CDATA 标签

上例中<!ELEMENT name(#PCDATA)>中的 PCDATA 指的是 parsed character data，即使用 XML 解析器对字符数据进行解析。

CDATA 指的是 character data，即是"不"使用解析器对字符数据进行解析。

在很多表示语言的头部，会出现以<script></script>开头里面包含<![CDATA[ ]]>标签的代码，例如：

```
<script type="text/javascript">
<![CDATA[
function upperCase() {
    var x=document.getElementById("name").value
    document.getElementById("name").value=x.toUpperCase()
}
]]>
</script>
```

其中，"<![CDATA[ ]]>"标签意味着，包含在此标签里面的代码不被当前文档解析器解析。如果是在 HTML 中使用，则不被 HTML 解析器解析。如果在 XML 中使用，则不被 XML 解析器解析。

标签内部的代码不能包含标签符本身。

20.3　将 XML 文档转换为 HTML 加以输出

根据 20.2 节对 XML 的介绍，可以得知以下几点。

(1) XML 是用来传输和储存数据的，是 W3C 的推荐产物。

(2) XML 是一种标识语言，是需要使用标签(tag)来表明语言元素的。如同 HTML 一类的标识语言。但是 HTML 是用来展示数据的。

(3) XML 的标签(tag)不像 HTML 那样是标准固定的。用户使用 XML 需要自己定义标签。

XML 本身并不做什么事情。它只是按照一定的方式把数据组织在一起。

例如以下代码：

```
<?xml version="1.0" encoding="gb2312"?>
<album>
    <name>天地一斗</name>
    <author>Jay</author>
    <heading>周杰伦专辑</heading>
    <body>这是 jay 的最新专辑</body>
    <time>2014-02-20</time>
</album>
```

这个 XML 文件包含了专辑的名称、作者、标头、主体内容和发布时间。而且它们所有的标签都是自定义的。由于这些 tag 都是自定义的，所以，浏览器都无法识别这些，不会进行渲染加以展示。那么如何使 XML 中所携带的数据展示出来呢？

用户可以使用传统的 CSS 和 JavaScript 来实现，但是最好的方法是使用 XSLT。

XSLT 是用来把 XML 文档转换为 HTML 文档的语言。它是 extensible stylesheet language transformations 的缩写，意思是扩展样式转换。XSLT 相当于 XML 的 HTML 模板。

20.4 在 PHP 中创建 XML 文档

XML 是标识语言。PHP 是脚本语言。使用脚本语言是可以创建标识语言的。

step 01 ▶ 在网站目录下建立文件 xml.php。代码如下：

```php
<?php
  header("Content-type: text/xml");
  echo "<?xml version=\"1.0\"
    encoding=\"gb2312\"?>";
  echo "<store>";
  echo "<album catalog=\"song\">";
  echo "<name>天地一斗</name>";
  echo "<author>Jay</author>";
  echo "<heading>周杰伦专辑</heading>";
  echo "<body>这是jay的最新专辑
</body>";
  echo "</album>";
  echo "</store>";
?>
```

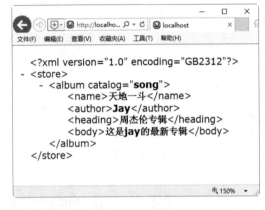

step 02 ▶ 运行 xml.php，结果如图 20-5
所示。

图 20-5 在 PHP 中创建 XML 文档

【代码剖析】

(1) 在 xml.php 中通过 header("Content-type: text/xml")定义输出文本类型。

(2) PHP 通过 echo 命令直接把 XML 元素通过字符串输出。

20.5 使用 SimpleXML 扩展

以上通过 PHP 创建 XML 文档是静态方法。如果想要从获得的数据中动态创建或者读取 XML 文件，应该使用什么方式呢？最简单的方法就是使用 PHP 中提供的 SimpleXML 扩展。

20.5.1 创建 SimpleXMLElement 对象

从 PHP 5 版本开始，PHP 中才有 SimpleXML 扩展。SimpleXML 是一个 XML 解析器，它能够轻松读取 XML 文档，也是一个 XML 控制器，能够轻松创建 XML 文档。

SimpleXML 的好处就是把 PHP 对 XML 的处理变得简单化。不需要使用传统的 SAX 扩展和 DOM 扩展来为每个 XML 文档编写解析器。

SimpleXML 扩展拥有 1 个类、3 个函数和众多的类方法。下面就来介绍 SimpleXML 扩展的对象 SimpleXMLElement。

使用 SimpleXMLElement 对象创建一个 XML 文档，首先要创建一个对象。使用 SimpleXMLElement()函数创建此对象。

下面通过案例介绍此过程，具体操作步骤如下。

step 01 在网站目录下建立文件 simplexml.php。代码如下：

```php
<?php
 $xmldoc = "<?xml version=\"1.0\" encoding=\"gb2312\"?>
  <store>
  <album catalog=\"song\">
   <name>PHP 7动态网站开发案例课堂</name>
   <author>千谷网络联盟</author>
   <heading>网站开发系列</heading>
   <body>这是第二版图书</body>
   <time>2018-02-20</time>
  </album>
  </store>";
 $simplexmlobj = new SimpleXMLElement($xmldoc);
 echo $simplexmlobj->asXML();
?>
```

step 02 运行 simplexml.php，结果如图 20-6 所示。

【代码剖析】

(1) $xmldoc 为一个字符串变量，里面是一个完整的 XML 文档。

(2) $simplexmlobj 为 SimpleXMLElement()函数通过 new 关键字，用包含 XML 文档的字符串变量$xmldoc 生成 SimpleXML 对象。

图 20-6　创建 simplexml.php 文件

(3) 对象$simplexmlobj 通过类方法 asXML()输出 XML 文档。输出结果如图 20-6 所示，为一个字符串。由于没有参数设置，所以 XML 文档的数据输出为字符串。

继续上面的实例，修改 simplexml.php 文件中的"echo $simplexmlobj->asXML();"为"echo $simplexmlobj->asXML("storesim.xml");"。其中，给类方法 asXML()添加参数为一个 XML 文件名 storesim.xml。

继续运行 simplexml.php，则在该网页的同目录下得到文件 storesim.xml，打开文件后代码如下：

```xml
<?xml version="1.0" encoding="gb2312"?>
<store>
  <album catalog="song">
    <name>PHP 7动态网站开发案例课堂</name>
    <author>千谷网络联盟</author>
    <heading>网站开发系列</heading>
    <body>这是第二版图书</body>
```

```
    <time>2018-02-20</time>
  </album>
  </store>
```

20.5.2　访问特定节点元素和属性

使用 XML 数据很重要的就是访问需要访问的数据。SimpleXML 可以通过 simplexml_load_file()函数很方便地完成此任务。

此例介绍加载 XML 文件并访问数据的过程，具体操作步骤如下。

step 01　在网站目录下建立文件 storeutf8.xml。代码如下：

```xml
<?xml version="1.0" encoding="utf-8"?>
<store>
  <album catalog="song">
    <name>help</name>
    <author>beatles</author>
    <heading>famers</heading>
    <body>this is published in 1965.</body>
     <time>2018-02-20</time>
  </album>
</store>
```

step 02　在网站目录下建立文件 simplexmlele.php。代码如下：

```php
<?php
  $storeobj = simplexml_load_file("storeutf8.xml") ;
  echo $storeobj->album->name ."<br />";
  print_r($storeobj);
?>
```

step 03　运 行 simplexmlele.php，
　　　　结果如图 20-7 所示。

【代码剖析】

(1) storeutf8.xml 为一个 XML 文档。不过它的字符编码为 UTF-8。

(2) simplexml_load_file()函数加载 XML 文件，并且生成一个对象，赋值给$storeobj 变量。simplexml_load_file() 函数是把加载文件的数据都自动转换为 UTF-8 的编码格式。若文字编码为其他格式，则要采用其他加载方式。

图 20-7　运行 simplexmlele.php

(3) 对象$storeobj 通过属性访问 XML 文档数据。$storeobj->album->name 就输出了 XML 文档中<name>help</name>元素和数据。

(4) 通过 print_r()输出$storeobj 对象的所有数据和属性。

20.5.3　添加 XML 元素和属性

通过 simplexml 类方法 addAttribute 和 addChild 添加 XML 元素和属性。具体操作步骤如下。

step 01 在网站目录下建立文件 simplexmlele2.php。代码如下：

```php
<?php
 $storeobj = simplexml_load_file("storeutf8.xml") ;
 $storeobj->addAttribute("storetype","CDshop");
 $storeobj->album->addChild("type","CD");
 echo $storeobj->album->name."<br />";
 $storeobj->asXML("storeutf8-2.xml");
?>
```

step 02 运行 simplexmlele2.php，结果如图 20-8 所示。

step 03 此时在 simplexmlele2.php 文件同目录下得到文件 storeutf8-2.xml。打开文件，代码如下：

图 20-8 运行 simplexmlele2.php

```xml
<?xml version="1.0" encoding="utf-8"?>
<store storetype="CDshop">
  <album catalog="song">
   <name>help</name>
   <author>beatles</author>
   <heading>famers</heading>
   <body>this is published in
       1965.</body>
   <time>2018-02-20</time>
  <type>CD</type></album>
</store>
```

【代码剖析】

(1) simplexml_load_file（ ）加载 storeutf8.xml。通过类方法 addAttribute()，向根元素 $storeobj 添加属性 storetype，其值为 CDshop。

(2) $storeobj->album->addChild("type","CD")语句向$storeobj->album 元素内添加子元素 type，其值为 CD。

(3) $storeobj->asXML("storeutf8-2.xml")语句生成文件 storeutf8-2.xml。

20.6 案例实战——动态创建 XML 文档

使用 SimpleXML 对象可以十分方便地读取和修改 XML 文档，但是无法动态建立 XML。如果想动态地创建 XML 文档，需要使用 DOM 来实现。DOM 是 Document Object Model 的简称，意思是文件对象模型，它是 W3C 组织推荐的处理可扩展标记语言的标准编程接口。

下面通过实例来讲解使用 DOM 动态创建 XML 文档的方法。

step 01 在网站目录下建立 dtxml.php 文件。代码如下：

```php
<?php
 $dom = new DomDocument('1.0','gb2312');        //创建 DOM 对象
 $store = $dom->createElement('store');         //创建根节点 store
 $dom->appendChild($store);                     //将创建的根节点添加到 DOM 对象中
 $album = $dom->createElement('album');         //创建节点 album
```

```
$store ->appendChild($album);                           //将节点 album 追加到 DOM 对象中
$musiccd = $dom->createElement('musiccd');              //创建节点 musiccd
$album ->appendChild($musiccd);                         //将 musiccd 追加到 DOM 对象中
$type = $dom->createAttribute('type');                  //创建节点属性 type
$musiccd->appendChild($type);                           //将属性追加到 musiccd 元素后
$type_value = $dom->createTextNode('music');            //创建一个属性值
$type->appendChild($type_value);                        //将属性值赋给 type
$name = $dom->createElement('name');                    //创建节点 name
$musiccd ->appendChild($name);                          //将节点追加到 DOM 对象中
$name_value = $dom->createTextNode(iconv('gb2312','utf-8','周杰伦专辑'));
                                                        //创建元素值
$name->appendChild($name_value);                        //将值赋给节点 name
echo $dom->saveXML();                                   //输出 XML 文件
?>
```

step 02 运行 dtxml.php，结果如图 20-9 所示。

图 20-9　运行 dtxml.php

20.7　疑 难 解 惑

疑问 1：XML 和 HTML 文件有什么异同？

答：XML 和 HTML 都是从 SGML 发展而来的标记语言，因此，它们有些共同点，如相似的语法和标签。不过 HTML 是在 SGML 定义下的一个描述性语言，只是一个 SGML 的应用。而 XML 是 SGML 的一个简化版本，是 SGML 的一个子集。

XML 是用来存放数据的，XML 不是 HTML 的替代品，XML 和 HTML 是两种不同用途的语言。XML 是被设计用来描述数据的。HTML 只是一个显示数据的标记语言。

疑问 2：在向 XML 中添加数据时出现乱码现象怎么办？

答：iconv()函数是转换编码函数。在向页面或文件写入数据时，如果添加的数据的编码格式和文件原有的编码格式不符，会出现乱码的问题。解决的方法是：使用 iconv()函数将数据从输入时所使用的编码转换为另一种编码格式后再输出，即可解决上述问题。

第 21 章

异步通信更高效
——PHP 与
Ajax 技术

Ajax 是一项较新的网络技术。确切地说，Ajax 不是一项技术，而是一种用于创建更好更快以及交互性更强的 Web 应用程序的技术。它能使浏览器为用户提供更为自然的浏览体验，就像在使用桌面应用程序一样。本章主要讲述 PHP 中 Ajax 的使用方法和技巧。

21.1 Ajax 概述

Ajax 是一项很有生命力的技术，它的出现引发了 Web 应用的新革命。目前，网络上的许多站点，使用 Ajax 技术的还非常有限。但是，可以预见在不远的将来，Ajax 技术会成为整个网络的主流。

21.1.1 什么是 Ajax

Ajax 的全称为 Asynchronous JavaScript And XML，是一种 Web 应用程序客户机技术，它结合了 JavaScript、层叠样式表(Cascading Style Sheets，CSS)、HTML、XMLHttpRequest 对象和文档对象模型(Document Object Model，DOM)多种技术。运行在浏览器上的 Ajax 应用程序，以一种异步的方式与 Web 服务器通信，并且只更新页面的一部分。通过利用 Ajax 技术，可以提供丰富的、基于浏览器的用户体验。

Ajax 让开发者在浏览器端更新被显示的 HTML 内容而不必刷新页面。换句话说，Ajax 可以使基于浏览器的应用程序更具交互性而且更类似于传统型桌面应用程序。Google 的 Gmail 和微软的 Outlook Express 就是两个使用 Ajax 技术的例子。而且，Ajax 可以用于任何客户端脚本语言中，包括 JavaScript、Jscript 和 VBScript。

下面给出一个简单的实例，来具体了解一下什么是 Ajax。

【例 21.1】使用 Ajax (示例文件 ch21\21.1.html)。

本实例从一个简单的角度入手，实现客户端与服务器异步通信，获取"你好，Ajax"的数据，并在不刷新页面的情况下将获得的"你好，Ajax"数据显示到页面上。

具体操作步骤如下。

step 01 使用记事本创建 HelloAjax.jsp 文件。代码如下：

```
<%@ page language="java" pageEncoding="gb2312"%>
<html>
  <head>
    <title>第一个 Ajax 实例</title>
    <style type="text/css">
     <!--
      body {
          background-image: url(images/img.jpg);
      }
     -->
    </style>
  </head>
<script type="text/javascript">
 …//省略了 script 代码
</script>
<body><br>
  <center>
    <button onclick="hello()">Ajax</button>
    <P id="p">
        单击按钮后你会有惊奇的发现哟！
```

```
        </P>
      </center>
    </body>
</html>
```

JavaScript 代码嵌入在标签<script>和</script>之中，这里定义了一个函数 hello()，这个函数是通过一个按钮来驱动的。

step 02 在步骤 1 省略的代码部分创建 XML Http Request 对象，创建完成后把此对象赋值给 xmlHttp 变量。为了获得多种浏览器支持，应使用 create XML Http Request()函数试着为多种浏览器创建 XML Http Request 对象。代码如下：

```
var xmlHttp=false;
function createXMLHttpRequest()
{
    if (window.ActiveXObject)             //在 IE 浏览器中创建 XMLHttpRequest 对象
    {
       try{
        xmlHttp=new ActiveXObject("Msxml2.XMLHTTP");
       }
       catch(e){
           try{
            xmlHttp = new ActiveXObject("Microsoft.XMLHTTP");
           }
            catch(ee){
            xmlHttp=false;
           }
       }
    }
    else if (window.XMLHttpRequest)    //在非 IE 浏览器中创建 XMLHttpRequest 对象
    {
       try{
        xmlHttp = new XMLHttpRequest();
       }
       catch(e){
        xmlHttp=false;
       }
    }
}
```

step 03 在步骤 1 省略的代码部分再定义 hello()函数。hello()函数为要与之通信的服务器资源创建一个 URL，"xmlHttp.onreadystatechange=callback;"与"xmlHttp.open ("post","HelloAjaxDo.jsp",true);"，第一行定义了 JavaScript 回调函数，一旦响应它就自动执行，而第二个函数中所指定的 true 标志说明想要异步执行该请求，如果没有指定情况下默认为 true。代码如下：

```
function hello()
{
    createXMLHttpRequest();    //调用创建 XMLHttpRequest 对象的方法
    xmlHttp.onreadystatechange=callback;    //设置回调函数
    xmlHttp.open("post","HelloAjaxDo.jsp",true);  //向服务器端 HelloAjaxDo.jsp
发送请求
    xmlHttp.setRequestHeader("Content-Type","application/x-www-form-
```

```
urlencoded;charset=gb2312");
    xmlHttp.send(null);
    function callback()
    {
        if(xmlHttp.readyState==4)
        {
            if(xmlHttp.status==200)
            {
             var data= xmlHttp.responseText;
             var pNode=document.getElementById("p");
             pNode.innerHTML=data;
            }
        }
    }
}
```

函数 callback()是回调函数，它首先检查 XMLHttpRequest 对象的整体状态以保证它已经完成(readyStatus==4)，然后根据服务器的设定询问请求状态。如果一切正常(status==200)，就使用 "var data=xmlHttp.responseText;"，取得返回的数据，用 innerHTML 属性重写 DOM 的 pNode 节点的内容。

JavaScript 的变量类型使用的是弱类型，都使用 var 来声明。document 对象就是文档对应的 DOM 树。通过 "document.getElementById("p");" 可以通一个标签的 id 值来取得此标签的一个引用(树的节点)；"pNode.innerHTML=str;" 为节点添加内容，这样是覆盖了节点的原有内容，如果不想覆盖可以使用 "pNode.innerHTML+=str;" 来追加内容。

step 04 通过步骤 3 可以知道要异步请求的是 HelloAjaxDo.jsp，下面需要创建此文件。

代码如下：

```
<%@ page language="java" pageEncoding="gb2312"%>
<%
 out.println("你好，Ajax");
%>
```

step 05 将上述文件保存在 Ajax 站点下，启动 Tomcat 服务器打开浏览器，在地址栏中输入 http://localhost/code/ch21/HelloAjax.jsp，单击转到按钮，结果如图 21-1 所示。

step 06 单击 Ajax 按钮，发现变化如图 21-2 所示，注意按钮下内容的变化，这个变化没有看到刷新页面的过程。

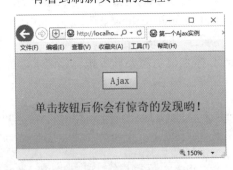

图 21-1　会变的页面

图 21-2　动态改变页面

21.1.2　Ajax 的工作过程

　　在使用 Ajax 技术之前，页面中用户的每次 HTTP 请求，都会被返回到 Web 服务器。服务器进行相应的处理，然后将处理结果返回到 HTML 页面给客户端。

　　在使用 Ajax 技术后，页面中用户的每次 HTTP 请求，都会通过 Ajax 引擎与服务器进行通信，然后将返回结果提交给客户端页面的 Ajax 引擎，再由 Ajax 引擎来决定将这些数据插入到页面的指定位置。Ajax 的工作过程如图 21-3 所示。

　　可见，使用 Ajax 技术后，通过 JavaScript 可以实现在不刷新整个页面的情况下，对部分数据进行更新，从而降低了网络流量，带来更好的用户体验。

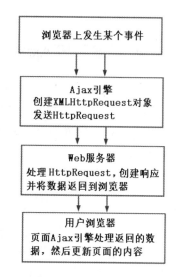

图 21-3　Ajax 的工作过程

21.1.3　Ajax 的关键元素

　　Ajax 不是单一的技术，而是 4 种技术的集合，要灵活地运用 Ajax 必须深入了解这些不同的技术。表 21-1 中列出了这些技术，以及它们在 Ajax 中所扮演的角色。

表 21-1　Ajax 涉及的技术

技　术	与 Ajax 的结合应用
JavaScript	JavaScript 是通用的脚本语言，用来嵌入在某种应用之中。Web 浏览器中嵌入的 JavaScript 解释器允许通过程序与浏览器的很多内建功能进行交互。Ajax 应用程序是使用 JavaScript 编写的
CSS	CSS 为 Web 页面元素提供了一种可重用的可视化样式的定义方法。它提供了简单而又强大的方法，以一致的方式定义和使用可视化样式。在 Ajax 应用中，用户界面的样式可以通过 CSS 独立修改
DOM	DOM 以一组可以使用 JavaScript 操作的可编程对象展现出 Web 页面的结构。通过使用脚本修改 DOM，Ajax 应用程序可以在运行时改变用户界面，或者高效地重绘页面中的某个部分
XMLHttpRequest 对象	XMLHttpRequest 对象允许 Web 程序员从 Web 服务器以后台活动的方式获取数据。数据格式通常是 XML，但是也可以很好地支持任何基于文本的数据格式

　　在 Ajax 的 4 种技术中，CSS、DOM 和 JavaScript 都是很早就出现的技术，它们以前结合在一起称为动态 HTML，即 DHTML。

　　Ajax 的核心是 JavaScript 对象 XMLHttpRequest。该对象在 Internet Explorer 5 中首次引入，它是一种支持异步请求的技术。简而言之，XMLHttpRequest 使您可以使用 JavaScript 向

服务器提出请求并处理响应，而不阻塞用户。

21.1.4　CSS 与 Ajax

CSS 在 Ajax 中主要用于美化网页，是 Ajax 的美术师。无论 Ajax 的核心技术采用什么形式，任何时候显示在用户面前的都是一个页面，是页面就需要美化，那么就需要 CSS 对显示在用户浏览器上的界面进行美化。

如果用户在浏览器中查看页面的源代码，就可以看到众多的<div>块和 CSS 属性占据了源代码的很多部分，如图 21-4 所示。从这一点可以了解到 CSS 在页面美化方面的重要性。

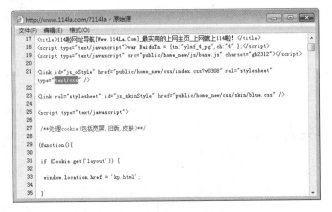

图 21-4　源文件中的 CSS 代码

21.2　Ajax 的核心技术

Ajax 作为一项新技术，结合了 4 种不同的技术，实现了客户端与服务器端的异步通信，并且对页面实现局部更新，大大提高了浏览器的速度。

21.2.1　全面剖析 XMLHttpRequest 对象

XMLHttpRequest 对象是当今所有 Ajax 和 Web 2.0 应用程序的技术基础。尽管软件经销商和开源社团现在都在提供各种 Ajax 框架以进一步简化 XMLHttpRequest 对象的使用，但是，我们仍然很有必要理解这个对象的详细工作机制。

1. XMLHttpRequest 概述

Ajax 利用一个构建到所有现代浏览器内部的对象 XMLHttpRequest 来实现发送和接收 HTTP 请求与响应信息。一个经由 XMLHttpRequest 对象发送的 HTTP 请求并不要求页面中拥有或回寄一个<form>元素。

微软 Internet Explorer(IE) 5 中作为一个 ActiveX 对象形式引入了 XMLHttpRequest 对象。其他认识到这一对象重要性的浏览器制造商也都纷纷在他们的浏览器内实现了 XMLHttpRequest 对象，但是仅作为一个本地 JavaScript 对象而不是作为一个 ActiveX 对象实现。

如今，在认识到实现这一类型的价值及安全性特征之后，微软已经在其 IE 7.0 中把 XMLHttpRequest 实现为一个窗口对象属性。幸运的是，尽管其实现细节不同，但是所有的浏览器实现都具有类似的功能，并且实质上是相同方法。目前，W3C 组织正在努力进行 XMLHttpRequest 对象的标准化。

2. XMLHttpRequest 对象的属性和事件

XMLHttpRequest 对象暴露各种属性、方法和事件以便于脚本处理和控制 HTTP 请求与响应。下面进行详细的论述。

1) readyState 属性

当 XMLHttpRequest 对象把一个 HTTP 请求发送到服务器时将经历若干种状态，一直等待直到请求被处理；然后，它才接收一个响应。这样一来，脚本才正确响应各种状态。XMLHttpRequest 对象暴露描述对象的当前状态的是 readyState 属性，如表 21-2 所示。

表 21-2　XMLHttpRequest 对象的 readyState 属性值

readyState 取值	描　　述
0	描述一种"未初始化"状态；此时，已经创建一个 XMLHttpRequest 对象，但是还没有初始化
1	open()方法并且 XMLHttpRequest 已经准备好把一个请求发送到服务器
2	描述一种"发送"状态；此时，已经通过 send()方法把一个请求发送到服务器端，但是还没有收到一个响应
3	描述一种"正在接收"状态；此时，已经接收到 HTTP 响应头部信息，但是消息体部分还没有完全接收结束
4	描述一种"已加载"状态；此时，响应已经被完全接收

2) onreadystatechange 事件

无论 readyState 值何时发生改变，XMLHttpRequest 对象都会激发一个 readystatechange 事件。其中，onreadystatechange 属性接收一个 EventListener 值，该值向该方法指示无论 readyState 值何时发生改变，该对象都将激活。

3) responseText 属性

这个 responseText 属性包含客户端接收到的 HTTP 响应的文本内容。当 readyState 值为 0、1 或 2 时，responseText 包含一个空字符串。当 readyState 值为 3(正在接收)时，响应中包含客户端还未完成的响应信息。当 readyState 为 4(已加载)时，该 responseText 包含完整的响应信息。

4) responseXML 属性

responseXML 属性用于当接收到完整的 HTTP 响应时描述 XML 响应；此时，Content-Type 头部指定 MIME(媒体)类型为 text/xml，application/xml 或以+xml 结尾。如果 Content-Type 头部并不包含这些媒体类型之一，那么 responseXML 的值为 null。无论何时，只要 readyState 值不为 4，那么该 responseXML 的值也为 null。

其实，这个 responseXML 属性值是一个文档接口类型的对象，用来描述被分析的文档。如果文档不能被分析(例如，如果文档不是良构的或不支持文档相应的字符编码)，那么 responseXML 的值将为 null。

5) status 属性

status 属性描述了 HTTP 状态代码，而且其类型为 short。同时，仅当 readyState 值为 3(正在接收中)或 4(已加载)时，这个 status 属性才可用。当 readyState 的值小于 3 时，试图存取 status 的值将引发一个异常。

6) statusText 属性

statusText 属性描述了 HTTP 状态代码文本，并且仅当 readyState 值为 3 或 4 才可用。当 readyState 为其他值时，试图存取 statusText 属性将引发一个异常。

3. 创建 XMLHttpRequest 对象的方法

XMLHttpRequest 对象提供了各种方法用于初始化和处理 HTTP 请求。下面进行详细介绍。

1) abort()方法

用户可以使用 abort()方法来暂停与一个 XMLHttpRequest 对象相联系的 HTTP 请求，从而把该对象复位到未初始化状态。

2) open()方法

用户需要调用 open()方法来初始化一个 XMLHttpRequest 对象。其中，method 参数是必须提供的，用于指定你想用来发送请求的 HTTP 方法。为了把数据发送到服务器，应该使用 POST 方法；为了从服务器端检索数据，应该使用 GET 方法。

3) send()方法

在通过调用 open()方法准备好一个请求之后，用户需要把该请求发送到服务器。仅当 readyState 值为 1 时，用户才可以调用 send()方法；否则，XMLHttpRequest 对象将引发一个异常。

4) setRequestHeader()方法

setRequestHeader()方法用来设置请求的头部信息。当 readyState 值为 1 时，用户可以在调用 open()方法后调用这个方法；否则，将得到一个异常。

5) getResponseHeader()方法

getResponseHeader()方法用于检索响应的头部值。仅当 readyState 值是 3 或 4(换句话说，在响应头部可用以后)时，才可以调用这个方法；否则，该方法返回一个空字符串。

6) getAllResponseHeaders()方法

getAllResponseHeaders()方法以一个字符串形式返回所有的响应头部(每一个头部占单独的一行)。如果 readyState 的值不是 3 或 4，则该方法返回 null。

21.2.2 发出 Ajax 请求

在 Ajax 中，许多使用 XMLHttpRequest 的请求都是从一个 HTML 事件(如一个调用 JavaScript 函数的按钮点击(onclick)或一个按键(onkeypress))中被初始化的。Ajax 支持包括表单校验在内的各种应用程序。有时，在填充表单的其他内容之前要求校验一个唯一的表单域。例如，要求使用一个唯一的 UserID 来注册表单。如果不是使用 Ajax 技术来校验这个 UserID 域，那么整个表单都必须被填充和提交。如果该 UserID 不是有效的，这个表单必须被重新提交。例如，一个相应于要求必须在服务器端进行校验的 Catalog ID 的表单域可按下列形式指定：

```
<form name="validationForm" action="validateForm" method="post">
<table>
    <tr><td>Catalog Id:</td>
        <td>
            <input type="text" size="20" id="catalogId" name="catalogId"
autocomplete="off" onkeyup="sendRequest()">
        </td>
        <td><div id="validationMessage"></div></td>
    </tr>
</table></form>
```

解释：前面的 HTML 使用 validationMessage div 来显示相应于这个输入域 Catalog Id 的一个校验消息。onkeyup 事件调用一个 JavaScript sendRequest()函数。这个 sendRequest()函数创建一个 XMLHttpRequest 对象。创建一个 XMLHttpRequest 对象的过程因浏览器实现的不同而有所区别。

如果浏览器支持 XMLHttpRequest 对象作为一个窗口属性，那么代码可以调用 XMLHttpRequest 的构造器。如果浏览器把 XMLHttpRequest 对象实现为一个 ActiveXObject 对象，那么代码可以使用 ActiveXObject 的构造器。下面的函数将调用一个 init()函数：

```
<script type="text/javascript">
function sendRequest(){
    var xmlHttpReq=init();
    function init(){
      if (window.XMLHttpRequest) {
      return new XMLHttpRequest();
    }
    else if (window.ActiveXObject) {
    return new ActiveXObject("Microsoft.XMLHTTP");
    }
}
</script>
```

接下来，用户需要使用 Open()方法初始化 XMLHttpRequest 对象，从而指定 HTTP 方法和要使用的服务器 URL。代码如下：

```
var catalogId=encodeURIComponent(document.getElementById("catalogId").value);
xmlHttpReq.open("GET", "validateForm?catalogId=" + catalogId, true);
```

在默认情况下，使用 XMLHttpRequest 发送的 HTTP 请求是异步进行的，但是用户可以显式地把 async 参数设置为 true。在这种情况下，对 URL validateForm 的调用将激活服务器端的一个 servlet。但是用户应该能够注意到服务器端技术不是根本性的。实际上，该 URL 可能是一个 ASP、ASP.NET 或 PHP 页面或一个 Web 服务，只要该页面能够返回一个响应，指示 CatalogID 值是否为有效的即可。因为用户在做异步调用时，需要注册一个 XMLHttpRequest

对象来调用回调事件处理器,当它的 readyState 值改变时调用。记住,readyState 值的改变将会激发一个 readystatechange 事件。这时可以使用 onreadystatechange 属性来注册该回调事件处理器。代码如下:

```
xmlHttpReq.onreadystatechange=processRequest;
```

然后,需要使用 send()方法发送该请求。因为这个请求使用的是 HTTP GET 方法,所以,用户可以在不指定参数或使用 null 参数的情况下调用 send()方法。代码如下:

```
xmlHttpReq.send(null);
```

21.2.3　处理服务器响应

在 21.2.2 小节示例中,因为 HTTP 方法是 GET,所以在服务器端接收 servlet 将调用一个 doGet()方法,该方法将检索在 URL 中指定的 catalogId 参数值,并且从一个数据库中检查它的有效性。

该示例中的 servlet 需要构造一个发送到客户端的响应,而且这个示例返回的是 XML 类型。因此,它把响应的 HTTP 内容类型设置为 text/xml,并且把 Cache-Control 头部设置为 no-cache。设置 Cache-Control 头部可以阻止浏览器简单地从缓存中重载页面。

具体代码如下:

```
public void doGet(HttpServletRequest request,
HttpServletResponse response)
throws ServletException, IOException {
…
…
response.setContentType("text/xml");
response.setHeader("Cache-Control", "no-cache");
}
```

从上述代码中可以看出,来自服务器端的响应是一个 XML DOM 对象,此对象将创建一个 XML 字符串,其中包含要在客户端进行处理的指令。另外,该 XML 字符串必须有一个根元素。代码如下:

```
out.println("<catalogId>valid</catalogId>");
```

注意
　　XMLHttpRequest 对象设计的目的是处理由普通文本或 XML 组成的响应;但是,一个响应也可能是另外一种类型,这取决于用户代理是否支持这种内容类型。

当请求状态改变时,XMLHttpRequest 对象调用使用 onreadystatechange 注册的事件处理器。因此,在处理该响应之前,用户的事件处理器应该首先检查 readyState 的值和 HTTP 状态。当请求完成加载(readyState 值为 4)并且响应已经完成(HTTP 状态为 OK)时,用户就可以调用一个 JavaScript 函数来处理该响应内容。下列脚本负责在响应完成时检查相应的值并调用一个 processResponse()方法:

```
function processRequest(){
if(xmlHttpReq.readyState==4){
```

```
if(xmlHttpReq.status==200){
processResponse();
}
}
}
```

该 processResponse()方法使用 XMLHttpRequest 对象的 responseXML 和 responseText 属性来检索 HTTP 响应。如上面所解释的，仅当在响应的媒体类型是 text/xml、application/xml 或以+xml 结尾时，这个 responseXML 才可用。这个 responseText 属性将以普通文本形式返回响应。对于一个 XML 响应，用户可按如下方式检索内容：

```
var msg=xmlHttpReq.responseXML;
```

借助于存储在 msg 变量中的 XML，用户可以使用 DOM 方法 getElementsByTagName()来检索该元素的值。代码如下：

```
var catalogId=msg.getElementsByTagName("catalogId")[0].firstChild.nodeValue;
```

最后，通过更新 Web 页面的 validationMessage div 中的 HTML 内容并借助于 innerHTML 属性，用户可以测试该元素值以创建一个要显示的消息。代码如下：

```
if(catalogId=="valid"){
var validationMessage = document.getElementById("validationMessage");
validationMessage.innerHTML = "Catalog Id is Valid";
}
else
{
var validationMessage = document.getElementById("validationMessage");
validationMessage.innerHTML = "Catalog Id is not Valid";
}
```

21.3 案例实战 1——应用 Ajax 技术检查用户名

Ajax 综合了各个方面的技术，不但能够加快用户的访问速度，还可以实现各种功能。

【例 21.2】检测注册用户的名称是否和数据库中的用户重名。

step 01 首先在网站目录下创建客户端页面 21.2.html。代码如下：

```
<!doctype html>
<html>
<head>
<script>
function showHint(str)
{
    if (str.length==0)
    {
        document.getElementById("txtHint").innerHTML="";
        return;
    }
    if (window.XMLHttpRequest)
    {
```

```
        // IE7+, Firefox, Chrome, Opera, Safari 浏览器执行的代码
        xmlhttp=new XMLHttpRequest();
    }
    else
    {
        //IE6, IE5 浏览器执行的代码
        xmlhttp=new ActiveXObject("Microsoft.XMLHTTP");
    }
    xmlhttp.onreadystatechange=function()
    {
        if (xmlhttp.readyState==4 && xmlhttp.status==200)
        {

document.getElementById("txtHint").innerHTML=xmlhttp.responseText;
        }
    }
    xmlhttp.open("GET","21.1.php?q="+str,true);
    xmlhttp.send();
}
</script>
</head>
<body>

<p><b>用户注册页面</b></p>
<form>
  <p>用户名:
  <input type="text" onKeyUp="showHint(this.value)">
  </p>
  <p>用户密码:
    <input type="text">
  </p>
  <p>确认密码:
    <input type="text" >
  </p>
  <p>邮箱:
    <input type="text">
  </p>
  <p>  </p>
</form>
<p>检查用户名是否已存在: <span id="txtHint"></span></p>

</body>
</html>
```

【代码剖析】

(1) 如果输入框是空的(str.length==0),该函数会清空 txtHint 占位符的内容,并退出该函数。

(2) 如果输入框不是空的,那么 showHint()会执行以下步骤。

① 创建 XMLHttpRequest 对象。

② 创建在服务器响应就绪时执行的函数。

③ 向服务器上的文件发送请求。

step 02 处理客户端请求的服务器页面是名为 21.1.php，主要功能为检查用户名数组，然后向浏览器返回对应的姓名。代码如下：

```php
<?php
// 将姓名填充到数组中
$a[]="xiaoming";
$a[]="xiaoli";
$a[]="xiaowang";
$a[]="dake";
$a[]="tianzuo";
$a[]="tianyi";
$a[]="tianyou";
$a[]="batianhu";
$a[]="shuihu";
$a[]="mingchun";

//从请求 URL 地址中获取 q 参数
$q=$_GET["q"];

//查找是否有匹配值， 如果 q>0
if (strlen($q) > 0)
{
    $hint="";
    for($i=0; $i<count($a); $i++)
    {
        if (strtolower($q)==strtolower(substr($a[$i],0,strlen($q))))
        {
            if ($hint=="")
            {
                $hint=$a[$i];
            }
            else
            {
                $hint=$hint." , ".$a[$i];
            }
        }
    }
}

// 如果没有匹配值设置输出为"该用户名称系统中不存在，可以使用"
if ($hint == "")
{
    $response="该用户名称系统中不存在，可以使用";
}
else
{
    $response=$hint;
}

//输出返回值
echo $response;
?>
```

【代码剖析】

如果 JavaScript 发送了任何文本(即 strlen($q) > 0),则会发生:

(1) 查找匹配 JavaScript 发送的字符的姓名。

(2) 如果未找到匹配,则将响应字符串设置为"该用户名称系统中不存在,可以使用"。

(3) 如果找到一个或多个匹配姓名,则用所有姓名设置响应字符串。

(4) 把响应发送到 txtHint 占位符。

step 03 运行 21.2.html 文件,输入用户名,如果用户名在服务器中已经存在,则会显示存在的名称,如图 21-5 所示。如果用户名在服务器中不存在,则会显示"该用户名称系统中不存在,可以使用",如图 21-6 所示。

图 21-5 用户名已经存在

图 21-6 用户名不存在

21.4 案例实战 2——应用 Ajax 技术实现投票功能

【例 21.3】使用 Ajax 技术实现投票功能。

step 01 首先在网站目录下创建客户端页面 21.3.html。代码如下:

```
<!doctype html>
<html>
<head>
<title>投票系统</title>
<script>
function getVote(int) {
  if (window.XMLHttpRequest) {
    // IE7+, Firefox, Chrome, Opera, Safari 执行代码
    xmlhttp=new XMLHttpRequest();
  } else {
    // IE6, IE5 执行代码
    xmlhttp=new ActiveXObject("Microsoft.XMLHTTP");
  }
  xmlhttp.onreadystatechange=function() {
  if (xmlhttp.readyState==4 && xmlhttp.status==200)
```

```
  {
    document.getElementById("poll").innerHTML=xmlhttp.responseText;
  }
  }
  xmlhttp.open("GET","21.2.php?vote="+int,true);
  xmlhttp.send();
}
</script>
</head>
<body>

<div id="poll">
<h3>你认为 Ajax 技术会越来越流行吗?</h3>
<form>
是:
<input type="radio" name="vote" value="0" onclick="getVote(this.value)">
<br>否:
<input type="radio" name="vote" value="1" onclick="getVote(this.value)">
</form>
</div>
</body>
</html>
```

【代码剖析】

getVote() 函数会执行以下步骤。

(1) 创建 XMLHttpRequest 对象。

(2) 创建在服务器响应就绪时执行的函数。

(3) 向服务器上的文件发送请求。

(4) 请注意添加到 URL 末端的参数(q)(包含下拉列表的内容)。

step 02 处理客户端请求的服务器页面是名为 21.2.php,主要功能为检查用户名数组,然后向浏览器返回对应的姓名。代码如下:

```php
<?php
$vote = htmlspecialchars($_REQUEST['vote']);

// 获取文件中存储的数据
$filename = "count.txt";
$content = file($filename);

// 将数据分割到数组中
$array = explode("||", $content[0]);
$yes = $array[0];
$no = $array[1];

if ($vote == 0)
{
  $yes = $yes + 1;
}

if ($vote == 1)
{
  $no = $no + 1;
```

```
}

// 插入投票数据
$insertvote = $yes."||".$no;
$fp = fopen($filename,"w");
fputs($fp,$insertvote);
fclose($fp);
?>

<h2>投票结果:</h2>
<table>
  <tr>
  <td>选择是的比例:</td>
  <td>
  <span style="display: inline-block; background-color:green;
      width:<?php echo(100*round($yes/($no+$yes),2)); ?>px;
      height:20px;" ></span>
  <?php echo(100*round($yes/($no+$yes),2)); ?>%
  </td>
  </tr>
  <tr>
  <td>选择否的比例:</td>
  <td>
  <span style="display: inline-block; background-color:red;
      width:<?php echo(100*round($no/($no+$yes),2)); ?>px;
      height:20px;"></span>
  <?php echo(100*round($no/($no+$yes),2)); ?>%
  </td>
  </tr>
    </table>
```

【代码剖析】

所选的值从 JavaScript 发送到 PHP 文件时，将发生:

(1) 获取 count.txt 文件的内容。

(2) 把文件内容放入变量，并向被选变量累加 1。

(3) 把结果写入 count.txt 文件。

(4) 输出图形化的投票结果。

step 03 负责存储投票结果的文本文件 count.txt 的内容格式如图 21-7 所示。

step 04 运行 21.3.html 文件，如图 21-8 所示。

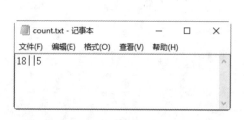

图 21-7　count.txt 的内容格式

图 21-8　投票页面

step 05　选择任意一个单选按钮后，则会显示投票结果，如图 21-9 所示。

图 21-9　投票结果页面

21.5　疑 难 解 惑

疑问 1：在发送 Ajax 请求时，是使用 GET 还是 POST？

答：与 POST 相比，GET 更简单也更快，并且在大部分情况下都能用。然而，在以下情况中，请使用 POST 请求。

(1)　无法使用缓存文件(更新服务器上的文件或数据库)。

(2)　向服务器发送大量数据(POST 没有数据量限制)。

(3)　发送包含未知字符的用户输入时，POST 比 GET 更稳定也更可靠。

疑问 2：在指定 Ajax 的异步参数时，将该参数设置为 True 或 False？

答：Ajax 指的是异步 JavaScript 和 XML(Asynchronous JavaScript and XML)。XMLHttpRequest 对象如果要用于 Ajax 的话，其 open()方法的 async 参数必须设置为 true。代码如下：

```
xmlhttp.open("GET","ajax_test.asp",true);
```

对 Web 开发人员来说，发送异步请求是一个巨大进步。很多在服务器中执行的任务都相当费时。在 Ajax 出现之前，这可能会引起应用程序挂起或停止。通过 Ajax，JavaScript 无须等待服务器的响应，而是在等待服务器响应时执行其他脚本，当响应就绪后对响应进行处理。

第 22 章

增强 PHP 的功能 ——PHP 与 jQuery 技术

当今，随着互联网的快速发展，程序员开始越来越多地重视程序功能上的封装与开发，进而可以从烦琐的 JavaScript 中解脱出来，以便他人在遇到相同问题时可以直接使用，从而提高项目的开发效率。其中 jQuery 就是一个优秀的 JavaScript 脚本库。通过使用 jQuery 库，可以增强 PHP 程序的功能。

22.1　jQuery 概述

jQuery 是一个兼容多浏览器的 JavaScript 框架，它的核心理念是"写得更少，做得更多"。jQuery 在 2006 年 1 月由美国人 John Resig 在纽约的 Barcamp 发布，吸引了来自世界各地众多 JavaScript 高手的加入。如今，jQuery 已经成为最流行的 JavaScript 框架之一。

22.1.1　jQuery 能做什么

在最开始时，jQuery 所提供的功能非常有限，仅仅能增强 CSS 的选择器功能。而如今 jQuery 已经发展为集 JavaScript、CSS、DOM 和 Ajax 于一体的优秀框架，其模块化的使用方式使开发者可以很轻松地开发出功能强大的静态或动态网页。目前，很多网站的动态效果就是利用 jQuery 脚本库制作出来的，如中国网络电视台、CCTV、京东商城等。

下面来介绍京东商城应用的 jQuery 效果。访问京东商城的首页时，在右侧有一个话费、旅行、彩票、游戏栏目。这里应用 jQuery 实现了选项卡的效果，将鼠标移动到"话费"栏目上，选项卡中将显示手机话费充值的相关内容，如图 22-1 所示；将鼠标移动到"游戏"栏目上，选项卡中将显示游戏充值的相关内容，如图 22-2 所示。

图 22-1　显示手机话费充值的相关内容

图 22-2　显示游戏充值的相关内容

22.1.2　jQuery 的特点

jQuery 是一个简洁快速的 JavaScript 脚本库，其独特的选择器、链式的 DOM 操作方式、事件绑定机制、封装完善的 Ajax 都是其他 JavaScript 库望尘莫及的。

jQuery 的主要特点如下。

(1) 代码短小精悍。jQuery 是一个轻量级的 JavaScript 脚本库，其代码非常短小，采用 Dean Edwards 的 Packer 压缩后，只有不到 30KB 的大小。如果服务器端启用 gzip 压缩后，甚至只有 16KB 的大小。

(2) 强大的选择器支持。jQuery 可以让操作者使用从 CSS 1 到 CSS 3 几乎所有的选择器，以及 jQuery 独创的高级而复杂的选择器。

(3) 出色的 DOM 操作封装。jQuery 封装了大量常用 DOM 操作，使用户编写 DOM 操作相关程序时能够得心应手，优雅地完成各种原本非常复杂的操作，让 JavaScript 新手也能够写出出色的程序。

（4）可靠的事件处理机制。jQuery 的事件处理机制吸取了 JavaScript 专家 Dean Edwards 编写的事件处理函数的精华，使得 jQuery 处理事件绑定时相当可靠。在预留退路方面，jQuery 也做得非常不错。

（5）完善的 Ajax。jQuery 将所有的 Ajax 操作封装到一个$.ajax 函数中，使得用户处理 Ajax 时能够专心处理业务逻辑，而无须关心复杂的浏览器兼容性和 XML Http Request 对象的创建和使用的问题。

（6）出色的浏览器兼容性。作为一个流行的 JavaScript 库，浏览器的兼容性自然是必须具备的条件之一。jQuery 能够在 IE 6.0+、FF 2+、Safari 2.0+和 Opera 9.0+下正常运行。同时修复了一些浏览器之间的差异，使用户不用在开展项目前因为忙于建立一个浏览器兼容库而焦头烂额。

（7）丰富的插件支持。任何事物的壮大，如果没有很多人的支持，是永远发展不起来的。jQuery 的易扩展性吸引了来自全球的开发者来共同编写 jQuery 的扩展插件。目前已经有超过几百种的官方插件支持。

（8）开源特点。jQuery 是一个开源的产品，任何人都可以自由地使用。

22.1.3　jQuery 的技术优势

jQuery 最大的技术优势就是简洁实用，能够使用短小的代码来实现复杂的网页预览效果。下面通过例子来介绍 jQuery 的技术优势。

在日常生活中，经常会遇到各种各样以表格形式出现的数据。当数据量很大或者表格格式过于一致时，会使人感觉混乱，所以工作人员常常通过奇偶行异色来实现使数据一目了然的效果。如果利用 JavaScript 来实现隔行变色的效果，需要用 for 循环遍历所有行，当行数为偶数的时候，添加不同类别即可。

【例 22.1】JavaScript 实现表格奇偶行异色(示例文件 ch22\22.1.html)。

```
<!DOCTYPE html>
<html>
<head>
<title>JavaScript 表格奇偶行异色</title>
<style>
<!--
.datalist{
    border: 1px solid #007108;        /* 表格边框 */
    font-family: Arial;
    border-collapse: collapse;        /* 边框重叠 */
    background-color: #d999dc;        /* 表格背景色: 紫色 */
    font-size: 14px;
}
.datalist th{
    border: 1px solid #007108;        /* 行名称边框 */
    background-color: #000000;        /* 行名称背景色: 黑色*/
    color: #FFFFFF;                   /* 行名称颜色: 白色 */
```

```
      font-weight: bold;
      padding-top: 4px; padding-bottom: 4px;
      padding-left: 12px; padding-right: 12px;
      text-align: center;
}
.datalist td{
      border: 1px solid #007108;   /* 单元格边框 */
      text-align: left;
      padding-top: 4px; padding-bottom: 4px;
      padding-left: 10px; padding-right: 10px;
}
.datalist tr.altrow{
      background-color: #a5e5ff;   /* 隔行变色：蓝色 */
}
-->
</style>
<script language="javascript">
window.onload = function(){
      var oTable = document.getElementById("Table");
      for(var i=0; i<Table.rows.length; i++){
          if(i%2==0)          //偶数行时
              Table.rows[i].className = "altrow";
      }
}
</script>
</head>
<body>
<table class="datalist" summary="list of members in EE Study" id="Table">
      <tr>
          <th scope="col">姓名</th>
          <th scope="col">性别</th>
          <th scope="col">出生日期</th>
          <th scope="col">移动电话</th>
      </tr>
      <tr>
          <td>张三</td>
          <td>女</td>
          <td>8 月 10 日</td>
          <td>13012345678</td>
      </tr>
      <tr>
          <td>李四</td>
          <td>男</td>
          <td>5 月 25 日</td>
          <td>13112345678</td>
      </tr>
      <tr>
          <td>王五</td>
          <td>男</td>
          <td>7 月 3 日</td>
          <td>13312345678</td>
      </tr>
      <tr>
```

```
        <td>赵六</td>
        <td>男</td>
        <td>10 月 2 日</td>
        <td>13212345678</td>
    </tr>
</table>
</body>
</html>
```

程序运行结果如图 22-3 所示。

下面使用 jQuery 来实现表格奇偶行异色。当引入 jQuery 使用时，jQuery 的选择器会自动选择奇偶行。

【例 22.2】 jQuery 实现表格奇偶行异色(示例文件 ch22\22.2.html)。

```
<script language="javascript" src="jquery-3.2.1.min.js"></script>
<script language="javascript">
$(function(){
    $("table.datalist tr:nth-child(odd)").addClass("altrow");
});
</script>
```

程序运行结果与 JavaScript 的结果完全一样，如图 22-4 所示，但是代码量减少，一行代码就轻松实现，语法也十分简单。

图 22-3　JavaScript 实现表格奇偶行异色

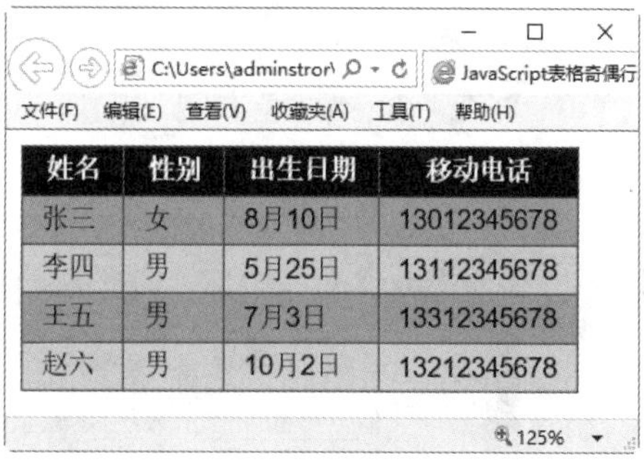

图 22-4　jQuery 实现表格奇偶行异色

22.2　下载并配置 jQuery

要想在开发网站的过程中应用 jQuery 库，需要下载并配置它。下面介绍如何下载与配置 jQuery。

22.2.1　下载 jQuery

jQuery 是一个开源的脚本库，可以从其官方网站(http://jquery.com)下载。下载 jQuery 库的具体操作步骤如下。

step 01 打开 IE 浏览器，在地址栏中输入 http://jquery.com，按 Enter 键，即可进入

jQuery 官方网站的首页，如图 22-5 所示。

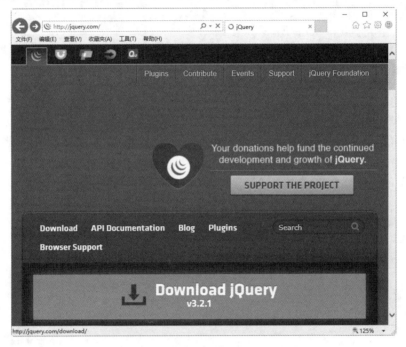

图 22-5　jQuery 官方网站的首页

step 02　在 jQuery 官方网站的首页中，可以下载最新版本的 jQuery 库，在其中单击 jQuery 的库下载链接，如图 22-6 所示。

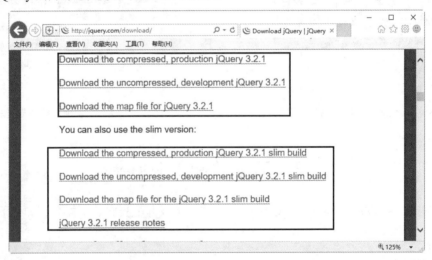

图 22-6　单击 jQuery 库的下载链接

step 03　这样即可打开迅雷下载对话框，在其中设置下载文件保存的位置，单击"立即下载"按钮，即可下载 jQuery 库，如图 22-7 所示。

图 22-7　下载 jQuery 库

22.2.2　配置 jQuery

将 jQuery 库下载到本地计算机后，还需要在项目中配置 jQuery 库，即把下载的后缀名为.js 的文件放置到项目的指定文件夹中，通常放置在 JS 文件夹中，然后根据需要引用到 jQuery 的页面中。使用下面的语句，将其引用到文件中：

```
<script src="jquery.min.js" type="text/javascript"></script>
<!--或者-->
<script Language="javascript" src="jquery.min.js"></script>
```

引用 jQuery 的<script>标签必须放在所有的自定义脚本的<script>之前，否则在自定义的脚本代码中引用不到 jQuery 脚本库。

22.3　我的第一个 jQuery 程序

开发 jQuery 程序其实很简单，首先需要引入 jQuery 库，然后调用即可。下面制作一个简单的 jQuery 程序，来介绍如何引用 jQuery 库。

22.3.1　开发前的一些准备工作

由于 jQuery 是一个免费开源项目，任何人都可以在 jQuery 的官方网站 http://jquery.com 下载到最新版本的 jQuery 库文件。

jQuery 库文件有两种类型：完整版和压缩版。前者主要用于测试开发；后者主要用于项目应用。例如，jQuery 3.2.1 版本有 jquery-3.2.1.js 和 jquery-3.2.1.min.js 两个文件，它们分别对应完整版和压缩版。

下载完 jQuery 库之后，将其放置在具体的项目目录下，然后在 HTML 页面引入该 jQuery 库文件。具体代码如下：

```
<script language="javascript" src="../jquery.min.js"></script>
```

可以看出，在 HTML 页面中引入 jQuery 库文件和引入外部的 JavaScript 程序文件，形式上没有任何区别。同时，在 HTML 页面中直接插入 jQuery 代码或引入外部 jQuery 程序文件，需要符合的格式也跟 JavaScript 一样。

值得一提的是，外部 jQuery 程序文件是不同页面共享相同 jQuery 代码的一种高效方式。这样当修改 jQuery 代码时，只需要编辑一个外部文件，操作更为方便。此外，一旦载入某个外部 jQuery 文件，它就会存储在浏览器的缓存中，因此不同页面重复使用它时无须再次下载，从而加快了网页的访问速度。

22.3.2 具体的程序开发

在环境配置好之后，下面就可以来开发程序了，这里以在记事本文件中开发程序为例。具体操作步骤如下。

step 01 打开记事本文件，在其中输入如下代码：

```html
<html>
<head>
<title>第一个实例</title>
<script language="javascript" src
  ="jquery-3.2.1.min.js"></script>
<script language="javascript">
$(document).ready(function(){
alert("Hello jQuery!");});
</script>
</head>
</body>
</html>
```

图 22-8　运行结果

step 02 将记事本文件以.html 的格式进行保存，然后在 IE 11.0 中运行，结果如图 22-8 所示。

22.4　jQuery 选择器

在 JavaScript 中，要想获取元素的 DOM 元素，必须使用该元素的 ID 和 TagName。但是在 jQuery 库中却提供了许多功能强大的选择器帮助开发人员获取页面上的 DOM 元素，而且获取到的每个对象都以 jQuery 包装集的形式返回。

22.4.1 jQuery 的工厂函数

$是 jQuery 中最常用的一个符号，用于声明 jQuery 对象。可以说，在 jQuery 中，无论使用哪种类型的选择器都需要从一个$符号和一对"()"开始。在"()"中通常使用字符串参数，参数中可以包含任何 CSS 选择符表达式。其通用语法格式如下：

```
$(selector)
```

$常用的用法有以下几种。

(1) 在参数中使用标记名。如：$("div")，用于获取文档中全部的<div>。

(2) 在参数中使用 ID。如：$("#usename")，用于获取文档中 ID 属性值为 usename 的一个元素。

(3) 在参数中使用 CSS 类名。如：$(".btn_grey")，用于获取文档中使用 CSS 类名为 btn_grey 的所有元素。

【例 22.3】选择文本段落中的奇数行(示例文件 ch22\22.3.html)。

```
<!DOCTYPE html>
<html>
<head>
<title>$符号的应用</title>
<script language="javascript" src="jquery-3.2.1.min.js"></script>
<script language="javascript">
window.onload = function(){
    var oElements = $("p:odd");        //选择匹配元素
    for(var i=0; i<oElements.length; i++)
        oElements[i].innerHTML = i.toString();
}
</script>
</head>
<body>
<div id="body">
<p>第一行</p>
<p>第二行</p>
<p>第三行</p>
<p>第四行</p>
<p>第五行</p>
</div>
</body>
</html>
```

程序运行结果如图 22-9 所示。

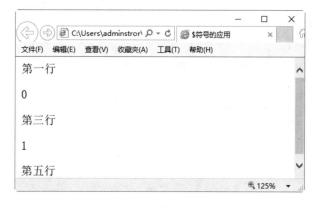

图 22-9　$符号的应用

22.4.2　常见选择器

在 jQuery 中，常见的选择器如下。

1. 基本选择器

jQuery 的基本选择器是应用最广泛的选择器,它是其他类型选择器的基础,是 jQuery 选择器中最为重要的部分。jQuery 的基本选择器包括 ID 选择器、元素选择器、类别选择器、复合选择器等。

2. 层级选择器

层级选择器是根据 DOM 元素之间的层次关系来获取特定的元素,如后代元素、子元素、相邻元素、兄弟元素等。

3. 过滤选择器

jQuery 过滤选择器主要包括简单过滤器、内容过滤器、可见性过滤器、表单对象的属性选择器和子元素选择器等。

4. 属性选择器

属性选择器是通过元素的属性作为过滤条件来进行筛选对象的选择器。常见的属性选择器主要有[attribute]、[attribute=value]、[attribute!=value]、[attribute$=value]等。

5. 表单选择器

表单选择器用于选取经常在表单内出现的元素。不过,选取的元素并不一定在表单之中,jQuery 提供的表单选择器主要包括:input 选择器、:text 选择器、: password 选择器、: password 选择器、:radio 选择器、: checkbox 选择器、:submit 选择器、:reset 选择器、:button 选择器、:image 选择器、:file 选择器。

下面以表单选择器为例进行讲解使用选择器的方法。

【例 22.4】为页面中类型为 file 的所有<input>元素添加背景色(示例文件 ch22\22.4.html)。

```html
<!DOCTYPE html>
<html>
<head>
<script type="text/javascript" src="jquery-3.2.1.min.js"></script>
<script type="text/javascript">
$(document).ready(function(){
    $(":file").css("background-color","#B2E0FF");
});
</script>
</head>
<body>
<form action="">
姓名: <input type="text" name="姓名" />
<br />
密码: <input type="password" name="密码" />
<br />
<button type="button">按钮 1</button>
<input type="button" value="按钮 2" />
<br />
<input type="reset" value="重置" />
```

```
<input type="submit" value="提交" />
<br />
文件域: <input type="file">
</form>
</body>
</html>
```

程序运行结果如图 22-10 所示，可以看到，网页中表单类型为 file 的元素被添加上了背景色。

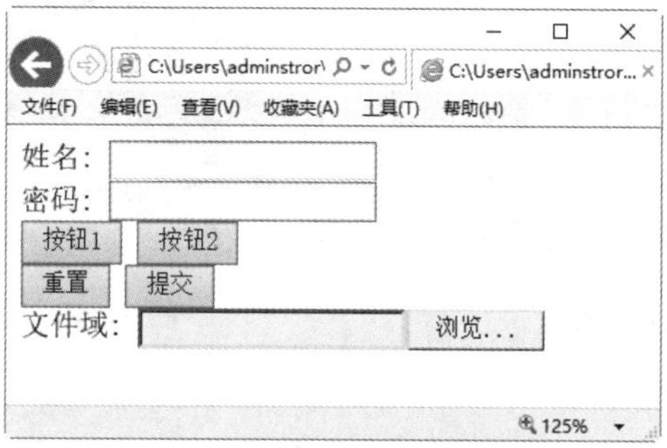

图 22-10　表单选择器的应用

22.5　jQuery 控制页面

在网页制作的过程中，jQuery 具有强大的功能。例如，jQuery 提供的 attr()方法不仅可以获取元素的值，还可以通过它设置属性的值。具体的语法格式如下：

```
attr(name ,value);
```

其中，将元素的所有项的属性 name 的值设置为 value。

【例 22.5】设置属性的值(示例文件 ch22\22.5.html)。

```
<!DOCTYPE html>
<html>
<head>
<meta http-equiv="Content-Type" content="text/html; charset=gb2312" />
<script src="jquery-3.2.1.min.js"></script>
<script>
$(document).ready(function(){
$("button").click(function(){
$("img").prop("width","300");
});
});
</script>
</head>
<body>
<img src="123.jpg" />
<br />
<button>修改图像的宽度</button>
</body>
</html>
```

网站开发案例课堂

在 IE 11.0 中浏览页面，效果如图 22-11 所示。单击"修改图像的宽度"按钮，最终结果如图 22-12 所示。

图 22-11　程序初始结果

图 22-12　单击按钮后的运行结果

22.6　jQuery 的事件处理

脚本语言有了事件就有了"灵魂"，可见事件对于脚本语言是多么重要。这是因为事件使页面具有了动态性和响应性。如果没有事件将很难完成页面与用户之间的交互。

22.6.1　页面加载响应事件

jQuery 中的$(document).ready()事件是页面加载响应事件；ready()是 jQuery 事件模块中最重要的一个函数。这个方法可以看作是对 window.onload 注册事件的替代方法。通过使用这个方法可以在 DOM 载入就绪时立刻调用所绑定的函数，而几乎所有的 javaScript 函数都是需要在那一刻执行。ready() 函数仅能用于当前文档，因此无须选择器。

ready()函数的语法格式有如下 3 种：

```
语法1: $(document).ready(function)
语法2: $().ready(function)
语法3: $(function)
```

其中参数 function 是必选项，规定当文档加载后要运行的函数。

【例 22.6】页面加载响应事件(示例文件 ch22\22.6.html)。

```
<!DOCTYPE html>
<html>
<head>
<meta http-equiv="Content-Type" content="text/html; charset=gb2312" />
<script type="text/javascript" src="jquery-3.2.1.min.js"></script>
<script type="text/javascript">
$(document).ready(function(){
$(".btn1").click(function(){
$("p").slideToggle();
});
```

```
});
</script>
</head>
<body>
<p>此去经年，应是良辰好景虚设。便纵有千种风情，更与何人说？</p>
<button class="btn1">隐藏</button>
</body>
</html>
```

在 IE 11.0 中浏览页面，效果如图 22-13 所示。单击"隐藏"按钮，最终结果如图 22-14 所示。可见在文档加载后激活了函数。

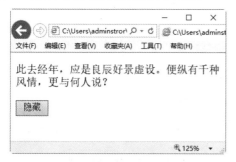

图 22-13　程序初始结果

图 22-14　单击按钮后的结果

22.6.2　事件捕获与事件冒泡

在一个对象上触发某类事件(如单击 onclick 事件)，如果此对象定义了此事件的处理程序，那么此事件就会调用这个处理程序；如果没有定义此事件处理程序或者事件返回 true，那么这个事件会向这个对象的父级对象传播，从里到外，直至它被处理(父级对象的所有同类事件都将被激活)，或者它到达了对象层次的最顶层，即 document 对象(有些浏览器是 window 对象)。

例如，在地方法院要上诉一件案子，如果地方没有处理此类案件的法院，地方相关部门会继续往上级法院上诉，比如从市级到省级，直至到中央法院，最终使案件得到处理。

【例 22.7】事件冒泡(示例文件 ch22\22.7.html)。

```
<!DOCTYPE html>
<html>
<head>
<meta http-equiv="Content-Type" content="text/html; charset=gb2312" />
<script type="text/javascript" src="jquery-3.2.1.min.js"></script>
<script type="text/javascript">
function add(Text){
    var Div = document.getElementById("display");
    Div.innerHTML += Text;   //输出点击顺序
}
</script>
</head>
<body onclick="add('第三层事件<br>');">
    <div onclick="add('第二层事件<br>');">
```

```
        <p onclick="add('第一层事件<br>');">事件冒泡</p>
    </div>
    <div id="display"></div>
</body>
</html>
```

在 IE 11.0 中浏览页面，效果如图 22-15 所示。单击"事件冒泡"文字，最终结果如图 22-16 所示。代码为 p、div、body 都添加了 onclick()函数。当单击 p 的文字时，触发事件，并且触发顺序是由最底层依次向上触发。

图 22-15　程序初始结果

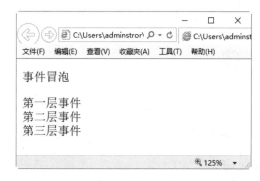

图 22-16　单击"事件冒泡"文字后

22.7　jQuery 的动画效果

jQuery 能在页面上实现绚丽的动画效果。jQuery 本身对页面动态效果提供了一些有限的支持如动态显示和隐藏页面的元素、淡入淡出动画效果、滑动动画效果等。下面以滑动效果为例进行讲解。

通过 jQuery 可以在元素上创建滑动效果。例如，使用 slideDown()方法可以向下增加元素高度动态显示匹配的元素。slideDown()方法会逐渐向下增加匹配的隐藏元素的高度，直到元素完全显示为止。slideDown()方法的语法格式如下：

```
$(selector).slideDown(speed,callback);
```

参数说明如下。
- Speed：可选的参数，规定效果的时长，可以取 slow、fast 或毫秒等参数。
- Callback：可选的参数，是滑动完成后所执行的函数名称。

【例 22.8】滑动显示网页元素(示例文件 ch22\22.8.html)。

```
<!DOCTYPE html>
<html>
<head>
<script src="jquery-3.2.1.min.js"></script>
<script type="text/javascript">
$(document).ready(function(){
$(".flip").click(function(){
$(".panel").slideDown("slow");
});
```

```
});
</script>

<style type="text/css">
div.panel,p.flip
{
margin: 0px;
padding: 5px;
text-align: center;
background: #e5eecc;
border: solid 1px #c3c3c3;
}
div.panel
{
height: 120px;
display: none;
}
</style>
</head>
<body>
<div class="panel">
<p>小荷才露尖尖角，</p>
<p>早有蜻蜓立上头。</p>
</div>
<p class="flip">请点击这里</p>
</body>
</html>
```

程序运行结果如图 22-17 所示，单击页面中的"请点击这里"文字，网页中隐藏的元素就会以滑动的方式显示出来。

图 22-17　滑动显示网页元素

22.8　案例实战——PHP 与 jQuery 技术的应用

下面的案例主要讲述了 PHP 基于 jQuery 的 Ajax 技术传递接送数据的方法，从而实现无刷新提交数据。具体操作步骤如下。

step 01　首先在网站目录下创建客户端页面 22.9.html。代码如下：

```
<!DOCTYPE html>
<html>
<head>
<script type="text/javascript" src="jquery-3.2.1.min.js"></script>
<script type="text/javascript">
 $(function(){
   $("#send").click(function(){
    var cont = $("input").serialize();
    $.ajax({
      url:'22.1.php',
      type:'post',
      dataType:'json',
      data:cont,
      success:function(data){
       var str = data.username + data.age + data.job;
       $("#result").html(str);
    }
  });
 });
 });
</script>
</head>
<body>
<div id="result">在这里显示提交的内容</div>
<form id="my" action="" method="post">
 <p><span>姓名: </span> <input type="text" name="username" /></p>
 <p><span>年龄: </span><input type="text" name="age" /></p>
 <p><span>工作: </span><input type="text" name="job" /></p>
</form>
<button id="send">提交</button>
</body>
</html>
```

step 02 处理客户端请求的服务器页面名为 22.1.php，主要功能为获取表单中的数据，然后反馈给浏览器。代码如下：

```
<?php
header("Content-type:text/html;charset=utf-8");
    $username = $_POST['username'];
    $age = $_POST['age'];
    $job = $_POST['job'];
    $json_arr = array("username"=>$username,"age"=>$age,"job"=>$job);
    $json_obj = json_encode($json_arr);
    echo $json_obj;
?>
```

step 03 运行 22.9.html，在表单中输入内容，如图 22-18 所示。

step 04 单击"提交"按钮，即可更新页面中的内容，如图 22-19 所示。

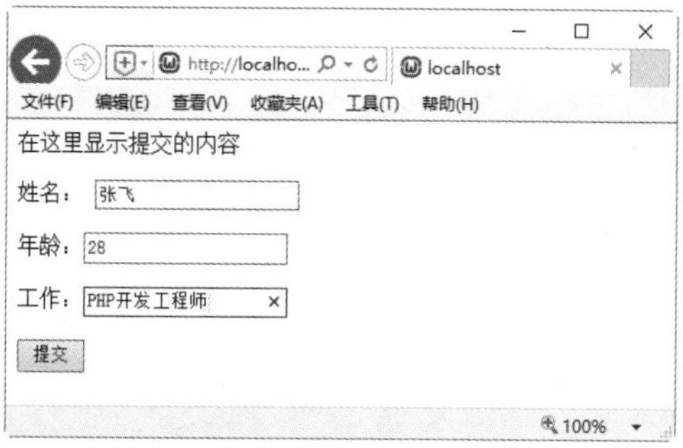

图 22-18　输入表单内容

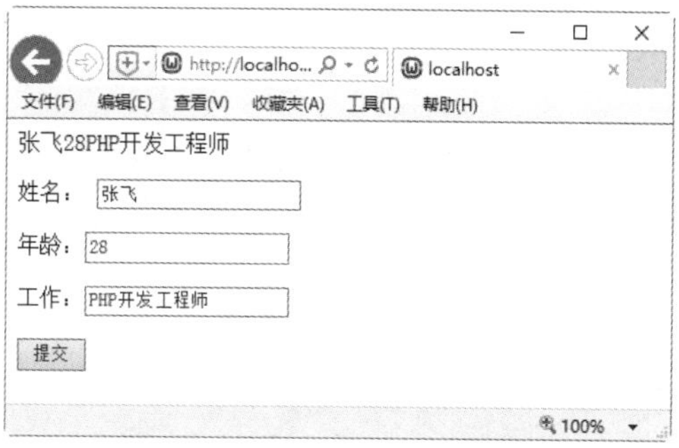

图 22-19　更新部分页面内容

22.9　疑　难　解　惑

疑问 1：jQuery 变量与普通 JavaScript 变量是否容易混淆？

答：jQuery 作为一个跨多个浏览器的 JavaScript 库，可有助于写出高度兼容的代码。但其中有一点需要强调的是，jQuery 的函数调用返回的变量，与浏览器原生的 JavaScript 变量是有区别的，不可混用，如以下代码是有问题的：

```
var a = $('#abtn');
a.click(function(){...});
```

可以这样理解，$('')选择器返回的变量属于"jQuery 变量"，通过复制给原生 var a，将其转换为普通变量了，因而无法支持常见的 jQuery 操作。一个解决方法是将变量名加上$标记，使得其保持为"jQuery 变量"：

```
var $a = $('#abtn');
$a.click(function(){...});
```

除了上述例子，实际 jQuery 编程中也会有很多不经意间的转换，从而导致错误，也需要读者根据这个原理仔细调试和修改。

疑问 2：通过 CSS 如何实现隐藏元素的效果？

答：hide()方法是隐藏元素的最简单方法。如果没有参数，匹配的元素将被立即隐藏，没有动画。这大致相当于调用.css('display', 'none')。其中 display 属性值保存在 jQuery 的数据缓存中，所以 display 可以方便以后恢复到其初始值。如果一个元素的 display 属性值为 inline，那么隐藏再显示时，这个元素将再次显示 inline。

第 23 章
灵活而强大的框架
——Zend Frame-
work 框架

Zend Framework 框架，几乎是 PHP 开发框架中最具代表性的一个。它虽然不是最为前沿的，但它的影响力是十分广泛的，很多最前沿的框架都会借鉴它的特点。本章主要介绍此框架的使用方法。

23.1　什么是 Zend Framework 框架

Zend Framework 框架是由 Zend 科技开发支持的一个开源的 PHP 开发框架，是用 PHP 5 来开发 Web 程序和服务的开源框架。

Zend Framework 框架用 100%面向对象编码实现。Zend Framework 框架的组件结构独一无二，每个组件几乎不依靠其他组件。这样的松耦合结构可以让开发者独立使用组件。

Zend 类是整个 Zend Framework 的基类。这个类只包含静态方法，这些类方法具有 Zend Framework 中的很多组件都需要的功能。Zend 类是个功能性的类，它只包含静态方法，也就是说，不需要实例化就可以直接调用 Zend 的各种功能方法或函数。

Zend Framework 框架为 PHP 应用开发提供了一套提高效率的工具。其中包括对数据库进行 CRUD 操作，对数据进行缓存，对表单提交数据进行验证等。此外，它还提供支持创建 PDF 文档、使用 RSS、使用 Google 等大型网站数据的工具。它就像是一个工具包，能够满足 PHP 应用开发的一般需求。Zend Framework 框架的结构是 MVC 结构。

23.2　Zend Framework 的目录结构

标准的 Zend Framework 目录结构有 4 层目录，具体介绍如下。

1. application

应用程序目录中包含所有该应用程序运行所需要的代码。Web 服务器不能够直接访问它。为了进一步分离显示、业务和控制逻辑，application 目录中包含了用于存放 model、view、controller 文件的次级目录，根据需要还会出现其他次级目录。

2. library

所有的应用程序都是使用类库，它是事先写好的可以复用的代码。在一个 Zend Framework 应用程序里，Zend 本身的框架就存放在 library 文件夹中。

3. tests

tests 目录用来存放所有的单元测试代码。

4. public

程序运行根目录。为了提高 Web 程序的安全性，从服务器里应该只能存取用户可直接访问的文件。启动是指开始一个程序，在前端控制器模式中，这是唯一存在于根目录的 PHP 文件，通常就是 index.php，所有的 Web 请求都将用到这个文件。因此，它被用来设置整个应用程序的环境，设置 Zend Framework 的控制器系统，然后启动整个应用程序。

23.3　Zend Framework 的安装与测试

下面主要讲述如何安装 Zend Framework 框架。

23.3.1　实例 1——Zend Framework 的安装

在安装 Zend Framework 框架之前，首先需要到 Zend Framework 的官方网站下载最新的软件包。官方下载地址为 http://framework.zend.com/downloads/。

安装 Zend Framework 框架的具体操作步骤如下。

`step 01` 在网站目录的 www 文件夹下建立名为 Zend 的文件夹，把解压后的 Zend 压缩包里的内容全部放置在此文件夹下。

`step 02` 修改 php.ini 中的 include_path = " "为 include_path = ".; C:\wamp\www\Zend\library"，如图 23-1 所示。

图 23-1　编辑 php.ini

`step 03` 在 C:\wamp\www\Zend 建立一个文件夹 zendapp，用来存放使用 Zend 开发的应用的文件。

`step 04` 把 C:\wamp\www\Zend\bin 下的 zf.bat 文件和 zf.php 文件复制到 C:\wamp\www\Zend\zendapp 下。

`step 05` 重新启动 Web 服务器，即可使用 Zend Framework 框架。

23.3.2　实例 2——创建一个新的 Zend Framework 应用

在 Windows 下创建 Zend Framework 的应用，需要在 CMD 命令输入终端中使用 zf 命令。具体操作步骤如下。

`step 01` 单击"开始"按钮，在弹出的菜单中选择"运行"命令。在弹出的对话框的文本框中输入 cmd 后，单击"确定"按钮，打开 Windows 的命令行窗口。首先进入到 zendapp 目录下，输入命令：

```
cd C:\wamp\www\Zend\zendapp
```

按 Enter 键，如图 23-2 所示。

图 23-2　进入到 zendapp 目录下

step 02 来到开发 Zend 应用的文件夹 C:\wamp\www\Zend\zendapp 下，输入命令：

```
zf show version
```

按 Enter 键，会得到返回信息，如图 23-3 所示。

图 23-3　查看 Zend Framework 版本

可以确定 Zend Framework 可以正常使用。

step 03 输入命令：

```
zf create project zfdemo
```

按 Enter 键，会得到返回信息，如图 23-4 所示。

在 C:\wamp\www\Zend\zendapp 文件夹下会出现一个新文件夹 zfdemo，在这个文件夹下又包含了 zfdemo 这个应用的所有框架文件和文件夹，如图 23-5 所示。

这样一个新的 Zend 应用框架就生成了。

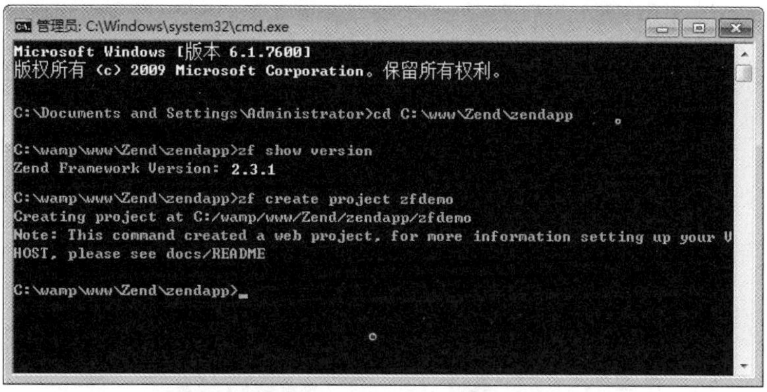

图 23-4　创建 Zend 应用框架

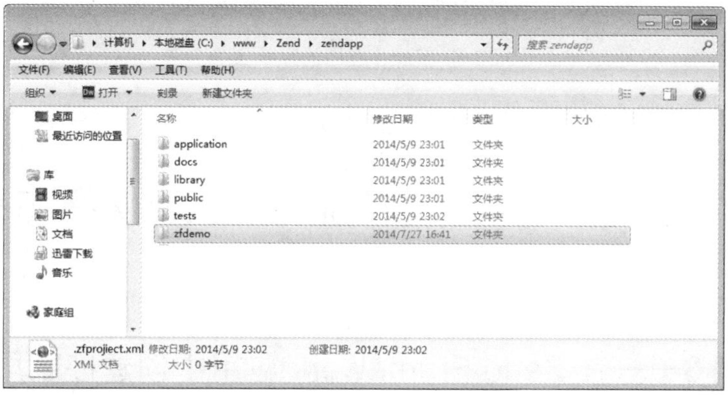

图 23-5　进入 zendapp 目录

step 04 要在 Apache 的 httpd.conf 文件中添加一个虚拟服务器，以容纳此应用。在 httpd.conf 文件的尾部添加如下代码：

```
<VirtualHost 127.0.0.1:80>
   DocumentRoot "\www\Zend\zendapp\zfdemo\public"
</VirtualHost>
<VirtualHost 127.0.0.1:80>
   ServerName quickstart.local
   DocumentRoot "\www\Zend\zendapp\zfdemo\public"
   SetEnv APPLICATION_ENV "development"
 <Directory "\www\Zend\zendapp\zfdemo\public">
    DirectoryIndex index.php
    AllowOverride All
   Order allow,deny
     Allow from all
 </Directory>
</VirtualHost>
```

保存后，重启所有 Web 服务。

step 05 在浏览器的地址栏中输入 http://localhost:80/，则页面跳转到 Zend 应用的默认页面，如图 23-6 所示。

图 23-6　Zend 应用的默认页面

至此，一个新的 Zend 应用项目成功生成。

23.4　PHP 与 Zend Framework 的基本操作

下面主要讲述 Zend Framework 框架的基本操作。

23.4.1　实例 3——在 Zend Framework 应用中创建控制层文件

由于 Zend Framework 是严格遵行 MVC 结构的框架，所以在整个项目生成以后，就可以针对某种需求生成控制层文件，也就是 controller 文件。

如果要生成一个 contact 页面，则首先要生成一个 contact 的 controller 文件。先进入到 zfdemo 项目的文件夹下，然后在命令行窗口中输入如下命令：

```
..\zf create controller contact
```

由于 zf.bat 文件在 C:\wamp\www\Zend\zendapp 目录下，所以要通过 "..\zf" 在当前目录的上一级目录中调用。程序运行后，反馈信息如图 23-7 所示。

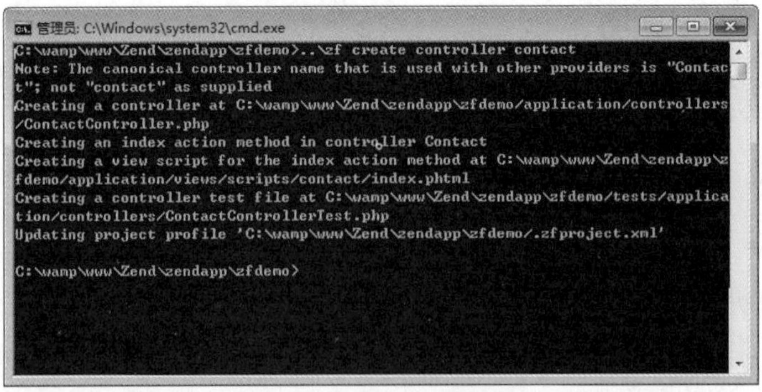

图 23-7　生成控制层文件

此时，可在 C:\wamp\www\Zend\zendapp\zfdemo\application\controllers 文件夹下找到新生成的 controller 文件 ContactController.php。

这时在浏览器的地址栏中输入 http://localhost/contact，则页面返回信息如图 23-8 所示。

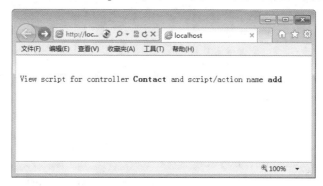

图 23-8　运行结果页面

图 23-8 中的信息说明这是 contact controller 中 index action 返回的 view 文件。

23.4.2　实例 4——在 Zend Framework 的控制层文件中添加一个 action

action 是在 controller 文件中以函数形式出现的。它定义了某个特定的行为。在 zfdemo 项目的文件夹下，在命令行窗口中输入如下命令：

```
..\zf create action add contact
```

程序运行后，反馈信息如图 23-9 所示。

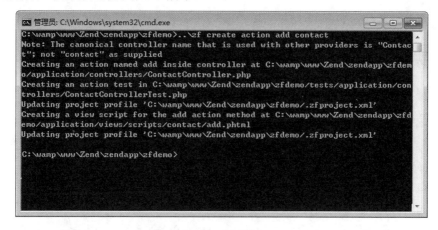

图 23-9　添加 action

这时，打开 ContactController.php 文件。代码如下：

```php
<?php
class ContactController extends Zend_Controller_Action
{
    public function init()
    {
```

```
        /* Initialize action controller here */
    }
    public function indexAction()
    {
        // action body
    }
    public function addAction()
    {
        // action body
    }
}
```

其中，addAction()是新生成的 action 函数。

由于 addAction()函数已经生成，而相对于此 action 函数的 view 文件也在 C:\wamp\www\Zend\zendapp\zfdemo\application\views\scripts\contact 文件夹下生成，为 add.phtml。

这时，在浏览器的地址栏中输入 http://localhost/contact/add，则页面如图 23-10 所示。

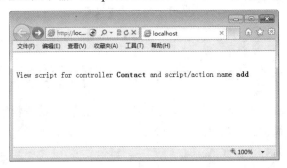

图 23-10　运行结果页面

页面明确表明了 controller 为 contact，以及 action 的名称为 add。

23.4.3　实例 5——在 Zend Framework 中创建布局(layout)

对于 Web 应用的页面布局，Zend Framework 使用 zf 命令就可以轻松创建。在 zfdemo 项目的文件夹下，在命令行窗口中输入如下命令：

```
..\zf enable layout
```

程序运行后，反馈信息如图 23-11 所示。

这时，到 C:\wamp\www\Zend\zendapp\zfdemo\application\layouts\scripts 文件夹下，可以看到 layout.phtml 文件。打开此文件，代码如下：

```
<?php echo $this->layout()->content; ?>
```

如果，修改此 layout 文件，可以添加页面布局中的头部、标题、页脚等。修改 layout.phtml 文件为：

```
<head>zfdemo project</head>
<?php echo $this->layout()->content; ?>
    <footer>powered by zend</footer>
```

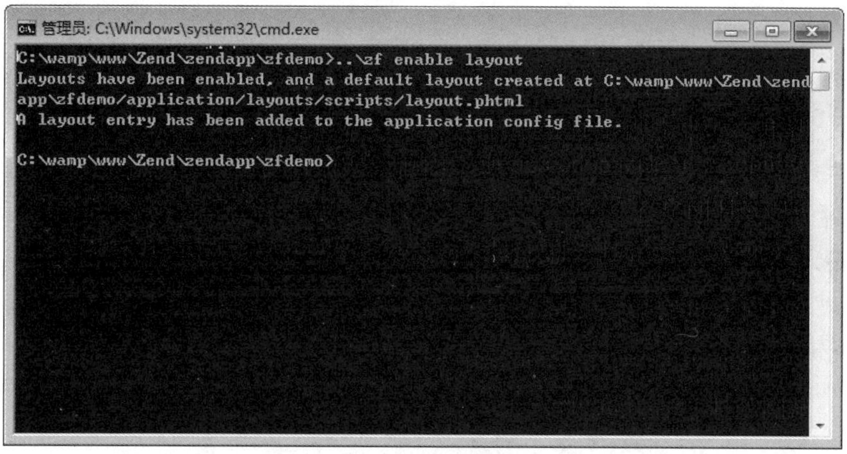

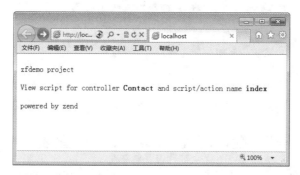

图 23-11　创建页面布局

保存后，在浏览器的地址栏中输入 http://localhost/contact，然后刷新，则页面效果如图 23-12 所示。

图 23-12　运行结果页面

23.4.4　实例 6——在 Zend Framework 中的数据库操作

Zend Framework 对数据库的操作是通过 ORM 的方式进行的。这是主流 PHP 框架的主要特征。Zend 把 ORM 绑定到 Zend_Db 组件当中，以方便程序员使用。

一般情况下，只要是支持 ORM 的框架都会对数据库的支持比较宽泛，Zend 可支持 mysql、mssql、sqlite、postgresql 等。下面的例子将创建一个用来储存联系人信息的数据库表格，并且使用 Zend 对其进行操作。具体操作步骤如下。

step 01　创建数据库 zfdemo，并且在其中创建数据库表格 contact。SQL 语句如下：

```
CREATE TABLE contacts (
id INTEGER UNSIGNED NOT NULL AUTO_INCREMENT PRIMARY KEY,
name VARCHAR(60) NOT NULL,
email VARCHAR(100) NOT NULL
)
```

step 02　到 C:\wamp\www\Zend\zendapp\zfdemo\application\configs 中，找到文件 application.ini，用来设置数据库连接。在此文件的尾部添加如下代码：

```
resources.db.adapter = PDO_MYSQL
resources.db.params.host = localhost
resources.db.params.username = root
resources.db.params.password = 75***1
resources.db.params.dbname = zfdemo
resources.db.isDefaultTableAdapter = true
```

这段代码定义的内容有：数据库适配器为 PDO_MYSQL，主机为 localhost，用户为 root，其密码为 75***1，数据库名称为 zfdemo，使用默认数据库表格适配器。

由此可见，Zend 是使用 PDO 数据抽象类处理 MySQL 数据库的。

step 03 ▶ 到 C:\wamp\www\Zend\zendapp\zfdemo\application 文件夹，找到 Bootstrap.php 文件，添加代码后如下：

```php
<?php
class Bootstrap extends Zend_Application_Bootstrap_Bootstrap
{
    protected function _initConfig()
    {
        $config = new Zend_Config($this->getOptions());
        Zend_Registry::set('config', $config);
        return $config;
    }
    $config = Zend_Registry::get('config');
    $email = $config->email->support;
}
```

设定初始化设置的函数，以确保在整个项目启动时，配置文件被及时加载。

23.4.5 实例 7——在 Zend Framework 中创建表单

Form(表单)历来都是比较特殊的 Web 器件。很多框架都对其进行特殊处理。在 Zend 里面，Zend 会通过 zf 命令，创建 form model(模型)来完成对 form 的处理。创建用于添加联系人信息的 form。具体操作步骤如下。

step 01 ▶ 到命令行窗口中输入命令如下：

```
..\zf create model contactForm
```

程序运行后，反馈信息如图 23-13 所示。

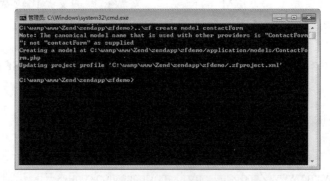

图 23-13 反馈信息

step 02 到 C:\wamp\www\Zend\zendapp\zfdemo\application\models 文件夹下，可以找到新生成的文件 ContactForm.php。对其进行编辑，加入代码后为：

```php
<?php
class Application_Model_ContactForm
{
 public function __construct($options = null)
 {
    parent::__construct($options);
    $name = new Zend_Form_Element_Text('name');
    $name->setAttrib('size', 30)
          ->setLabel('Name')
          ->addValidator('NotEmpty')
          ->addErrorMessage('Need name to contact with.');
    $email = new Zend_Form_Element_Text('email');
    $email->setAttrib('size', 60)
          ->setLabel('Email')
          ->addValidator('NotEmpty')
          ->addErrorMessage('Please valid email address.');
 }
}
```

此段代码设置了 contactform model 的两个表单元素：一个是 name；另一个是 email。并且设置了它们的属性和验证标准。

step 03 到 C:\wamp\www\Zend\zendapp\zfdemo\application\controllers 中 找 到 ContactController.php，修改 addAction()函数为如下代码：

```php
public function addAction()
    {
      $form = new Application_Model_ContactForm(
            array('action' => '/contact/add',
                  'method' => 'POST'
                  )
          );
      if ($this->getRequest()->isPost()) {

          if ($form->isValid($this->getRequest()->getPost())) {

              $contact = new Zend_Db_Table('contacts');
              $data = array (
                  'name' => $this->_request->getPost('name'),
                  'email' => $this->_request->getPost('email')
              );

              $contact->insert($data);

              echo "<p>Contact added!</p>";
          }
      }

      $this->view->form = $form;

    }
```

step 04 到 C:\wamp\www\Zend\zendapp\zfdemo\application\views\scripts\contact 下，找到 add.phtml，
修改为如下代码：

```
<br /><br />
<div id="view-content">
    <p>View script for controller <b>Contact</b> and script/action name
<b>add</b>
    <?= $this->form; ?>
    </p>
</div>
```

step 05 在浏览器中输入 http://localhost/contact/add，即可完成表单的创建。

23.5 疑 难 解 惑

疑问 1：使用 Zend Framework 建立 MVC 的流程是什么？

答：Zend Framework 框架建立多模块 MVC 框架结构的具体流程如下。

(1) 创建 URL 重写文件.htaccess。

(2) 创建引导文件 index.php。

(3) 创建配置文件 application.ini。

(4) 创建启动类 Bootstrap。

(5) 创建默认控制器 IndexController。

(6) 创建视图文件 index.phtml。

(7) 运行一个最基本的 Zend Framework 程序。

疑问 2：如何创建.htaccess 文件？

答：因为.htaccess 文件没有文件主名，所以在 Windows 系统下无法直接命名。下面介绍两种创建.htaccess 文件的方法。

(1) 通过 Windows 系统的 copy con 命令创建，完成后使用 Ctrl+Z 组合键退出编辑模式。

(2) 通过记事本文本编辑工具将文件另存为文件名为.htaccess 的文件，保存时要注意将文件类型设置为所有文件即可。

第4篇

项目实战

第 24 章

项目实训 1——开发
验证码系统

　　验证码系统在开发动态网站中最为常见。本章介绍验证码系统的开发方法。通过本章的学习，读者可以进一步巩固前面所学的知识，包括 GD 库的使用方法和 Session 的管理技术。

24.1　系　统　分　析

在开发验证码系统之前，首先应分析系统的需求。

24.1.1　学习目标

此验证码系统的前台采用 Bootstrap 和 jQuery 搭建，后台基于 PHP 7 版本，使用 GD 库和 Session 管理技术。

通过该案例，读者可以实现以下学习目标。

(1)　学习类的定义和使用方法。

(2)　学习 Session 的特性和使用场景。

(3)　通过 GD 库生成图片与输出图片的技巧。

(4)　进一步理解对象的属性和方法的作用域。

(5)　熟练使用循环和分支语句。

(6)　学习验证码的开发思路。

(7)　学习防止用户重复提交或非人为提交验证码的方法和技巧。

24.1.2　需求分析

该项目是一个验证码生成与检验系统，主要需求如下。

(1)　生成验证码图片并以网页的形式展示给用户。

(2)　用户输入验证码并提交后，检查所提交的验证码的正确性，并将检查结果显示给用户。

(3)　验证码的有效期为 3 分钟，超过 3 分钟验证码即失效，需要重新刷新验证码。并且验证码只能使用一次，多次使用同样失效。

24.1.3　系统文档

验证码系统的文档如图 24-1 所示。

图 24-1　系统文档

各个文档的含义如下。

(1) index.php：显示验证码图片，并提交检查用户输入的验证码。

(2) code.php：生成并输入验证码图片。

(3) controller/CodeController.php：验证码控制器，生成并输出验证码图片，验证提交的验证码的正确性。

(4) css/bootstrap.css：设置主页的样式。

(5) js/jquery-3.2.1.js：jQuery 库文件。

24.2　系统的代码实现

下面分析验证码系统的代码是如何实现的。

24.2.1　系统主界面

在验证码系统主界面中，主要显示验证码的图片和提交检查用户输入的验证码，如图 24-2 所示。

系统主界面的文件为 index.php。主要代码如下：

图 24-2　系统主界面

```php
<?php
### 验证码系统
### 需要安装 GD 库

require
'controller/CodeController.php';
session_start();
if (!empty($_POST['code'])) {
    $controller = new CodeController();
    return $controller->checkCode($_POST['code']);
}
?>
<!DOCTYPE html>
<html lang="zh-CN">
  <head>
    <meta charset="utf-8">
    <meta http-equiv="X-UA-Compatible" content="IE=edge">
    <meta name="viewport" content="width=device-width, initial-scale=1">
    <title>验证码系统</title>

    <link href="css/bootstrap.css" rel="stylesheet">

    <!--[if lt IE 9]>
      <script
src="https://cdn.bootcss.com/html5shiv/3.7.3/html5shiv.min.js"></script>
      <script
src="https://cdn.bootcss.com/respond.js/1.4.2/respond.min.js"></script>
```

```
  <![endif]-->
  </head>
  <body>
    <div class="text-center" style="max-width: 300px; margin: 30px auto;">
      <h1>验证码系统</h1>
      <br/>
      <br/>
      <div class="form-group">
        <img id="code-image" alt="验证码" src="code.php">
        <a id="refresh" class="btn btn-link btn-block" href="#">换一张</a>
      </div>
      <br/>
      <div class="form-group">
        <input class="form-control" type="text" name="code" maxlength="4"
placeholder="请输入验证码" />
      </div>
      <div class="form-group">
        <a id="validate" class="btn btn-primary form-control">验证</a>
      </div>
    </div>

    <script src="js/jquery-3.2.1.js"></script>
    <script type="text/javascript">
    $(function() {
      $('#refresh').on('click', function(e) {
        $('#code-image').prop('src', 'code.php?t=' + new Date().getTime())
      });
      $('#validate').on('click', function(e) {
        var code = $('input[name=code]').val();
        if ($.trim(code) == '') {
          alert('请输入验证码');
          return;
        }
        $.post('index.php', {code: code}, function(result) {
          alert(result);
        });
      });
    });
    </script>
  </body>
</html>
```

24.2.2　生成并输入验证码功能

code.php 文件的主要功能为生成一个 300×80 的验证码图片并输入验证码。代码如下:

```php
<?php
### 生成验证码图片
### 需要安装 GD 库

require 'controller/CodeController.php';
$controller = new CodeController();
$controller->generateCode(300, 80);
?>
```

24.2.3 验证码控制器

文件 CodeController.php 的主要作用是生成并输出验证码图片，并验证提交的验证码的正确性。主要的方法如下。

(1) public function checkCode(string $code)：检查验证码是否匹配。

(2) public function generateCode(int $width = 300, int $height = 80)：生成随机验证码并输出图片。

(3) private function saveCode()：将验证码保存到 Session 中用于验证。

(4) private function exportImage(int $width, int $height)：生成并输出验证码图片。

文件 CodeController.php 的代码分析如下：

```php
<?php
### 验证码系统
### 需要安装 GD 库

/**
 * 验证码控制器
 * 生成验证码图片并检查验证码的正确性
 */
class CodeController {
    /** 验证码 */
    private $code = '';
    /** 验证码长度 */
    private $length = 4;
    /** 验证码字符集 */
    private $seeds = '0123456789ABCDEFGHIJKLMNOPQRSTUVWXYZ';

    /**
     * 检查验证码是否匹配
     * @param string $code 验证码
     */
    public function checkCode(string $code): bool
    {
        if (!empty($code)) {
            if (empty($_SESSION['code'])) {
                echo '验证码已过期，请刷新验证码';
                return false;
            }
            if (!empty($_SESSION['codeTime'])) {
                $codeTime = (int) $_SESSION['codeTime'];
                $currentTime = time();
                if ($currentTime - $codeTime > 180) {
                    unset($_SESSION['code']);
                    unset($_SESSION['codeTime']);
                    echo '验证码已过期，请刷新验证码';
                    return false;
                }
            }
            if (strtoupper($code) != $_SESSION['code']) {
```

网站开发案例课堂

```
            echo '验证码不匹配';
            return false;
        }
        # 验证通过，清掉验证码(只能验证一次)
        unset($_SESSION['code']);
        unset($_SESSION['codeTime']);
        echo '验证码通过';
        return true;
    }
    return false;
}

/**
 * 生成随机验证码并输出验证码图片
 * @param int $width 宽度(像素)
 * @param int $height 长度(像素)
 */
public function generateCode(int $width = 300, int $height = 80)
{
    if ($width <= 0) {
        $width = 300;
    }
    if ($height <= 0) {
        $height = 80;
    }

    # 生成验证码
    $this->code = '';
    for ($i = 0, $m = strlen($this->seeds) - 1; $i < $this->length; $i++)
{

        # 生成随机验证码
        $this->code .= $this->seeds[rand(0, $m)];
    }

    $this->saveCode();
    $this->exportImage($width, $height);
}

/**
 * 将验证码保存到会话中用于验证
 */
private function saveCode()
{
    session_start();
    $_SESSION['code'] = $this->code;
    $_SESSION['codeTime'] = time();
    session_commit();
}

/**
 * 生成并输出验证码图片
 * @param int $width 宽度(像素)
 * @param int $height 长度(像素)
 */
```

```
    private function exportImage(int $width, int $height)
    {
        # 生成验证码图片
        $image = imagecreate($width, $height);

        # 设置背景色
        $backColor = imagecolorallocate($image, rand(220, 250), rand(220,
250), rand(220, 250));
        imagefill($image, 0, 0, $backColor);

        # 设置混淆色
        $maskedColor = imagecolorallocate($image, rand(180, 220), rand(180,
220), rand(180, 220));
        for ($x = 10; $x <= $width; $x += 20) {
            for ($y = 10; $y <= $height; $y += 20) {
                imagefilledellipse($image, $x, $y, rand(5, 20), rand(5, 20),
$maskedColor);
            }
        }

        # 设置字符色
        $codeColor = imagecolorallocate($image, rand(150, 200), rand(150,
200), rand(150, 200));
        # 加载字体
        putenv('GDFONTPATH=' . realpath('.'));
        $font = 'css/font.ttf';
        # 输出字体
        $left = $width / ($this->length + 1);
        $top = $height / 2;
        for ($i = 0; $i < $this->length; $i++) {
            imagettftext($image, $top, rand(-30, 30), rand(0, $left - 10) +
$left * ($i + 0.5),
                    rand(0, $top) + $top, $codeColor, $font, $this->code[$i]);
        }

        # 输出验证码图片
        header('Content-Type: image/png; charset=binary');
        imagepng($image);
        imagedestroy($image);
    }
}
?>
```

24.3 系 统 测 试

下面测试验证码系统的功能。具体操作步骤如下。

step 01 首先查看验证码系统的主页，用户可以输入图片上的验证码，如图24-3所示。

step 02 单击“验证”按钮，弹出验证后的信息，如图24-4所示。

step 03 单击“换一张”链接，即可刷新验证码，如图24-5所示。

step 04 如果输入的验证码不匹配，则弹出错误提示信息，如图24-6所示。

图 24-3　输入验证码

图 24-4　验证码通过

图 24-5　刷新验证码

图 24-6　验证码不匹配

step 05　如果时间超过 3 分钟或者多次输入验证码，则弹出验证码过期的提示信息，如图 24-7 所示。

图 24-7　验证码过期

第 25 章

项目实训 2——开发
个人博客系统

　　博客又称为网络日志，是一种通常由个人管理、不定期张贴新的文章的网站。
本章学习制作个人博客系统，在该系统中，用户可以发布、修改和删除博客。虽然
个人博客系统比较简单，但是读者可以学习开发动态网站的流程、如何使用 PDO
操作 MySQL 数据库等知识。

25.1 系统的需求分析

在开发个人博客系统之前,首先应分析系统的需求。

25.1.1 学习目标

此验证码系统的前台采用 Bootstrap 和 jQuery 搭建,后台基于 PHP 7 版本,使用 PDO 操作 MySQL 数据库。

通过该案例,读者可以实现以下学习目标。

(1) 使用 PDO 连接 MySQL 数据库。

(2) 通过 SQL 语句执行数据表的增加、修改和删除操作。

(3) 分别处理网页的 POST 请求和 GET 请求。

(4) 进一步理解类的定义和使用方法。

(5) 理解类的属性和作用域。

25.1.2 需求分析

个人博客系统是博客的生成与浏览管理系统。该系统可供用户记录学习过程中的知识点、疑难问题及个人见解等,是个人知识积累的一个良好途径。

个人博客的主要需求如下。

(1) 用户通过输入博客标题和文本内容从而生成一条新的博客。

(2) 用户可以对现有的博客进行编辑操作。

(3) 用户可以对现有的博客进行删除操作。

(4) 在个人博客首页中,用户可以浏览所有已经保存的博客。

25.1.3 系统文档

个人博客系统的文档如图 25-1 所示。

图 25-1 系统文档

其中核心文档的含义如下。

(1) index.php：获取所有博客并生成博客一览页面。

(2) model/BlogModel.php：博客数据模型，使用 PDO 连接数据库，然后对博客进行增加、修改或删除等基本操作。

(3) edit.php：新建或编辑博客页面，在提交后新建博客或更新相应的博客。

(4) delete.php：根据 ID 删除相应的博客，并跳转到博客一览页面。

(5) ckeditor 文件夹：在线 HTML 编辑器。

(6) db.sql：数据库初始化文件。

(7) css/bootstrap.css：设置页面的样式。

(8) js/jquery-3.2.1.js：jQuery 库文件。

(9) fonts：页面中的字体文件。

25.2 数据库分析

分析完系统的需求后，开始分析数据库的逻辑结构并建立数据表。

25.2.1 分析数据库

博客系统的数据库名称为 php，包含数据表 blog，其结构如表 25-1 所示。

表 25-1 blog (博客数据表)

编　号	字 段 名	类　型	字段意义	备　注
1	id	int(10)	编号	主键
2	title	varchar(255)	博客名称	非空字段
3	content	text	博客内容	非空字段
4	date_created	timestamp	创建博客的时间	
5	date_modified	timestamp	修改博客的时间	

25.2.2 创建数据表

分析数据库的结构后，即可创建数据表 blog。SQL 语句如下：

```
CREATE TABLE blog (
 id int(10) UNSIGNED ZEROFILL NOT NULL AUTO_INCREMENT,
 title varchar(255) NOT NULL,
 content text NOT NULL,
 date_created timestamp NOT NULL DEFAULT CURRENT_TIMESTAMP,
 date_modified timestamp NOT NULL DEFAULT CURRENT_TIMESTAMP
)
```

数据表创建完成后，查看效果，如图 25-2 所示。

图 25-2　数据表 blog 的结构

25.3　个人博客系统的代码实现

下面分析个人博客系统的代码是如何实现的。

25.3.1　博客数据模型的文件

BlogModel.php 是博客数据模型文件，主要实现对数据库的连接操作和对博客的增加、删除、修改等操作。包含的主要方法如下。

(1) public function read()：读取所有博客信息。

(2) public function find(string $id)：读取一条博客信息。

(3) public function create(array $params)：创建一条博客信息。

(4) public function update(array $params)：更新一条博客信息。

(5) public function delete(string $id)：删除一条博客信息。

(6) protected function query(string $sql, array $params = [])：执行 SQL 语句。

BlogModel.php 的代码如下：

```php
<?php
### 个人博客系统
### 需要安装 PDO 与 PDO_MYSQL 库

/**
 * 博客数据模型
 * 实现 blog 表的增删改查
 */
class BlogModel {
    /** 数据库连接串 */
    private $dsn = 'mysql:host=localhost;port=3306;dbname=php';
    /** 用户名 */
    private $user = 'root';
    /** 密码 */
    private $password = '123456';
    /** 表名 */
    private $table = 'blog';
    /** 错误信息 */
```

```php
private $error = '';

/**
 * 读取所有博客
 * @return array
 */
public function read(): array
{
    # 生成查询语句
    $sql = "SELECT * FROM {$this->table}";
    $result = $this->query($sql);
    return $result === false ? [] : $result;
}

/**
 * 读取一条博客
 * @param string $id 博客 ID
 * @return array
 */
public function find(string $id): array
{
    # 验证数据
    if (empty($id)) {
        $this->error = 'ID 未指定';
        return [];
    }
    # 生成查询语句
    $sql = "SELECT * FROM {$this->table} WHERE id=:id";
    $result = $this->query($sql, ['id' => $id]);
    if ($result === false) {
        return [];
    }
    return count($result) > 0 ? $result[0] : $result;
}

/**
 * 添加一条博客
 * @param array $params 博客内容
 * @return bool
 */
public function create(array $params): bool
{
    # 验证数据
    if (empty($params['title'])) {
        $this->error = '标题不能为空';
        return false;
    }
    if (empty($params['content'])) {
        $this->error = '内容不能为空';
        return false;
    }
    # 生成插入语句
    $sql = "INSERT INTO {$this->table} (title, content, date_created,
```

```
date_modified) "
            . " VALUES (:title, :content, current_timestamp, current_timestamp)";
        $result = $this->query($sql, ['title' => $params['title'], 'content'
=> $params['content']]);
        return $result > 0;
    }

    /**
     * 更新一条博客
     * @param array $params 博客内容
     * @return boolean
     */
    public function update(array $params): bool
    {
        # 验证数据
        if (empty($params['id'])) {
            $this->error = 'ID 未指定';
            return false;
        }
        $fields = [];
        if (!empty($params['title'])) {
            $fields['title'] = $params['title'];
        }
        if (!empty($params['content'])) {
            $fields['content'] = $params['content'];
        }
        if (empty($fields)) {
            $this->error = '请输入需要更新的标题或内容';
            return false;
        }
        # 生成更新语句
        $sql = "UPDATE {$this->table} set ";
        foreach ($fields as $key => $value) {
            $sql .= " {$key}=:{$key}, ";
        }
        $sql .= " date_modified=current_timestamp ";
        $sql .= " WHERE id=:id";
        $fields['id'] = $params['id'];
        $result = $this->query($sql, $fields);
        return $result > 0;
    }

    /**
     * 删除一条博客
     * @param string $id 博客 ID
     * @return bool
     */
    public function delete(string $id)
    {
        # 验证数据
        if (empty($id)) {
            $this->error = 'ID 未指定';
            return false;
        }
```

```php
    # 生成删除语句
    $sql = "DELETE FROM {$this->table} WHERE id=:id";
    $result = $this->query($sql, ['id' => $id]);
    return $result > 0;
}

/**
 * 执行 SQL 语句
 * @param string $sql SQL 语句
 * @param array $params SQL 参数
 * @return bool
 */
protected function query(string $sql, array $params = [])
{
    # 连接数据库
    $pdo = null;
    try {
        $pdo = new PDO($this->dsn, $this->user, $this->password);
    } catch (PDOException $e) {
        $this->error = '数据库连接错误：' . $e->getMessage();
        return false;
    }

    # 执行 SQL 语句
    $stm = $pdo->prepare($sql, [
        PDO::ATTR_CURSOR => PDO::CURSOR_FWDONLY
    ]);
    if (!$stm) {
        $this->error = 'SQL 语句或参数有错';
    }
    if (!$stm->execute($params)) {
        $this->error = 'SQL 执行出错：' . $stm->errorInfo();
        return false;
    }

    # 获取返回结果
    $column = $stm->columnCount();
    if ($column > 0) {
        # 获取结果集
        $rows = $stm->fetchAll(PDO::FETCH_ASSOC);
        foreach ($rows as &$row) {
            $row = array_change_key_case($row, CASE_LOWER);
        }
        return $rows;
    }
    return $stm->rowCount();
}

/**
 * 获取错误信息
 * @return string
 */
public function getError(): string
{
```

```
        return $this->error;
    }
}
?>
```

 用户需要根据自己的数据库修改 $dsn、$user、$password 等属性。

25.3.2 个人博客系统的主页面

个人博客系统的主页面为 index.php,主要功能是获取所有博客并生成博客一览页面。具体代码如下:

```php
<?php
### 个人博客系统
### 需要安装 PDO 与 PDO_MYSQL 库

require 'model/BlogModel.php';

# 获取所有博客
$model = new BlogModel();
$records = $model->read();
$error = $model->getError();
?>

<!DOCTYPE html>
<html lang="zh-CN">
  <head>
    <meta charset="utf-8">
    <meta http-equiv="X-UA-Compatible" content="IE=edge">
    <meta name="viewport" content="width=device-width, initial-scale=1">
    <title>个人博客系统</title>

    <link href="css/bootstrap.css" rel="stylesheet">

    <!--[if lt IE 9]>
      <script
src="https://cdn.bootcss.com/html5shiv/3.7.3/html5shiv.min.js"></script>
      <script
src="https://cdn.bootcss.com/respond.js/1.4.2/respond.min.js"></script>
    <![endif]-->
  </head>
  <body>
    <div class="container">
      <div class="row">
        <div class="col-xs-12">
          <h1 class="text-center">个人博客系统 <a class="pull-right glyphicon
glyphicon-plus" style="text-decoration:none;" href="edit.php"></a></h1>
          <hr/>
        </div>
      </div>
```

```php
    <div class="row">
      <div class="col-sm-12 col-md-10 col-md-offset-1 col-lg-8 col-lg-
offset-2">
        <?php if (!empty($error)) { ?>
        <h3 class="text-center text-danger"><?= $error ?></h3>
        <?php } else if (count($records) == 0) { ?>
        <h3 class="text-center">你还没有写博客^_^</h3>
        <?php } else { ?>
          <?php foreach ($records as $record) {?>
          <h3>
            <?= $record['title'] ?>
            <span class="text-muted" style="font-size: 70%;">(<?=
$record['date_created'] ?>)</span>
              <span class="pull-right">
              <a class="glyphicon glyphicon glyphicon-pencil" style="text-
decoration:none;" href="edit.php?id=<?= $record['id'] ?>"></a>
               
              <a class="pull-right glyphicon glyphicon-trash" style="text-
decoration:none;" href="#" data-id="<?= $record['id'] ?>"></a>
            </span>
          </h3>
          <hr />
          <div style="margin: 0 8px; padding: 8px 16px; box-shadow: 0 4px
4px #eee;"><?= $record['content'] ?></div>
          <br/>
          <br/>
          <?php } ?>
        <?php } ?>
      </div>
    </div>
    <div class="row">
      <div class="col-xs-12 text-center">
        <hr/>
        <a class="btn btn-primary btn-lg" style="min-width: 300px;"
href="edit.php">发布博客</a>
        <br/>
        <br/>
        <br/>
      </div>
    </div>
  </div>

  <script src="js/jquery-3.2.1.js"></script>
  <script type="text/javascript">
  $(function() {
    $('.glyphicon-trash').on('click', function(e) {
      var el = $(this),
          id = el.data('id');
      if (!confirm('你确定要删除该条博客？删除后无法撤销！')) {
          return;
      }
      $.post('delete.php', {
          id: $(this).data('id')
      }, function(result) {
```

```
            if (result && result.error) {
                alert(result.error);
                return;
            }
            location.reload();
        }, 'json');
    });
  });
  </script>
 </body>
</html>
```

25.3.3　个人博客新建和编辑页面

edit.php 是新建或编辑博客页面，在提交后新建博客或更新相应的博客。具体代码如下：

```php
<?php
### 个人博客系统
### 需要安装 PDO 与 PDO_MYSQL 库

require 'model/BlogModel.php';

$model = new BlogModel();

if (!empty($_POST['blog'])) {
    if (!empty($_POST['blog']['id'])) {
        # 如果 POST 请求包含博客及 ID，更新 ID 对应的博客
        $model->update($_POST['blog']);
        echo json_encode(['error' => $model->getError()]);
        return;
    }
    # 如果 POST 请求包含博客但是未指定 ID，新建一条博客
    $model->create($_POST['blog']);
    echo json_encode(['error' => $model->getError()]);
    return;
}

$record = [];
$error = '';
if (!empty($_REQUEST['id'])) {
    # 如果包含 ID，获取 ID 对应的博客用于更新
    $record = $model->find($_REQUEST['id']);
    $error = $model->getError();
}
?>

<!DOCTYPE html>
<html lang="zh-CN">
  <head>
    <meta charset="utf-8">
    <meta http-equiv="X-UA-Compatible" content="IE=edge">
    <meta name="viewport" content="width=device-width, initial-scale=1">
    <title>个人博客系统</title>
```

```
    <link href="css/bootstrap.css" rel="stylesheet">

    <!--[if lt IE 9]>
      <script src="https://cdn.bootcss.com/html5shiv/3.7.3/html5shiv.min.js"></script>
      <script src="https://cdn.bootcss.com/respond.js/1.4.2/respond.min.js"></script>
    <![endif]-->
  </head>
  <body>
    <div class="container">
      <div class="row">
        <div class="col-xs-12">
          <h1 class="text-center">个人博客系统</h1>
          <hr/>
        </div>
      </div>
      <div class="row">
        <div class="col-sm-12 col-md-10 col-md-offset-1 col-lg-8 col-lg-
offset-2">
          <?php if (!empty($error)) { ?>
          <h3 class="text-center text-danger"><?= $error ?></h3>
          <?php } else { ?>
          <input type="hidden" name="id" value="<?= $record['id'] ?? '' ?>" />
          <div class="form-group">
            <label for="title">标题</label>
            <input type="text" name="title" value="<?= $record['title'] ??
'' ?>" class="form-control" id="title" placeholder="标题">
          </div>
          <div class="form-group">
            <label for="content">内容</label>
            <textarea id="content" name="content" class="form-control"
cols="80" placeholder="内容"><?= $record['content'] ?? '' ?></textarea>
          </div>
          <br>
          <div class="form-group text-center">
            <button class="btn btn-primary btn-lg" id="submit" type="button"
style="min-width: 300px;">发布博客</button>
          </div>
          <?php } ?>
          <br>
        </div>
      </div>
    </div>

    <script src="js/jquery-3.2.1.js"></script>
    <script src="ckeditor/ckeditor.js"></script>
    <script type="text/javascript">
    $(function() {
        CKEDITOR.replace('content');
        $('#submit').on('click', function(e) {
            var title = $('#title').val();
            if ($.trim(title) == '') {
                $('#title').focus();
                alert('请输入标题');
```

```
            return;
        }
        var content = CKEDITOR.instances.content.getData();
        if ($.trim(content) == '') {
            CKEDITOR.instances.content.focus();
            alert('请输入内容');
            return;
        }
        $.post('edit.php', {
            blog: {
                id: $('input[name=id]').val(),
                title: title,
                content: content
            }
        }, function(result) {
            if (result && result.error) {
                alert(result.error);
                return;
            }
            location.href = 'index.php';
        }, 'json');
    });
  });
  </script>
 </body>
</html>
```

25.3.4 个人博客删除页面

delete.php 根据 ID 删除相应的博客，并跳转到博客一览页面。具体代码如下：

```php
<?php
### 个人博客系统
### 需要安装 PDO 与 PDO_MYSQL 库

require 'model/BlogModel.php';

$model = new BlogModel();
if (!empty($_REQUEST['id'])) {
    # 根据 ID 删除对应博客
    $model->delete($_REQUEST['id']);
    echo json_encode(['error' => $model->getError()]);
    return;
}
# 如果未指定 ID，重定向到首页
header('index.php');
?>
```

25.4 系统测试

下面测试个人博客系统的功能。具体操作步骤如下。

step 01 查看个人博客系统的主页，如图 25-3 所示。

step 02 单击"发布博客"按钮或者单击➕按钮，进入创建博客页面，输入博客的标题和内容，如图 25-4 所示。

图 25-3 个人博客系统的主页

图 25-4 编辑博客内容页面

step 03 单击"发布博客"按钮，返回到个人博客系统主页，可以看到新添加的博客信息，如图 25-5 所示。

step 04 单击编辑按钮✏，即可编辑博客。单击删除按钮🗑，弹出警告信息，单击"确定"按钮，即可删除博客，如图 25-6 所示。

图 25-5 查看新添加的博客

图 25-6 删除博客

第 26 章

项目实训 3——开发
用户权限系统

　　权限管理，一般是指根据系统设置的安全规则或者安全策略，用户可以访问而且只能访问自己被授权的资源，不多不少。权限管理几乎出现在任何系统里面。只要有用户和密码的系统，基本都需要用户权限管理。所以本章开始学习用户权限管理系统的开发方法。通过本章的学习，读者可以学会如何使用 MVC 模式来组织代码以及 MVC 模式的优势，使用 PHP 处理具有一定复杂度的多表关系，以及如何搭建基于角色的用户权限系统。

26.1 必 备 知 识

由于该用户权限系统是采用 MVC 模式来组织代码，所以在学习开发用户管理系统之前，首先需要了解 MVC 的概念和原理。

MVC 是 Model View Controller 的缩写。由此可见，MVC 指的就是"模型""呈现"和"控制器"这 3 个方面。其中"模型"负责数据的组织结构；"呈现"负责显示给浏览者的用户界面；"控制器"负责业务流程逻辑控制。

这种结构的好处有如下几点。

(1) 界面简单，有利于简化添加、删除、修改等操作。

(2) 可以利用相同的数据，给出不同的"呈现"。

(3) 逻辑控制的修改可以变得很简单。

(4) 开发人员不必重复已经写好的通用代码。

(5) 有利于开发人员共同工作。

其实，MVC 结构是把一个程序的输入、处理过程及输出分开。当用户通过用户界面输入一个请求的时候，"控制器"先对请求做出反应，但是"控制器"并不真正地处理数据，而是调用"模型"和"呈现"中的相关部分的代码和数据来返回给用户，以满足用户的请求。

这个过程也可以理解为："控制器"接到客户请求，以决定调用哪些"模型"中的数据和哪些"呈现"方式。相关联的"模型"通过相关业务规则处理相关数据并且返回。相关联的"呈现"则是处理如何格式化"模型"返回的数据，并且呈现出最终结果。MVC 结构的工作过程如图 26-1 所示。

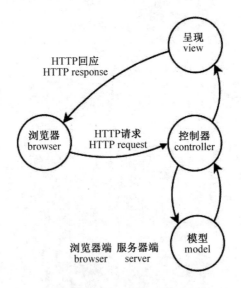

图 26-1 MVC 结构的工作过程

26.2　系统的需求分析

在开发用户权限系统之前，首先应分析系统的需要。

26.2.1　学习目标

此验证码系统的前台采用 Bootstrap 和 jQuery 搭建，后台基于 PHP 7 版本，使用 PDO 操作 MySQL 数据库，采用 MVC 模式来组织代码。

通过该案例，读者可以实现以下学习目标。

(1) 掌握如何使用 PDO 连接 MySQL 数据库。

(2) 掌握如何使用 MVC 模式来组织代码以及 MVC 模式的优势。

(3) 掌握如何使用 PHP 处理具有一定复杂度的多表关系。

(4) 进一步理解类的定义和使用方法。

(5) 理解类的属性和作用域。

(6) 掌握如何搭建基于角色的用户权限系统。

该案例对于读者学习更为复杂的 PHP 框架具有很好的启发和帮助作用。

26.2.2　需求分析

该项目是一个基于角色的用户权限系统，主要需求如下。

(1) 系统中有 3 个模型：用户(user)、角色(role)和权限(access)。

(2) 每个用户对应一个角色，角色与角色之间通过权限配置彼此的关系。

(3) 基于不同用户的角色不同，以及角色之间的权限配置，一个用户可以对另一个用户拥有不同的权限。

(4) 该项目同时使用了 MVC(模型-视图-控制器)模式，该模式将代码分为模型、视图与控制器 3 个部分，是一种非常经典的解耦模型。

26.2.3　系统文档

用户权限管理系统的文档如图 26-2 所示。

其中核心文档的含义如下。

(1) index.php：系统入口文件，调用控制器实现页面逻辑关系。

(2) view/login.php：登录页面，数据库自带一组用户，会显示在该页面中，默认密码是 123456。

(3) controller/SiteController.php：页面控制器，主要处理用户登录和登出，以及判断用户的权限。

(4) model/Model.php：数据模型基类，定义数据库连接和 SQL 执行。用户需要根据自己的数据库修改 $dsn、$user 和$password 等属性。

（5）model/UserModel.php：用户数据模型，处理用户登录和登出，以及获取用户相关角色和有权访问的其他用户。

（6）model/RoleModel.php：角色数据模型，获取角色信息以及角色的相关权限(默认角色有管理员、经理、组长和员工)。

（7）model/AccessModel.php：权限数据模型，获取权限信息，并提供通过角色查找权限的功能。

（8）view/access.php：权限显示页面，内含一个可访问的用户列表，选择不同的用户，可以查看对该用户的权限。

（9）db.sql：数据库初始化文件。

（10）css/bootstrap.css：设置页面的样式。

（11）js/jquery-3.2.1.js：jQuery 库文件。

（12）fonts：页面中的字体文件。

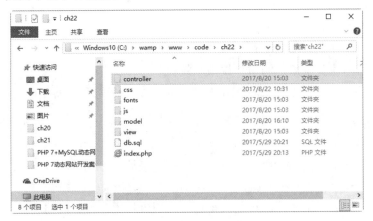

图 26-2　系统文档

26.3　数据库分析

分析完系统的需求后，开始分析数据库的逻辑结构并建立数据表。

26.3.1　分析数据库

用户权限系统的数据库名称为 php，包含数据表 access、role 和 user。各个表的结构分别如表 26-1、表 26-2 和表 26-3 所示。

表 26-1　access (权限数据表)

编　号	字 段 名	类　型	字段意义	备　注
1	id	int(10)	编号	主键
2	role_id	int(10)	角色编号	非空字段

编 号	字 段 名	类 型	字段意义	备 注
3	access_id	int(10)	权限编号	非空字段
4	read_access	tinyint(1)	查看权限	非空字段
5	create_access	tinyint(1)	创建权限	非空字段
6	update_access	tinyint(1)	更新权限	非空字段
7	delete_access	tinyint(1)	删除权限	非空字段

表 26-2　role(角色数据表)

编 号	字 段 名	类 型	字段意义	备 注
1	id	int(10)	角色编号	主键
2	name	varchar(60)	角色名称	非空字段
3	rank	int(4)	角色等级	非空字段

表 26-3　user (用户数据表)

编 号	字 段 名	类 型	字段意义	备 注
1	id	int(10)	用户编号	主键
2	name	varchar(60)	用户名称	非空字段
3	password	varchar(60)	用户密码	非空字段
4	role_id	int(10)	对应的角色编号	非空字段
5	date_created	timestamp	用户创建的时间	非空字段
6	date_modified	timestamp	用户创建的时间	非空字段

26.3.2　创建数据表

分析数据库的结构后，即可创造以上 3 个数据表。这里采用导入数据库的方法。

step 01 打开 phpMyAdmin，单击"导入"链接，如图 26-3 所示。

step 02 打开要导入的文件页面，单击界面中的"浏览"按钮，如图 26-4 所示。

图 26-3　打开 phpMyAdmin　　　　　　图 26-4　"导入到当前服务器"界面

step 03 ▶ 打开"选择要加载的文件"对话框,选择本章源代码中的备份文件 db.sql,单击"打开"按钮,如图 26-5 所示。

step 04 ▶ 单击"执行"按钮,系统即会读取 db.sql 文件中所记录的指令与数据,将数据表恢复,如图 26-6 所示。

图 26-5　"选择要加载的文件"对话框　　　　图 26-6　单击"执行"按钮

step 05 ▶ 数据表创建完成后,查看 access 数据表的结构,效果如图 26-7 所示。

图 26-7　数据表 access 的结构

step 06 ▶ 查看 role 数据表的结构,效果如图 26-8 所示。

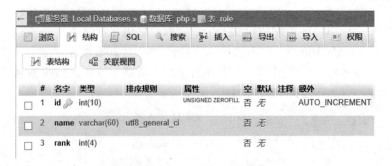

图 26-8　数据表 role 的结构

step 07 ▶ 查看 user 数据表的结构,效果如图 26-9 所示。

图 26-9　数据表 user 的结构

26.4　用户权限系统的代码实现

下面分析用户权限系统的代码是如何实现的。

26.4.1　系统入口文件

index.php 为系统入口文件，调用控制器实现页面逻辑关系。代码如下：

```php
<?php
### 用户权限系统
### 需要安装 PDO 与 PDO_MYSQL 库

require 'controller/SiteController.php';

# 生成控制器并响应请求
$controller = new SiteController();
$controller->act();
?>
```

26.4.2　页面控制器

SiteController.php 文件为页面控制器，主要处理用户登录和退出，以及判断用户的权限。
代码如下：

```php
<?php
### 用户权限系统
### 需要安装 PDO 与 PDO_MYSQL 库

require_once 'model/UserModel.php';
require_once 'model/RoleModel.php';
require_once 'model/AccessModel.php';


/**
 * 控制器
```

```
 * 处理逻辑并响应用户请求
 */
class SiteController {
    /**
     * 分发用户请求
     * @return
     */
    public function act() {
        $action = $_REQUEST['action'] ?? 'index';
        $action = 'act' . ucfirst($action);
        if (!method_exists($this, $action)) {
            $action = 'actIndex';
        }
        return $this->$action();
    }


    /**
     * 权限页
     */
    public function actIndex() {
        session_start();
        # 如果用户未登录，跳转到登录页
        if (empty($_SESSION['loginUser'])) {
            header('Location: index.php?action=login');
            return;
        }
        $user = $_SESSION['loginUser'];
        $accessUsers = $user->getAccessUsers();
        if (count($accessUsers) > 0) {
            # 获取对其他用户的权限
            $accessID = $_REQUEST['accessID'] ?? $accessUsers[0]->id;
            $access = $user->getAccess($accessID);
        }
        include 'view/access.php';
    }


    /**
     * 登录页
     */
    public function actLogin() {
        session_start();
        if (!empty($_SESSION['loginUser'])) {
            # 如果用户已经登录，跳转到首页
            header('Location: index.php');
            return;
        }

        $user = new UserModel();
        if (!empty($_POST['username']) && !empty($_POST['password'])) {
            # 根据提交的用户名和密码登录
            if ($user->login($_POST['username'], $_POST['password'])) {
                # 用户登录成功
                $_SESSION['loginUser'] = $user;
            }
```

```
            echo json_encode(['error' => $user->getError()]);
            return;
        }

        # 取得所有用户
        $sql = "select u.name, r.name role from user u join role r on
u.role_id=r.id";
        $users = $user->query($sql);
        include 'view/login.php';
    }

    /**
     * 退出
     */
    public function actLogout() {
        session_start();
        unset($_SESSION['loginUser']);
        header('Location: index.php?action=login');
    }
}
?>
```

26.4.3　用户登录页面

login.php 为登录页面，数据库自带一组用户，会显示在该页面中，默认密码是 123456。
代码如下：

```
<!DOCTYPE html>
<html lang="zh-CN">
  <head>
    <meta charset="utf-8">
    <meta http-equiv="X-UA-Compatible" content="IE=edge">
    <meta name="viewport" content="width=device-width, initial-scale=1">
    <title>用户权限系统</title>

    <link href="css/bootstrap.css" rel="stylesheet">

    <!--[if lt IE 9]>
      <script
src="https://cdn.bootcss.com/html5shiv/3.7.3/html5shiv.min.js"></script>
      <script
src="https://cdn.bootcss.com/respond.js/1.4.2/respond.min.js"></script>
    <![endif]-->
  </head>
  <body>
    <div class="container">
      <div class="row">
        <div class="col-xs-12">
          <h1 class="text-center">用户权限系统</h1>
          <hr/>
        </div>
      </div>
      <div class="row">
```

```html
          <div class="col-xs-12">
            <div style="max-width: 320px; margin: 20px auto;">
              <div class="form-group">
                <label for="username">用户名</label>
                <input type="text" name="username" value="<?= $loginUser-
>name ?? '' ?>" class="form-control" id="username" placeholder="用户名">
              </div>
              <div class="form-group">
                <label for="password">密码</label>
                <input type="password" name="password" value="" class="form-
control" id="password" placeholder="密码">
              </div>
              <br>
              <div class="form-group text-center">
                <button class="btn btn-primary btn-lg" id="login" type="button"
style="min-width: 300px;">登录</button>
              </div>
            </div>
          </div>
        </div>
        <div class="row">
          <div class="col-xs-12 text-center">
            <hr/>
            <h3>用户列表(默认密码: 123456)</h3>
            <br>
            <div class="text-muted">
              <?php foreach ($users as $user) { ?>
                <p><?= $user['name'] ?> (<?= $user['role'] ?>)</p>
              <?php } ?>
            </div>
          </div>
        </div>
      </div>

<script src="js/jquery-3.2.1.js"></script>
<script type="text/javascript">
$(function() {
    $('#login').on('click', function(e) {
        var username = $('#username').val();
        if ($.trim(username) == '') {
            $('#username').focus();
            alert('请输入用户名');
            return;
        }
        var password = $('#password').val();
        if ($.trim(password) == '') {
            $('#password').focus();
            alert('请输入密码');
            return;
        }
        $.post('index.php', {
            action: 'login',
            username: username,
            password: password
```

```
        }, function(result) {
            if (result && result.error) {
                alert(result.error);
                return;
            }
            location.href = 'index.php';
        }, 'json');
    });
  });
  </script>
 </body>
</html>
```

26.4.4 数据模型的文件

Model.php 为数据模型的文件，定义数据库连接和执行 SQL 语句。代码如下：

```php
<?php
### 用户权限系统
### 需要安装 PDO 与 PDO_MYSQL 库

/**
 * 数据模型
 * 实现数据模型的基础功能
 */
class Model {
    /** 数据库连接串 */
    private $dsn = 'mysql:host=localhost;port=3306;dbname=php';
    /** 用户名 */
    private $user = 'root';
    /** 密码 */
    private $password = '';

    /** 错误信息 */
    protected $error = '';
    /** 字段列表 */
    protected $fields = [];

    /**
     * 执行 SQL 语句
     * @param string $sql SQL 语句
     * @param array $params SQL 参数
     * @return mixed
     */
    public function query(string $sql, array $params = [])
    {
        # 连接数据库
        $pdo = null;
        try {
            $pdo = new PDO($this->dsn, $this->user, $this->password);
            $pdo->query('set character set utf8');
        } catch (PDOException $e) {
```

```
        $this->error = '数据库连接错误: ' . $e->getMessage();
        return false;
    }

    # 执行 SQL 语句
    $stm = $pdo->prepare($sql, [PDO::ATTR_CURSOR =>
PDO::CURSOR_FWDONLY]);
    if (!$stm) {
        $this->error = 'SQL 语句或参数有错';
        return false;
    }
    if (!$stm->execute($params)) {
        $this->error = 'SQL 执行出错: ' . $stm->errorInfo();
        return false;
    }

    # 获取返回结果
    $column = $stm->columnCount();
    if ($column > 0) {
        # 获取结果集
        $rows = $stm->fetchAll(PDO::FETCH_ASSOC);
        foreach ($rows as &$row) {
            $row = array_change_key_case($row, CASE_LOWER);
        }
        return $rows;
    }
    return $stm->rowCount();
}

/**
 * 填充模型数据
 * @param array $record
 */
public function setup(array $record)
{
    foreach ($this->fields as $field) {
        if (isset($record[$field])) {
            $this->$field = $record[$field];
        }
    }
}

/**
 * 获取错误信息
 * @return string
 */
public function getError(): string
{
    return $this->error;
}
}
?>
```

用户需要根据自己的数据库修改 $dsn、$user、$password 等属性。

26.4.5 用户数据模型页面

UserModel.php 为用户数据模型页面。处理用户登录和退出，以及获取用户相关角色和有权访问的其他用户。代码如下：

```php
<?php
### 用户权限系统
### 需要安装 PDO 与 PDO_MYSQL 库

require_once 'model/Model.php';


/**
 * 用户数据模型
 * 实现用户的登录和角色查询
 */
class UserModel extends Model {
    /** 表名 */
    protected $table = 'user';
    /** 字段列表 */
    protected $fields = ['id', 'name'; 'role_id', 'date_created',
'date_modified', 'role', 'accessUsers'];

    /**
     * 用户登录
     * @param string $username 用户名
     * @param string $password 密码
     * @return bool
     */
    public function login(string $username, string $password): bool
    {
        # 验证数据
        if (empty($username)) {
            $this->error = '请输入用户名';
            return false;
        }
        if (empty($password)) {
            $this->error = '请输入密码';
            return false;
        }
        # 生成用户验证语句
        $sql = "SELECT * FROM {$this->table} where name=:name and
password=password(:password)";
        $result = $this->query($sql, ['name' => $username, 'password' =>
$password]);
        if (empty($this->error) && count($result) > 0) {
            $this->setup($result[0]);
            return true;
```

```
        }
        $this->error = '用户名或密码有误';
        return false;
    }

    /**
     * 获取用户的角色
     * @return RoleModel
     */
    public function getRole()
    {
        if (!isset($this->role)) {
            $this->role = new RoleModel($this->role_id);
        }
        return $this->role;
    }

    /**
     * 获取用户对其他用户的权限
     * @param string $roleID
     * @return unknown
     */
    public function getAccess(string $userID) {
        $accessUsers = $this->getAccessUsers();
        foreach ($accessUsers as $accessUser) {
            if ($accessUser->id == $userID) {
                $accesses = $this->getRole()->getAccesses();
                foreach ($accesses as $access) {
                    if ($access->access_id == $accessUser->role_id) {
                        return $access;
                    }
                }
                break;
            }
        }
    }

    /**
     * 获取用户有权访问的其他用户
     * @return array
     */
    public function getAccessUsers(): array
    {
        if (!isset($this->accessUsers)) {
            # 获取用户角色的所有权限 ID
            $accessIDs = [];
            $accesses = $this->getRole()->getAccesses();
            foreach ($accesses as $access) {
                $accessIDs[] = "'{$access->access_id}'";
            }
            $accessIDs = '(' . implode(',', $accessIDs) . ')';
            # 生成查询语句
            $this->accessUsers = [];
            $sql = "SELECT * FROM {$this->table} where role_id in {$accessIDs}
```

```
order by role_id";
        $result = $this->query($sql);
        if (empty($this->error) && count($result) > 0) {
            foreach ($result as $record) {
                $model = new UserModel();
                $model->setup($record);
                $this->accessUsers[] = $model;
            }
        }
    }
    return $this->accessUsers;
    }
}
?>
```

26.4.6 角色数据模型页面

RoleModel.php 为角色数据模型页面。获取角色信息以及角色的相关权限(默认角色有管理员、经理、组长和员工)。代码如下：

```php
<?php
### 用户权限系统
### 需要安装 PDO 与 PDO_MYSQL 库

require_once 'model/Model.php';


/**
 * 角色数据模型
 */
class RoleModel extends Model {
    /** 表名 */
    protected $table = 'role';
    /** 字段列表 */
    protected $fields = ['id', 'name', 'rank', 'accesses'];

    /**
     * 构造函数
     * @param string $id
     */
    function __construct(string $id) {
        if (empty($id)) {
            $this->error = '请提供角色 ID';
            return;
        }
        # 生成查询语句
        $sql = "SELECT * FROM {$this->table} where id=:id";
        $result = $this->query($sql, ['id' => $id]);
        if (empty($this->error) && count($result) > 0) {
            # 设置数据
            $this->setup($result[0]);
            return;
```

```
        }
        $this->error = '角色ID有误';
    }


    /**
     * 获取角色的权限
     * @return array
     */
    public function getAccesses(): array
    {
        if (!isset($this->accesses)) {
            # 获取角色的权限
            $accessModel = new AccessModel();
            $this->accesses = $accessModel->findByRole($this->id);
        }
        return $this->accesses;
    }
}
?>
```

26.4.7 权限数据模型页面

AccessModel.php 为权限数据模型页面。获取权限信息,并提供通过角色查找权限的功能。代码如下:

```
<?php
### 用户权限系统
### 需要安装PDO与PDO_MYSQL库

require_once 'model/Model.php';

/**
 * 权限数据模型
 */
class AccessModel extends Model {
    /** 表名 */
    protected $table = 'access';
    /** 字段列表 */
    protected $fields = ['id', 'role_id', 'access_id', 'read_access',
'create_access', 'update_access', 'delete_access'];

    /**
     * 通过角色ID查询权限
     * @param string $roleID 角色ID
     * @return \uc\model\AccessModel[]
     */
    public function findByRole(string $roleID): array
    {
        $roles = [];
        if (empty($roleID)) {
            $this->error = '请提供角色ID';
            return $roles;
```

```
        }
        # 生成查询语句
        $sql = "SELECT * FROM {$this->table} where role_id=:role_id";
        $result = $this->query($sql, ['role_id' => $roleID]);
        if (empty($this->error) && count($result) > 0) {
            foreach ($result as $record) {
                $model = new AccessModel();
                $model->setup($record);
                $roles[] = $model;
            }
        }
        return $roles;
    }
}
?>
```

26.4.8 权限显示页面

access.php 为权限显示页面。内含一个可访问的用户列表，选择不同的用户，可以查看对该用户的权限。代码如下：

```html
<!DOCTYPE html>
<html lang="zh-CN">
  <head>
    <meta charset="utf-8">
    <meta http-equiv="X-UA-Compatible" content="IE=edge">
    <meta name="viewport" content="width=device-width, initial-scale=1">
    <title>用户权限系统</title>

    <link href="css/bootstrap.css" rel="stylesheet">

    <!--[if lt IE 9]>
      <script
src="https://cdn.bootcss.com/html5shiv/3.7.3/html5shiv.min.js"></script>
      <script
src="https://cdn.bootcss.com/respond.js/1.4.2/respond.min.js"></script>
    <![endif]-->
  </head>
  <body>
    <div class="container">
      <div class="row">
        <div class="col-xs-12">
          <h1 class="text-center">用户权限系统 <a class="pull-right text-primary
glyphicon glyphicon-log-out" href="index.php?action=logout"></a></h1>
          <hr/>
        </div>
      </div>
      <div class="row">
        <div class="col-xs-12 col-sm-10 col-sm-offset-1 col-md-8 col-md-
offset-2 col-lg-6 col-lg-offset-3">
          <div class="form-group">
            <h3><?= $user->name ?> (<?= $user->getRole()->name ?>)</h3>
          </div>
```

```php
        <?php if (empty($access)) { ?>
        <div class="form-group">
          <label class="text-danger">无权查看其他用户</label>
        </div>
        <?php } else { ?>
        <div class="form-group">
          <label>查看用户</label>
          <select class="form-control" id="access-users">
            <?php foreach ($accessUsers as $accessUser) { ?>
            <option value="<?= $accessUser->id ?>" <?= $accessUser->id ==
$accessID ? 'selected' : '' ?>><?= $accessUser->name ?> (<?= $accessUser-
>getRole()->name ?>)</option>
            <?php } ?>
          </select>
        </div>
        <div class="form-group">
          <p>查看: <span class="glyphicon glyphicon-<?= $access-
>read_access ? 'ok text-success' : 'remove text-danger' ?>"></span></p>
        </div>
        <div class="form-group">
          <p>创建: <span class="glyphicon glyphicon-<?= $access-
>create_access ? 'ok text-success' : 'remove text-danger' ?>"></span></p>
        </div>
        <div class="form-group">
          <p>更新: <span class="glyphicon glyphicon-<?= $access-
>update_access ? 'ok text-success' : 'remove text-danger' ?>"></span></p>
        </div>
        <div class="form-group">
          <p>删除: <span class="glyphicon glyphicon-<?= $access-
>delete_access ? 'ok text-success' : 'remove text-danger' ?>"></span></p>
        </div>
        <?php } ?>
      </div>
    </div>
  </div>

  <script src="js/jquery-3.2.1.js"></script>
  <script type="text/javascript">
  $(function() {
    $('#access-users').on('change', function(e) {
      location.href = 'index.php?accessID=' + $(this).val();
    });
  });
  </script>
  </body>
</html>
```

26.5 系统测试

下面测试用户权限系统的功能。具体操作步骤如下。

step 01 ▶ 查看用户权限系统的登录页面,如图 26-10 所示。

step 02 使用管理员登录，显示管理员可以查看的用户列表，默认显示对经理的权限，如图 26-11 所示。

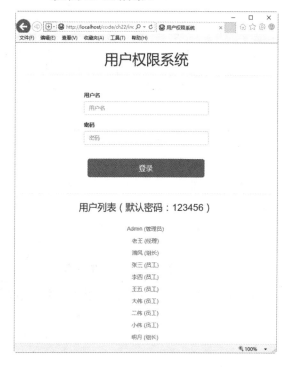

图 26-10　用户权限系统的登录页面

图 26-11　显示对经理的权限

step 03 从"查看用户"下拉列表中选择"清风(组长)"选项，查看管理员对组长的权限，如图 26-12 所示。

step 04 从"查看用户"下拉列表中选择"李四(员工)"选项，查看管理员对员工的权限，如图 26-13 所示。

图 26-12　管理员对组长的权限

图 26-13　管理员对员工的权限

step 05 单击"退出"按钮，返回到用户权限系统登录主页，然后以经理账号登录，默认显示对组长的权限，如图 26-14 所示。

step 06 从"查看用户"下拉列表中选择"王五(员工)"选项，查看经理对员工的权限，如图 26-15 所示。

图 26-14 经理对组长的权限

图 26-15 经理对员工的权限

step 07 单击"退出"按钮 ，返回到用户权限系统登录主页，然后以组长账号登录，默认显示对员工的权限，如图 26-16 所示。

step 08 单击"退出"按钮 ，返回到用户权限系统登录主页，然后以员工账号登录，显示无权查看其他用户，如图 26-17 所示。

图 26-16 组长对员工的权限

图 26-17 员工的权限

第 27 章

项目实训 4——开发
社区市场系统

　　社区市场针对社区用户群推出的物品分享平台，可以方便快捷地帮助社区用户
实现闲置物品的售卖或租赁，从而实现物品的高效配置。为了便于快速开发社区市
场系统，使用成熟的 Yii 框架搭建。Yii 是一个高性能的适用于开发 Web 2.0 应用
的 PHP 框架，可以大大节约开发人员的精力，并对项目品质提供保障。

27.1 必 备 知 识

由于该社区市场系统基于 Yii 2 框架开发，所以读者需要了解该框架的原理和使用方法。

Yii 是一个基于组件的高性能 PHP 框架，用于开发大型 Web 应用。Yii 采用严格的 OOP 编写，并有着完善的库引用以及全面的教程。Yii 提供了 Web 2.0 应用开发所需要的几乎一切功能。事实上，Yii 是最有效率的 PHP 框架之一。

Yii 是一个高性能的 PHP 的 Web 应用程序开发框架。通过一个简单的命令行工具 yiic 可以快速创建一个 Web 应用程序的代码框架，开发者可以在生成的代码框架基础上添加业务逻辑，以快速完成应用程序的开发。

目前最新的 Yii 框架为 2.0 版本。Yii 2.0 在 PHP 5.4.0 版本以上完全重写了 Yii，并且完全兼容 PHP 7.x。它的目的是成为一个最先进的新一代的 PHP 开发框架。

在 Wamp 集成开发环境中，Yii 2.0 的安装是十分简单的。首先从 Yii 的官方网站 http://www.yiiframework.com/下载 Yii 的最新软件包，如图 27-1 所示。然后将下载的压缩包解压到 C:\wamp\www\code\ch27 下，然后输入 http://localhost/code/ch27/requirements.php，即可查看系统支持 Yii 2.0 框架的情况，如图 27-2 所示。

图 27-1 Yii 的官方网站

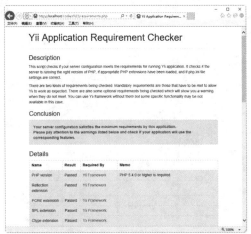

图 27-2 检查系统支持 Yii 框架的情况

27.2 系统的需求分析

在开发社区市场系统之前，首先应分析系统的需要。

27.2.1 学习目标

此验证码系统的前台采用 Bootstrap 和 jQuery 搭建，后台基于 PHP 7 版本，使用 PDO 操作 MySQL 数据库，使用 Yii 2.0 框架开发社区市场系统。

通过该案例，读者可以实现以下学习目标。

(1) 掌握如何使用 PDO 连接 MySQL 数据库。

(2) 掌握如何分别处理 POST 请求与 GET 请求。

(3) 掌握如何使用 PHP 处理具有一定复杂度的多表关系。

(4) 进一步理解类的定义和使用方法。

(5) 理解类的属性和作用域。

(6) 掌握如何安装和使用 Yii 2.0 框架。

该案例对于读者学习更为复杂的 PHP 框架具有很好的启发和帮助作用。

27.2.2　需求分析

该项目是一个基于 Yii 2.0 框架的社区市场系统，主要针对社区用户群推出的物品分享平台，可以方便快捷地帮助社区用户实现闲置物品的售卖或租赁，从而实现物品的高效配置。

主要需求如下。

(1) 系统有两种不同的用户：社区用户和社区代理。

(2) 社区用户可以在平台上发布闲置物品供其他用户租赁或购买，或发布自身的需求以待其他用户提供。

(3) 社区用户可以查看其他用户发布的物品，并根据需要租赁或购买。

(4) 社区代理负责在用户下单后联系双方，跟进交易状态，以促进交易达成。

27.2.3　系统文档

社区市场系统的文档如图 27-3 所示。

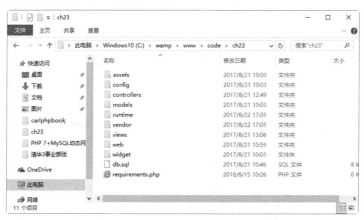

图 27-3　系统文档

该项目由 Yii 2 的基本应用程序模板开发而来，目录结构与模板保持一致，主要有 config、controllers、models、views、web 和 vendor 等。其中 vendor 目录下主要是 Yii 2 的框架和依赖库，不需要修改，其他目录 Yii 2 提供了一个简单的基础页面结构，该项目的业务文件基本都是新加的。

其中核心文档的含义如下。

(1) config/web.php、db.php、params.php：项目配置文件，用户需要修改 db.php 中的数据库配置以连接自己的数据库。

(2) web/index.php：系统入口文件，所有的请求都通过该文件响应。

(3) web/其他文件：包括网页的样式表、脚本和字体等前端资源文件。

(4) controllers/ItemController.php：物品与需求展示控制器，主要实现物品与需求的展示、搜索、下单以及物品内留言的功能，同时处理用户的登录、退出和注册。

(5) controllers/AdminController.php：用户后台控制器，主要帮助用户发布与管理物品和需求，以及查看订单。对于代理用户，主要用于更新交易状态。

(6) models/*.php：数据模型文件，主要实现数据表 category(物品分类)、comment(留言)、customer(用户)、item(物品)、item_img(物品图片)、need(需求)、need_img(需求图片)、timetype(时间类型)、transaction(交易)和 type(交易方式)的模型。

(7) views/*.php：视图文件，主要实现各个页面的 html 内容。

(8) views/item/*.php：项目新加文件，ItemController 控制器对应的视图文件，包括该控制器下的各个页面的具体实现。

(9) asserts/*.php：前端资源包管理文件，整合相应的前端资源供页面使用。

(10) db.sql：数据库初始化文件。默认社区代理账号是：agent@test.com ，密码是123456。

(11) widget/*.php：页面小部件，生成定制按钮。

(12) runtime/logs/ app.log：系统运行日志文件。

27.3　还原数据库

社区市场系统的数据库名称为 trade，包含 10 数据表：category、comment、customer、item、item_img、need、need _img、timetype、transaction 和 type。

使用 phpMyAdmin 工具导入本章的数据库备份文件 db.sql，即可将数据表恢复，结果如图 27-4 所示。

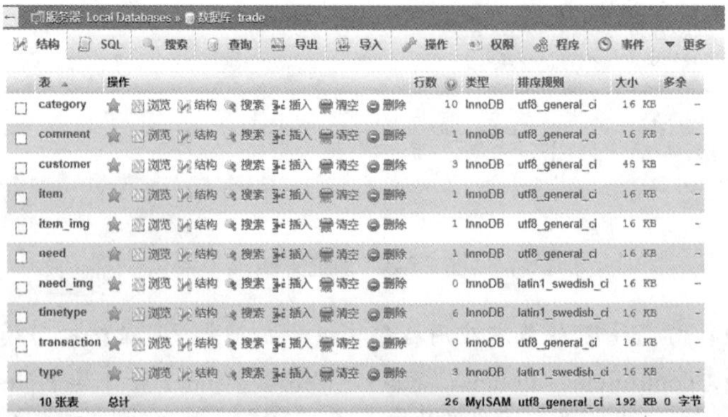

图 27-4　还原数据表

27.4　社区市场系统的代码实现

下面分析社区市场系统的代码是如何实现的。

27.4.1　系统入口文件

index.php 为系统入口文件，所有的请求都通过该文件响应。代码如下：

```php
<?php

// defined('YII_DEBUG') or define('YII_DEBUG', true);
// defined('YII_ENV') or define('YII_ENV', 'dev');

require(__DIR__ . '/../vendor/autoload.php');
require(__DIR__ . '/../vendor/yiisoft/yii2/Yii.php');

$config = require(__DIR__ . '/../config/web.php');

(new yii\web\Application($config))->run();
```

27.4.2　项目配置文件

项目源码中的 config 文件夹下包含了 3 个配置文件，包括 db.php、web.php 和 params.php 文件。

db.php 文件配置了连接数据库的参数。代码如下：

```php
<?php

return [
    'class' => 'yii\db\Connection',
    'dsn' => 'mysql:host=localhost;dbname=trade',
    'username' => 'root',
    'password' => '123456',
    'charset' => 'utf8',
];
?>
```

params.php 文件自行定义的一些全局信息，主要是物品分类、购买方式等。代码如下：

```php
<?php

return [
    'adminEmail' => 'admin@yourhost.com',
    'categories' => [
        '全部',
        '工具',
        '运动品',
        '书籍',
        '影像',
```

```
            '音乐',
            '玩具',
            '衣物',
            '家居',
            '其他'
        ],
        'itemTypes' => [
            'rent' => '出租',
            'sale' => '出售',
        ],
        'needTypes' => [
            'rent' => '租借',
            'sale' => '购买',
            'rent_or_sale' => '租借或购买',
        ],
        'transactionStatuses' => [
            'requested' => '已下单',
            'in-rent' => '租赁中',
            'complete' => '结束',
        ],
        'RentPeriods' => [
            '天',
            '周',
            '月',
            '季度',
            '年',
        ],
];
?>
```

web.php 为项目主要配置文件，大多数可以采用默认配置，项目主要修改了 defaultRoute
(默认控制器 ItemController)和 layout(默认模板 admin.php)。代码如下：

```php
<?php
$params = require (__DIR__ . '/params.php');

$config = [
    'id' => 'basic',
    'basePath' => dirname(__DIR__),
    'bootstrap' => [
        'log'
    ],
    'components' => [
        'request' => [
            // !!! insert a secret key in the following (if it is empty) -
this is required by cookie validation
            'cookieValidationKey' => 'rentValidation'
        ],
        'cache' => [
            'class' => 'yii\caching\FileCache'
        ],
        /*
        'user' => [
```

```
                    'identityClass' => 'app\models\User',
                    'enableAutoLogin' => true
                ],
                */
                'errorHandler' => [
                    'errorAction' => 'item/error'
                ],
                /*
                'mailer' => [
                    'class' => 'yii\swiftmailer\Mailer',
                    // send all mails to a file by default. You have to set
                    // 'useFileTransport' to false and configure a transport
                    // for the mailer to send real emails.
                    'useFileTransport' => true
                ],
                */
                'log' => [
                    'traceLevel' => YII_DEBUG ? 3 : 0,
                    'targets' => [
                        [
                            'class' => 'yii\log\FileTarget',
                            'levels' => [
                                'error',
                                'warning'
                            ]
                        ]
                    ]
                ],
                'db' => require (__DIR__ . '/db.php'),
                /*
                'urlManager' => [
                    'enablePrettyUrl' => true,
                    'showScriptName' => false,
                    'rules' => []
                ]
                */
            ],
            'language' => 'zh-CN',
            'defaultRoute' => 'item',
            'layout' => 'admin',
            'params' => $params,
    ];

if (YII_DEBUG) {
    // configuration adjustments for 'dev' environment
    $config ['bootstrap'] [] = 'debug';
    $config ['modules'] ['debug'] = [
        'class' => 'yii\debug\Module',
        'allowedIPs' => [
            '*'
        ]
    ];

    $config ['bootstrap'] [] = 'gii';
```

```
    $config ['modules'] ['gii'] = [
        'class' => 'yii\gii\Module'
    ];
}

return $config;
?>
```

27.4.3　物品与需求展示控制器

ItemController.php 为物品与需求展示控制器，主要实现物品与需求的展示、搜索、下单以及物品内留言的功能，同时处理用户的登录、退出和注册。代码如下：

```php
<?php

namespace app\controllers;

use app\models\Customer, app\models\Item, app\models\Need,
app\models\ItemImg, app\models\NeedImg, app\models\TimeType,
    app\models\Category, app\models\Type, app\models\Comment,
app\models\Transaction;
use Yii;
use yii\data\Pagination;

/**
 * 物品与需求展示控制器
 */
class ItemController extends \yii\web\Controller {
    /**
     * 布局
     */
    public $layout = 'item';

    /**
     * @inheritdoc
     */
    public function actions()
    {
        return [
            'error' => [
                'class' => 'yii\web\ErrorAction',
            ],
        ];
    }

    /**
     * 首页
     */
    public function actionIndex() {
        $this->layout = 'index';

        // 取得最新物品
        $whereConditions = "status = 'available' and display = 1";
```

```php
    $model = $items = Item::find()->where($whereConditions)-
>orderBy('priority desc, id desc')->limit(16)->all();

    $products = [];
    if (!empty($model)) {
        foreach ($model as $item) {
            // 取得物品图片
            $itemImages = ItemImg::find()->where([
                'item_id' => $item['id']
            ])->asArray()->all();
            $images = [];
            if (!empty($itemImages)) {
                foreach ($itemImages as $image) {
                    $images[] = $image['images'];
                }
            }
            $temp = $item->attributes;
            $temp['images'] = $images;
            // 取得租赁物品时间类型
            $timeType = TimeType::findOne($temp['timetype_id']);
            $temp['timetype'] = $timeType["name"];
            $products[] = $temp;
        }
    }

    // 渲染页面
    return $this->render('home', [
        'products' => $products
    ]);
}

/**
 * 需求一览页
 * @param string $redirect
 */
public function actionNeed($redirect = false)
{
    if (!strstr(Yii::$app->request->referrer, 'need') && $redirect == false) {
        $this->clearRelatedSession();
    }

    // 取得符合条件的所有需求
    $whereConditions = "status = 'available' and display = 1";
    if (\Yii::$app->session->has('Conditions')) {
        // 种类
        $whereConditions .= ' and ' . \Yii::$app->session->get('Conditions');
    }
    if (\Yii::$app->request->get('search', false)) {
        // 搜索框内容
        $search = \Yii::$app->request->get('search');
        $whereConditions .= ' and name like \'%' . $search . '%\'';
    }
    $needs = Need::find()->where($whereConditions)->orderBy('priority
desc, id desc');
```

```php
if (\Yii::$app->request->get('category', false)) {
    // 设置种类
    $category = \Yii::$app->request->get('category');
    switch ($category) {
        case 1 :
            \Yii::$app->session->set('ToolsStatus', 1);
            break;
        case 2 :
            \Yii::$app->session->set('SportsGoodsStatus', 1);
            break;
        case 3 :
            \Yii::$app->session->set('BooksStatus', 1);
            break;
        case 4 :
            \Yii::$app->session->set('VideoGamesStatus', 1);
            break;
        case 5 :
            \Yii::$app->session->set('MusicInstrumentsStatus', 1);
            break;
        case 6 :
            \Yii::$app->session->set('ToysAdGamesStatus', 1);
            break;
        case 7 :
            \Yii::$app->session->set('ClothStatus', 1);
            break;
        case 8 :
            \Yii::$app->session->set('HouseholdStatus', 1);
            break;
        case 9 :
            \Yii::$app->session->set('OthersStatus', 1);
            break;
    }
    $category_str = 'category_id = ' . $category;
    \Yii::$app->session->set('Conditions', $category_str);
    $this->redirect([
        'item/need',
        'bool' => 1
    ]);
}

// 设置翻页
$pages = new Pagination([
    'totalCount' => $needs->count(),
    'pageSize' => '6'
]);
$model = $needs->offset($pages->offset)->limit($pages->limit)-
>with('type')->with('timetype')->all();

$wanteds = [];
if (!empty($model)) {
    foreach ($model as $needs) {
        // 取得需求图片
        $needImages = NeedImg::find()->where([
```

```
                    'need_id' => $needs['id']
            ])->asArray()->all();
            $images = [];
            if (!empty($needImages)) {
                foreach ($needImages as $image) {
                    $images[] = $image['images'];
                }
            }
            $temp = $needs->attributes;
            $temp['images'] = $images;
            $temp['type'] = $needs->type;
            $temp['timetype'] = $needs->timetype;
            $wanteds[] = $temp;
        }
    }

    // 渲染页面
    return $this->render('need', [
        'wanteds' => $wanteds,
        'pages' => $pages
    ]);
}

/**
 * 物品一览页
 * @param string $redirect
 */
public function actionItem($redirect = false)
{
    if (!strstr(Yii::$app->request->referrer, 'item') && $redirect == false) {
        $this->clearRelatedSession();
    }

    // 取得符合条件的所有物品
    $whereConditions = "status = 'available' and display = 1";
    if (\Yii::$app->session->has('Conditions')) {
        // 种类
        $whereConditions .= ' and ' . \Yii::$app->session->get('Conditions');
    }
    if (\Yii::$app->session->has('PriceStr', false)) {
        // 价格
        $whereConditions .= ' and ' . \Yii::$app->session->get('PriceStr');
    }
    if (\Yii::$app->request->get('search', false)) {
        // 搜索框内容
        $search = \Yii::$app->request->get('search');
        $whereConditions .= ' and name like \'%' . $search . '%\'';
    }
    $items = Item::find()->where($whereConditions)->orderBy('priority
desc, id desc');

    if (\Yii::$app->request->get('category', false)) {
        // 设置种类
        $category = \Yii::$app->request->get('category');
```

```
    switch ($category) {
        case 1 :
            \Yii::$app->session->set('ToolsStatus', 1);
            break;
        case 2 :
            \Yii::$app->session->set('SportsGoodsStatus', 1);
            break;
        case 3 :
            \Yii::$app->session->set('BooksStatus', 1);
            break;
        case 4 :
            \Yii::$app->session->set('VideoGamesStatus', 1);
            break;
        case 5 :
            \Yii::$app->session->set('MusicInstrumentsStatus', 1);
            break;
        case 6 :
            \Yii::$app->session->set('ToysAdGamesStatus', 1);
            break;
        case 7 :
            \Yii::$app->session->set('ClothStatus', 1);
            break;
        case 8 :
            \Yii::$app->session->set('HouseholdStatus', 1);
            break;
        case 9 :
            \Yii::$app->session->set('OthersStatus', 1);
            break;
    }
    $category_str = 'category_id = ' . $category;
    \Yii::$app->session->set('Conditions', $category_str);
    $this->redirect([
        'item/item',
        'bool' => 1
    ]);
}

// 设置翻页
$pages = new Pagination([
    'totalCount' => $items->count(),
    'pageSize' => '15'
]);
$model = $items->offset($pages->offset)->limit($pages->limit)->all();

$products = [];
if (!empty($model)) {
    // 取得物品图片
    foreach ($model as $item) {
        $itemImages = ItemImg::find()->where([
            'item_id' => $item['id']
        ])->asArray()->all();
        $images = [];
        if (!empty($itemImages)) {
            foreach ($itemImages as $image) {
```

```
                              $images[] = $image['images'];
                        }
                  }
                  $temp = $item->attributes;
                  $temp['images'] = $images;
                  $products[] = $temp;
            }
      }

      // 渲染页面
      return $this->render('item', [
            'products' => $products,
            'pages' => $pages
      ]);
}

/**
 * 检索物品(AJAX, 按价格区间)
 */
public function actionItemPriceAjax()
{
      if (!\Yii::$app->request->isAjax) {
            $url = str_replace('item-price-ajax', 'item', \Yii::$app->request->url);
            return $this->redirect([
                  $url
            ]);
      }

      $this->layout = false;

      $conditions = \Yii::$app->session->get('Conditions', false);
      $price = \Yii::$app->request->post('Price');
      $search = \Yii::$app->request->post('search', false);

      // 价格区间检索条件
      $price_str = false;
      switch ($price) {
            case '1' :
                  $price_str = " ((rent_price > 0 and rent_price < 11) OR
(sale_price > 0 and sale_price < 11))";
                  \Yii::$app->session->set('Price', 1);
                  break;
            case '2' :
                  $price_str = " ((rent_price > 10 and rent_price < 31) OR
(sale_price > 10 and sale_price < 31))";
                  \Yii::$app->session->set('Price', 2);
                  break;
            case '3' :
                  $price_str = " ((rent_price > 30 and rent_price < 51) OR
(sale_price > 30 and sale_price < 51))";
                  \Yii::$app->session->set('Price', 3);
                  break;
            case '4' :
                  $price_str = " ((rent_price > 50 and rent_price < 101) OR
```

```
(sale_price > 50 and sale_price < 101))";
                \Yii::$app->session->set('Price', 4);
                break;
         case '5' :
                $price_str = " ((rent_price > 100 and rent_price < 201) OR
(sale_price > 100 and sale_price < 201))";
                \Yii::$app->session->set('Price', 5);
                break;
         case '6' :
                $price_str = " (rent_price > 200 OR sale_price > 200)";
                \Yii::$app->session->set('Price', 6);
                break;
         default :
                \Yii::$app->session->remove('Price');
                \Yii::$app->session->remove('PriceStr');
                break;
    }

    // 检索符合条件的所有物品
    $whereConditions = "status = 'available' and display = 1";
    if ($price_str) {
        // 价格
        \Yii::$app->session->set('PriceStr', $price_str);
        $whereConditions .= ' and ' . $price_str;
    }
    if ($conditions) {
        // 种类
        $whereConditions .= ' and ' . $conditions;
    }
    if ($search) {
        // 物品名
        $whereConditions .= ' and name like \'%' . $search . '%\'';
    }
    $items = Item::find()->where($whereConditions)->orderBy('priority
desc, id desc');

    // 设置分页
    $pages = new Pagination([
        'totalCount' => $items->count(),
        'pageSize' => '9'
    ]);
    $model = $items->offset($pages->offset)->limit($pages->limit)->all();

    $products = [];
    if (!empty($model)) {
        foreach ($model as $item) {
            // 获得物品相关图片
            $itemImages = ItemImg::find()->where([
                'item_id' => $item['id']
            ])->asArray()->all();
            $images = [];
            if (!empty($itemImages)) {
                foreach ($itemImages as $image) {
                    $images[] = $image['images'];
```

```
            }
        }
        $temp = $item->attributes;
        $temp['images'] = $images;
        $products[] = $temp;
    }
}

// 渲染页面
return $this->render('item-ajax', [
    'products' => $products,
    'pages' => $pages
]);
}

/**
 * 检索物品(AJAX)
 */
public function actionItemAjax()
{
    if (!\Yii::$app->request->isAjax) {
        $url = str_replace('list-ajax', 'list', \Yii::$app->request->url);
        return $this->redirect([
            $url
        ]);
    }

    $this->layout = false;

    $category = \Yii::$app->request->post('Category', false);
    $search = \Yii::$app->request->post('search', false);
    $price_str = \Yii::$app->session->get('PriceStr', false);

    $this->recordCheckBoxStatus();

    // 取得所有符合条件的物品
    $whereConditions = "status = 'available' and display = 1";
    if ($price_str) {
        // 价格
        $whereConditions .= ' and ' . $price_str;
    }
    if ($category) {
        // 种类
        $conditions = 'category_id in ' . $category;
        \Yii::$app->session->set('Conditions', $conditions);
        $whereConditions .= ' and ' . $conditions;
    } else {
        \Yii::$app->session->remove('Conditions');
    }
    if ($search) {
        // 物品名
        $whereConditions .= ' and name like \'%' . $search . '%\'';
    }
    $items = Item::find()->where($whereConditions)->orderBy('priority
```

```
desc, id desc');

        // 设置翻页
        $pages = new Pagination([
            'totalCount' => $items->count(),
            'pageSize' => '15'
        ]);
        $model = $items->offset($pages->offset)->limit($pages->limit)->all();

        $products = [];
        if (!empty($model)) {
            // 取得物品图片
            foreach ($model as $item) {
                $itemImages = ItemImg::find()->where([
                    'item_id' => $item['id']
                ])->asArray()->all();
                $images = [];
                if (!empty($itemImages)) {
                    foreach ($itemImages as $image) {
                        $images[] = $image['images'];
                    }
                }
                $temp = $item->attributes;
                $temp['images'] = $images;
                $products[] = $temp;
            }
        }

        // 渲染页面
        return $this->render('item-ajax', [
            'products' => $products,
            'pages' => $pages
        ]);
    }

    /**
     * 检索需求(AJAX)
     */
    public function actionNeedAjax()
    {
        if (!\Yii::$app->request->isAjax) {
            $url = str_replace('need-ajax', 'need', \Yii::$app->request->url);
            return $this->redirect([
                $url
            ]);
        }

        $this->layout = false;

        $category = \Yii::$app->request->post('Category', false);
        $search = \Yii::$app->request->post('search', false);

        $this->recordCheckBoxStatus();
```

```php
    // 检索符合条件的所有需求
    $whereConditions = "status = 'available' and display = 1";
    if ($category) {
        // 种类
        $conditions = 'category_id in ' . $category;
        \Yii::$app->session->set('Conditions', $conditions);
        $whereConditions .= ' and ' . $conditions;
    } else {
        \Yii::$app->session->remove('Conditions');
    }
    if ($search) {
        // 物品名
        $whereConditions .= ' and name like \'%' . $search . '%\'';
    }
    $needs = Need::find()->where($whereConditions)->orderBy('priority
desc, id desc');

    // 设置翻页
    $pages = new Pagination([
        'totalCount' => $needs->count(),
        'pageSize' => '6'
    ]);
    $model = $needs->offset($pages->offset)->limit($pages->limit)-
>with('type')->with('timetype')->all();

    $wanteds = [];
    if (!empty($model)) {
        foreach ($model as $needs) {
            // 获取需求图片
            $needImages = NeedImg::find()->where([
                'need_id' => $needs['id']
            ])->asArray()->all();
            $images = [];
            if (!empty($needImages)) {
                foreach ($needImages as $image) {
                    $images[] = $image['images'];
                }
            }
            $temp = $needs->attributes;
            $temp['images'] = $images;
            $temp['type'] = $needs->type;
            $temp['timetype'] = $needs->timetype;
            $wanteds[] = $temp;
        }
    }

    // 渲染页面
    return $this->render('need-ajax', [
        'wanteds' => $wanteds,
        'pages' => $pages
    ]);
}

/**
```

```php
 * 物品详细页
 * @param string $id 物品 ID
 */
public function actionItemDetail($id)
{
    // 取得物品与相关图片
    $model = Item::findOne($id);
    $itemImg = ItemImg::find()->where([
        'item_id' => $id
    ])->asArray()->all();
    // 取得留言
    $itemComments = Comment::find()->where([
        'item_id' => $id
    ])->orderBy('create_at desc')->all();

    // 渲染页面
    return $this->render('single', [
        'model' => $model,
        'images' => $itemImg,
        'comments' => $itemComments
    ]);
}

/**
 * 需求详细页
 * @param string $id 需求 ID
 */
public function actionNeedDetail($id)
{
    // 获取需求与相关图片
    $model = Need::findOne($id);
    $needImg = NeedImg::find()->where([
        'need_id' => $id
    ])->asArray()->all();

    return $this->render('wanted-single', [
        'model' => $model,
        'images' => $needImg
    ]
    );
}

/**
 * 发布留言
 */
public function actionCommentAjax()
{
    if (\Yii::$app->request->isAjax) {
        $this->layout = false;

        // 取得请求数据
        $itemId = \Yii::$app->request->post('ItemId');
        $customerId = \Yii::$app->request->post('CustomerId');
        $message = \Yii::$app->request->post('Comment');
```

```
            // 新建留言
            $comment = new Comment();
            $comment->item_id = $itemId;
            $comment->customer_id = $customerId;
            $comment->comment = $message;
            $comment->create_at = time();

            if ($comment->save()) {
                // 取得所有留言
                $model = Comment::find()->where([
                    'item_id' => $itemId
                ])->orderBy('create_at desc')->all();
                return $this->render('comment-ajax', [
                    'model' => $model
                ]);
            } else {
                $message = '留言失败，请稍候重试';
                return json_encode([
                    'error_code' => 2001,
                    'error_message' => $message
                ]);
            }
        }
    }

/**
 * 用户下单
 */
public function actionRequest()
{
    if (\Yii::$app->request->isAjax) {
        $clientId = \Yii::$app->request->post('ClientId', false);
        $itemId = \Yii::$app->request->post('ItemId', false);
        $needTime = \Yii::$app->request->post('NeedTime', false);

        // 检查物品是否存在
        if (!$itemId) {
            return json_encode([
                'error_code' => 1004,
                'error_message' => '请选择一个物品进行下单操作'
            ]);
        }
        $itemObject = Item::findOne($itemId);
        if (!$itemObject) {
            return json_encode([
                'error_code' => 1005,
                'error_message' => '没有找到该物品，请选择一个正确的物品'
            ]);
        }

        // 未登录用户需要先登录
        if (!$clientId) {
            $param = '&itemId=' . $itemId . '&needTime=' . $needTime;
```

```php
            $str = base64_encode($param);
            return $this->redirect([
                'item/account', 'return' => Url::toRoute(['item/request',
'param' => $str])
            ]);
        }

        $param = '&itemId=' . $itemId . '&needTime=' . $needTime;
        $str = base64_encode($param);
        return $this->redirect([
            'item/request', 'param' => $str
        ]);
    }

    $param = \Yii::$app->request->get('param', false);
    if ($param) {
        $param = base64_decode($param);
        parse_str($param);

        // 检查物品是否已经被他人下单
        $tradeNumber = Transaction::find()->where([
            'item_id' => $itemId,
            'status' => [
                'requested',
                'in-rent'
            ]
        ])->count();
        if ($tradeNumber > 0) {
            $message = '您手慢了，该物品已被他人下单';
            return $this->render('message', [
                'message' => $message
            ]);
        }

        // 创建交易记录
        $transaction = new Transaction();
        $transaction->id = (int)(microtime(true) * 10000) + rand(10, 99);
        $transaction->item_id = $itemId;
        $transaction->owner_id = Item::findOne($itemId)->owner_id;
        $transaction->timetype_id = Item::findOne($itemId)->timetype_id;
        $transaction->renter_id = \Yii::$app->session->get('CustomerId');
        $transaction->status = 'requested';
        $transaction->create_at = time();
        $transaction->time = $needTime;
        $transaction->for_rent_or_sale = Item::findOne($itemId)->for_rent_or_sale;
        $transaction->start_time = 0;
        $transaction->end_time = 0;

        // 更新物品状态
        $itemObj = Item::find()->where([
            'id' => $itemId
        ])->one();
        $itemObj->status = 'requested';
```

```
            if ($transaction->save()) {
                if ($itemObj->save()) {
                    return $this->redirect([
                        'item/request-success'
                    ]);
                } else {
                    $message = '系统错误, 请联系管理员。错误代码: 900';
                    return $this->render('message', [
                        'message' => $message
                    ]);
                }
            }

            $message = '系统错误, 请联系管理员。错误代码: 800';
            return $this->render('message', [
                'message' => $message
            ]);
        }
    }

    /**
     * 下单成功
     */
    public function actionRequestSuccess()
    {
        return $this->render('request-success');
    }

    /**
     * 代理登录页
     * @param string $return
     */
    public function actionAccountAgent($return = false)
    {
        $model = new Customer();
        $message = '';
        if (\Yii::$app->request->isPost) {
            $model->load(\Yii::$app->request->post());
            // 代理用户登录
            if ($model->customValidate()) {
                if ($return) {
                    return $this->redirect([
                        $return
                    ]);
                }
                return $this->redirect([
                    'admin/monitor'
                ]);
            }

            $message = '邮箱或密码不正确';
            if (empty($model->email) || empty($model->password)) {
                $message = '邮箱与密码不能为空';
            }
```

```
    }

    // 渲染页面
    return $this->render('account-agent', [
        'model' => $model,
        'message' => $message,
        'return' => $return
    ]);
}

/**
 * 登录页
 */
public function actionAccount()
{
    if (\Yii::$app->session->get('CustomerLogin', false)) {
        // 已登录用户跳转到用户后台
        return $this->redirect([
            'admin/index'
        ]);
    }

    // 错误信息
    $message = '';
    // 用户模型
    $model = new Customer();

    if (\Yii::$app->request->isPost) {
        // POST 请求时，从 POST 请求中加载数据
        $model->load(\Yii::$app->request->post());
        if ($model->customValidate()) {
            // 登录成功，跳转到用户后台
            return $this->redirect([
                'admin/item'
            ]);
        }

        $message = '邮箱或密码不正确。';
        if (empty($model->email) || empty($model->password)) {
            $message = '邮箱与密码不能为空。';
        }
    }

    // 渲染登录页面
    return $this->render('account', [
        'model' => $model,
        'message' => $message
    ]);
}

/**
 * 注册页
 */
public function actionRegister()
```

```
{
    // 错误信息
    $message = '';
    // 用户模型
    $model = new Customer();

    if (\Yii::$app->request->isPost) {
        // 检查两次密码是否匹配
        $customer = Yii::$app->request->post('Customer');
        if ($customer ['password'] != $customer ['confirm-password']) {
            $message = '两次密码不匹配';
            return $this->render('register', [
                'model' => $model,
                'message' => $message
            ]);
        }

        // 从 POST 请求中加载数据
        $model->load(\Yii::$app->request->post());
        $model->id = $this->createCustomerId();
        $model->community_id = 0;
        $model->time = time();

        if ($model->save()) {
            $session = \Yii::$app->session;
            // 检查 session 是否开启
            if (!$session->isActive) {
                // 开启 session
                $session->open();
            }
            // 用户信息保存到会话
            $session->set('CustomerId', $model->id);
            $session->set('CustomerEmail', $model->email);
            $session->set('CustomerName', $model->name);
            $session->set('CustomerNumber', $model->number);
            $session->set('CustomerLogin', true);

            // 注册成功，跳转到用户后台
            return $this->redirect([
                'admin/index'
            ]);
        }
    }

    // 渲染注册页面
    return $this->render('register', [
        'model' => $model,
        'message' => $message
    ]);
}

/**
 * 退出
 */
```

```php
public function actionLogout()
{
    $session = \Yii::$app->session;
    // 检查 session 是否开启
    if (!$session->isActive) {
        // 开启 session
        $session->open();
    }
    // 清除用户信息
    $session->remove('CustomerId');
    $session->remove('CustomerEmail');
    $session->remove('CustomerName');
    $session->remove('CustomerLogin');

    // 跳转到首页
    return $this->redirect([
        'item/index'
    ]);
}

/**
 * 使用说明
 */
public function actionHowitworks()
{
    return $this->render('howitworks');
}

/**
 * 生成用户 ID
 * @param number $country 国家代码
 * @param number $community 社区代码
 * @return string
 */
protected function createCustomerId($country = 1, $community = 0)
{
    $community = sprintf('%03d', $community);
    $number = 1;
    $model = Customer::find()->where('id like :id', [
        ':id' => $country . $community . '%'
    ])->orderBy('id desc')->one();
    if ($model) {
        $number = intval(substr($model->id, 5)) + 1;
    }
    return $country . $community . sprintf('%05d', $number);
}

/**
 * 清除会话条件
 */
protected function clearRelatedSession()
{
    \Yii::$app->session->remove('Conditions');
    \Yii::$app->session->remove('PriceStr');
```

```
        \Yii::$app->session->remove('ToolsStatus');
        \Yii::$app->session->remove('SportsGoodsStatus');
        \Yii::$app->session->remove('BooksStatus');
        \Yii::$app->session->remove('VideoGamesStatus');
        \Yii::$app->session->remove('MusicInstrumentsStatus');
        \Yii::$app->session->remove('ToysAdGamesStatus');
        \Yii::$app->session->remove('ClothStatus');
        \Yii::$app->session->remove('HouseholdStatus');
        \Yii::$app->session->remove('OthersStatus');
        \Yii::$app->session->remove('Price');
    }

    /**
     * 设置种类复选框
     */
    private function recordCheckBoxStatus()
    {
        $toolsStatus = \Yii::$app->request->post('ToolsStatus');
        if ($toolsStatus == '1') {
            \Yii::$app->session->set('ToolsStatus', 1);
        } else {
            \Yii::$app->session->remove('ToolsStatus');
        }

        $sportsGoodsStatus = \Yii::$app->request->post('SportsGoodsStatus');
        if ($sportsGoodsStatus == '1') {
            \Yii::$app->session->set('SportsGoodsStatus', 1);
        } else {
            \Yii::$app->session->remove('SportsGoodsStatus');
        }

        $booksStatus = \Yii::$app->request->post('BooksStatus');
        if ($booksStatus == '1') {
            \Yii::$app->session->set('BooksStatus', 1);
        } else {
            \Yii::$app->session->remove('BooksStatus');
        }

        $videoGamesStatus = \Yii::$app->request->post('VideoGamesStatus');
        if ($videoGamesStatus == '1') {
            \Yii::$app->session->set('VideoGamesStatus', 1);
        } else {
            \Yii::$app->session->remove('VideoGamesStatus');
        }

        $musicInstrumentsStatus = \Yii::$app->request-
>post('MusicInstrumentsStatus');
        if ($musicInstrumentsStatus == '1') {
            \Yii::$app->session->set('MusicInstrumentsStatus', 1);
        } else {
            \Yii::$app->session->remove('MusicInstrumentsStatus');
        }

        $toysAdGamesStatus = \Yii::$app->request->post('ToysAdGamesStatus');
```

```php
        if ($toysAdGamesStatus == '1') {
            \Yii::$app->session->set('ToysAdGamesStatus', 1);
        } else {
            \Yii::$app->session->remove('ToysAdGamesStatus');
        }

        $clothStatus = \Yii::$app->request->post('ClothStatus');
        if ($clothStatus == '1') {
            \Yii::$app->session->set('ClothStatus', 1);
        } else {
            \Yii::$app->session->remove('ClothStatus');
        }

        $householdStatus = \Yii::$app->request->post('HouseholdStatus');
        if ($householdStatus == '1') {
            \Yii::$app->session->set('HouseholdStatus', 1);
        } else {
            \Yii::$app->session->remove('HouseholdStatus');
        }

        $othersStatus = \Yii::$app->request->post('OthersStatus');
        if ($othersStatus == '1') {
            \Yii::$app->session->set('OthersStatus', 1);
        } else {
            \Yii::$app->session->remove('OthersStatus');
        }
    }
}


<!DOCTYPE html>
<html lang="zh-CN">
  <head>
    <meta charset="utf-8">
    <meta http-equiv="X-UA-Compatible" content="IE=edge">
    <meta name="viewport" content="width=device-width, initial-scale=1">
    <title>社区市场系统</title>

    <link href="css/bootstrap.css" rel="stylesheet">

    <!--[if lt IE 9]>
      <script src="https://cdn.bootcss.com/html5shiv/3.7.3/html5shiv.min.js"></script>
      <script src="https://cdn.bootcss.com/respond.js/1.4.2/respond.min.js"></script>
    <![endif]-->
  </head>
  <body>
    <div class="container">
      <div class="row">
        <div class="col-xs-12">
          <h1 class="text-center">社区市场系统</h1>
          <hr/>
        </div>
      </div>
      <div class="row">
```

```
            <div class="col-xs-12">
              <div style="max-width: 320px; margin: 20px auto;">
                <div class="form-group">
                  <label for="username">用户名</label>
                  <input type="text" name="username" value="<?= $loginUser-
>name ?? '' ?>" class="form-control" id="username" placeholder="用户名">
                </div>
                <div class="form-group">
                  <label for="password">密码</label>
                  <input type="password" name="password" value="" class="form-
control" id="password" placeholder="密码">
                </div>
                <br>
                <div class="form-group text-center">
                  <button class="btn btn-primary btn-lg" id="login" type="button"
style="min-width: 300px;">登录</button>
                </div>
              </div>
            </div>
          </div>
          <div class="row">
            <div class="col-xs-12 text-center">
              <hr/>
              <h3>用户列表(默认密码：123456)</h3>
              <br>
              <div class="text-muted">
                <?php foreach ($users as $user) { ?>
                  <p><?= $user['name'] ?> (<?= $user['role'] ?>)</p>
                <?php } ?>
              </div>
            </div>
          </div>
        </div>

<script src="js/jquery-3.2.1.js"></script>
<script type="text/javascript">
$(function() {
    $('#login').on('click', function(e) {
        var username = $('#username').val();
        if ($.trim(username) == '') {
            $('#username').focus();
            alert('请输入用户名');
            return;
        }
        var password = $('#password').val();
        if ($.trim(password) == '') {
            $('#password').focus();
            alert('请输入密码');
            return;
        }
        $.post('index.php', {
            action: 'login',
            username: username,
            password: password
```

```
            }, function(result) {
                if (result && result.error) {
                    alert(result.error);
                    return;
                }
                location.href = 'index.php';
            }, 'json');
        });
    });
    </script>
  </body>
</html>
```

27.4.4 用户后台控制器

AdminController.php 为用户后台控制器,主要帮助用户发布与管理物品和需求,以及查看订单。对于代理用户,主要用于更新交易状态。代码如下:

```php
<?php

namespace app\controllers;

use app\models\Customer;
use app\models\Item;
use app\models\ItemImg;
use app\models\Need;
use app\models\NeedImg;
use app\models\Transaction;
use app\models\UploadForm;
use Yii;
use yii\data\ActiveDataProvider;
use yii\data\Pagination;
use yii\web\NotFoundHttpException;
use yii\web\UploadedFile;

/**
 * 用户后台控制器
 */
class AdminController extends \yii\web\Controller {
    /** 布局 */
    public $layout = 'admin.php';

    /**
     * 用户后台首页
     */
    public function actionIndex() {
        // 跳转到我的物品页
        return $this->redirect([
            'admin/item'
        ]);
    }

    /**
```

```
 * 发布物品页
 */
public function actionItemAdd() {
    if (!\Yii::$app->session->get('CustomerLogin', false)) {
        // 未登录用户跳转到登录页
        return $this->redirect([
            'item/account'
        ]);
    }

    // 物品模型
    $model = new Item();

    if (\Yii::$app->request->isPost) {
        // 从 POST 请求加载数据
        $model->load(\Yii::$app->request->post());
        $model->id = $this->createItemId();
        $model->owner_id = \Yii::$app->session->get('CustomerId');
        $model->community_id = 0;
        $model->rent_from = time();

        // 格式化数据
        if ($model->rent_to != "") {
            $model->rent_to = strtotime($model->rent_to);
        } else {
            $model->rent_to = 0;
        }
        if ($model->deposit == "") {
            $model->deposit = 0;
        }

        if ($model->save()) {
            if (Yii::$app->session->has('pic')) {
                // 保存物品图片
                $imagesArr = Yii::$app->session->get('pic');
                foreach ($imagesArr as $image) {
                    $itemImg = new ItemImg();
                    $itemImg->item_id = $model->id;
                    $itemImg->images = $image;
                    $itemImg->save();
                }
                Yii::$app->session->remove('pic');
            }
            // 跳转到我的物品页
            return $this->redirect(['admin/item']);
        }

        // 格式化数据
        if ($model->rent_from == 0) {
            $model->rent_from = "";
        }
        if ($model->rent_to == 0) {
            $model->rent_to = "";
        }
```

```
                if ($model->rent_from) {
                    $model->rent_from = date('m/d/y', $model->rent_from);
                }
                if ($model->rent_to) {
                    $model->rent_to = date('m/d/y', $model->rent_to);
                }
            } else {
                Yii::$app->session->remove('pic');
            }

            // 渲染发布物品页
            return $this->render('item-add', [
                'model' => $model
            ]);
        }

        /**
         * 发布需求页
         */
        public function actionNeedAdd() {
            if (!\Yii::$app->session->get('CustomerLogin', false)) {
                // 未登录用户跳转到登录页
                return $this->redirect([
                    'item/account','note' => 1
                ]);
            }

            // 需求模型
            $model = new Need();

            if (\Yii::$app->request->isPost) {
                // 从 POST 请求加载数据
                $model->load(\Yii::$app->request->post());
                $model->id = $this->createNeedId();
                $model->owner_id = \Yii::$app->session->get('CustomerId');
                $model->community_id = 0;
                $model->need_from = strtotime($model->need_from);

                if ($model->save()) {
                    if (Yii::$app->session->has('pic')) {
                        // 保存需求图片
                        $imagesArr = Yii::$app->session->get('pic');
                        foreach ($imagesArr as $image) {
                            $needImg = new NeedImg();
                            $needImg->need_id = $model->id;
                            $needImg->images = $image;
                            $needImg->save();
                        }
                        Yii::$app->session->remove('pic');
                    }
                    return $this->redirect(['admin/need']);
                }
                if ($model->need_from) {
                    $model->need_from = date('m/d/y', $model->need_from);
```

```
        }
    } else {
        Yii::$app->session->remove('pic');
    }

    // 渲染发布需求页
    return $this->render('need-add', [
        'model' => $model
    ]);
}

/**
 * 我的物品页
 */
public function actionItem() {
    if (!\Yii::$app->session->get('CustomerLogin', false)) {
        // 未登录用户跳转到登录页
        return $this->redirect([
            'item/account'
        ]);
    }

    // 查找我发布的物品
    $query = Item::find()->where([
        'owner_id' => \Yii::$app->session->get('CustomerId')
    ]);
    $dataProvider = new ActiveDataProvider([
        'query' => $query
    ]);

    // 使用翻页组件
    $pages = new Pagination([
        'totalCount' => $query->count(),'pageSize' => '5'
    ]);
    $data = $query->offset($pages->offset)->limit($pages->limit)->all();

    // 渲染页面
    return $this->render('item', [
        'dataProvider' => $dataProvider, 'data' => $data, 'pages' => $pages
    ]);
}

/**
 * 我的需求页
 */
public function actionNeed() {
    if (!\Yii::$app->session->get('CustomerLogin', false)) {
        // 未登录用户跳转到登录页
        return $this->redirect([
            'item/account'
        ]);
    }

    // 查找我发布的需求
```

```php
$query = Need::find()->where([
    'owner_id' => \Yii::$app->session->get('CustomerId')
]);
$dataProvider = new ActiveDataProvider([
    'query' => $query
]);

// 使用翻页组件
$pages = new Pagination([
    'totalCount' => $query->count(),'pageSize' => '5'
]);
$data = $query->offset($pages->offset)->limit($pages->limit)->all();

// 渲染页面
return $this->render('need', [
    'dataProvider' => $dataProvider,'data' => $data,'pages' => $pages
]);
}

/**
 * 查看物品页
 * @param string $id
 */
public function actionItemView($id) {
    return $this->render('item-view', [
        'model' => $this->findItemModel($id)
    ]);
}

/**
 * 查看需求页
 * @param string $id
 */
public function actionNeedView($id) {
    return $this->render('need-view', [
.       'model' => $this->findNeedModel($id)
    ]);
}

/**
 * 删除物品
 *
 * @param string $id
 */
public function actionItemDelete($id) {
    // 获取物品
    $model = $this->findItemModel($id);
    if ($model->status != 'available') {
        // 如果物品已下单，不能再删除，跳转到查看页
        return $this->redirect([
            'admin/item-view', 'id' => $id
        ]);
    }
```

```
        // 删除物品
        $model->delete();

        // 获取物品图片
        $itemImg = ItemImg::find()->where([
            'item_id' => $id
        ])->all();
        if ($itemImg) {
            // 删除图片文件
            foreach ($itemImg as $img) {
                $url = substr($img->images, 1);
                @unlink($url);
            }
        }
        // 删除图片数据
        ItemImg::deleteAll([
            'item_id' => $id
        ]);

        // 跳转到我的物品页
        return $this->redirect([
            'admin/item'
        ]);
    }

    /**
     * 删除需求
     * @param string $id
     */
    public function actionNeedDelete($id) {
        // 删除需求
        $this->findNeedModel($id)->delete();
        // 获取需求图片
        $needImg = NeedImg::find()->where([
            'need_id' => $id
        ])->all();

        if ($needImg) {
            // 删除需求图片文件
            foreach ($needImg as $img) {
                $url = substr($img->images, 1);
                @unlink($url);
            }
        }
        // 删除图片数据
        NeedImg::deleteAll([
            'need_id' => $id
        ]);

        // 跳转到我的需求页
        return $this->redirect([
            'admin/need'
        ]);
    }
```

```
/**
 * 更新物品页
 * @param string $id
 */
public function actionItemUpdate($id) {
    // 获取物品
    $model = $this->findItemModel($id);
    if ($model->status != 'available') {
        // 如果物品已下单，不能再编辑，跳转到查看页
        return $this->redirect([
            'admin/item-view', 'id' => $id
        ]);
    }
    // 获取物品图片
    $imageArr = ItemImg::find()->where([
        'item_id' => $id
    ])->asArray()->all();

    if (Yii::$app->request->isPost) {
        // 从 POST 请求加载数据
        if ($model->load(Yii::$app->request->post())) {
            $model->rent_from = time();
            // 格式化数据
            if ($model->rent_to != "") {
                $model->rent_to = strtotime($model->rent_to);
            } else {
                $model->rent_to = 0;
            }
            if ($model->deposit == "") {
                $model->deposit = 0;
            }

            if ($model->save()) {
                // 跳转到物品查看页
                return $this->redirect([
                    'admin/item-view', 'id' => $model->id
                ]);
            }
        }
    }

    // 格式化数据
    if ($model->rent_from == 0) {
        $model->rent_from = "";
    }
    if ($model->rent_to == 0) {
        $model->rent_to = "";
    }
    if ($model->rent_from) {
        $model->rent_from = date('m/d/y', $model->rent_from);
    }
    if ($model->rent_to) {
        $model->rent_to = date('m/d/y', $model->rent_to);
```

```
    }
    Yii::$app->session->remove('pic');

    // 渲染物品更新页
    return $this->render('item-update', [
        'model' => $model,'imageArr' => $imageArr,'id' => $id
    ]);
}

/**
 * 更新需求页
 * @param string $id
 */
public function actionNeedUpdate($id)
{
    // 获取需求
    $model = $this->findNeedModel($id);
    // 获取需求图片
    $imageArr = NeedImg::find()->where([
        'need_id' => $id
    ])->asArray()->all();

    if (Yii::$app->request->isPost) {
        // 从 POST 请求加载数据
        if ($model->load(Yii::$app->request->post())) {
            $model->owner_id = \Yii::$app->session->get('CustomerId');
            $model->community_id = 0;
            $model->need_from = strtotime($model->need_from);
        }

        if ($model->save()) {
            if (Yii::$app->session->has('pic')) {
                // 保存需求图片
                $imagesArr = Yii::$app->session->get('pic');
                foreach ($imagesArr as $image) {
                    $needImg = new NeedImg();
                    $needImg->need_id = $model->id;
                    $needImg->images = $image;
                    $needImg->save();
                }
                Yii::$app->session->remove('pic');
            }
            // 跳转到查看页
            return $this->redirect([
                'admin/need-view', 'id' => $id
            ]);
        }
    }
    Yii::$app->session->remove('pic');

    // 渲染页面
    return $this->render('need-update', [
        'model' => $model,
        'imageArr' => $imageArr,
```

```php
            'id' => $id
        ]);
}

/**
 * 我的交易记录页
 */
public function actionTransaction() {
    if (!\Yii::$app->session->get('CustomerLogin', false)) {
        // 未登录用户跳转到登录页
        return $this->redirect([
            'item/account'
        ]);
    }

    // 查找我的交易记录
    $query = Transaction::find()->where([
        'renter_id' => \Yii::$app->session->get('CustomerId')
    ]);
    $dataProvider = new ActiveDataProvider([
        'query' => $query
    ]);

    // 使用翻页组件
    $pages = new Pagination([
        'totalCount' => $query->count(),
        'pageSize' => '5'
    ]);
    $data = $query->offset($pages->offset)->limit($pages->limit)->all();

    // 渲染页面
    return $this->render('transaction', [
        'dataProvider' => $dataProvider,
        'data' => $data,
        'pages' => $pages
    ]);
}

/**
 * 交易一览页
 */
public function actionMonitor()
{
    if (!\Yii::$app->session->get('CustomerLogin', false)) {
        // 未登录用户跳转到登录页
        return $this->redirect([
            'item/account-agent'
        ]);
    }

    // 查找所有交易记录
    $query = Transaction::find();
    $dataProvider = new ActiveDataProvider([
        'query' => $query
```

```
        ]);

        // 使用翻页组件
        $pages = new Pagination([
            'totalCount' => $query->count(),
            'pageSize' => '5'
        ]);
        $data = $query->offset($pages->offset)->limit($pages->limit)->all();

        // 渲染页面
        return $this->render('monitor', [
            'dataProvider' => $dataProvider,
            'data' => $data,
            'pages' => $pages
        ]);
    }

    /**
     * 交易更新页
     * @param string $id
     */
    public function actionMonitorUpdate($id)
    {
        if (!\Yii::$app->session->get('CustomerLogin', false)) {
            // 未登录用户跳转到登录页
            return $this->redirect([
                'item/account-agent'
            ]);
        }

        // 获取交易模型
        $model = $this->findMonitorModel($id);

        if (Yii::$app->request->isPost) {
            if ($model->load(Yii::$app->request->post())) {
                if ($model->status == 'in-rent' && !$model->start_time) {
                    // 租赁开始时间
                    $model->start_time = time();
                }
                if ($model->status == 'complete' && !$model->end_time) {
                    // 交易结束时间
                    $model->end_time = time();
                }
                if ($model->save()) {
                    if ($model->status != 'requested') {
                        $item = Item::findOne($model->item_id);
                        if ($item) {
                            if ($model->for_rent_or_sale == 'rent') {
                                $item->status = $model->status == 'complete' ?
'available' : 'requested';
                                $item->save();
                            } else if ($model->for_rent_or_sale == 'sale' &&
$model->status == 'complete') {
                                $item->status = $model->status;
```

```
                                      $item->save();
                            }
                     }
              }
              $this->redirect([
                     'admin/monitor'
              ]);
         }
       }
    }

    // 渲染页面
    return $this->render('monitor-update', [
         'model' => $model
    ]);
  }

  /**
   * 上传图片
   */
  public function actionUploadImage() {
    $uploadFormModel = new UploadForm();
    $id = Yii::$app->request->get('id', false);

    if (Yii::$app->request->isAjax) {
        $uploadFormModel->file =
UploadedFile::getInstance($uploadFormModel, 'pic');
        if ($uploadFormModel->file && $uploadFormModel->validate()) {
            // 保存图片
            $file = time() . '.' . $uploadFormModel->file->extension;
            $uploadFormModel->file->saveAs('upload/picture/' . $file);
            $url = '/upload/picture/' . $file;

            // 设置图片到会话
            if (Yii::$app->session->has('pic')) {
                $tmp = Yii::$app->session->get('pic');
                array_push($tmp, $url);
                Yii::$app->session->set('pic', $tmp);
            } else {
                $tmp = array($url);
                Yii::$app->session->set('pic', $tmp);
            }
            if ($id) {
                // 生成图片
                $itemImg = new ItemImg();
                $itemImg->item_id = $id;
                $itemImg->images = $url;
                $itemImg->save();
                $needImg = new NeedImg();
                $needImg->need_id = $id;
                $needImg->images = $url;
                $needImg->save();
            }
```

```
                  // 返回图片地址
                  return json_encode(array(
                      'imgUrl' => $url
                  ));
              }
          }
      }

      /**
       * 删除图片
       */
      public function actionDeleteImg() {
          // 获取图片
          $img = \Yii::$app->request->post('img');
          if ($img == null) {
              $img = \Yii::$app->request->get('img');
          }
          $file = \Yii::$app->basePath . "/web" . $img;

          if (\Yii::$app->session->has('pic')) {
              $tmp_new = [];
              $tmp = \Yii::$app->session->get('pic');
              if (!empty($tmp)) {
                  foreach ($tmp as $record) {
                      if (strpos($record, $img) === false) {
                          array_push($tmp_new, $record);
                      }
                  }
              }
              \Yii::$app->session->set('pic', $tmp_new);
          }

          // 删除物品图片
          $itemImg = ItemImg::find()->where([
              'images' => $img
          ])->one();
          if ($itemImg) {
              $itemImg->delete();
          }

          // 删除需求图片
          $needImg = NeedImg::find()->where([
              'images' => $img
          ])->one();
          if ($needImg) {
              $needImg->delete();
          }

          @unlink($file);
          return $file;
      }

      /**
       * 我的档案页
       */
      public function actionProfile() {
```

```php
    if (!\Yii::$app->session->get('CustomerLogin', false)) {
        // 未登录用户跳转到登录页
        return $this->redirect([
            'item/account'
        ]);
    }

    // 错误信息
    $message = '';
    // 用户信息
    $model = Customer::findOne(Yii::$app->session->get('CustomerId'));

    $errors = array();
    if (Yii::$app->request->isPost) {
        $post = Yii::$app->request->post();
        if (empty($post ['Customer'] ['change-password'])) {
            unset($post ['Customer'] ['password']);
        }
        // 从 POST 请求加载数据
        if ($model->load($post)) {
            if (!empty($post ['Customer'] ['change-password'])) {
                // 验证原密码
                if (!$model->customValidate()) {
                    $model->addError('password', '请输入正确的原密码');
                } else {
                    if ($post ['Customer'] ['new-password'] == '') {
                        $errors ['new-password'] = '新密码不能为空';
                    }
                    if ($post ['Customer'] ['new-password'] != $post
['Customer'] ['confirm-password']) {
                        $errors ['confirm-password'] = '两次密码不匹配';
                    }
                    if (empty($errors)) {
                        $model->password = $post ['Customer'] ['new-password'];
                    }
                }
            }
            if (empty($errors) && $model->save()) {
                $message = '更新成功';
            }
        }
    }

    // 渲染页面
    return $this->render('profile', [
        'model' => $model, 'message' => $message, 'errors' => $errors
    ]);
}

/**
 * 创建物品 ID
 * @param number $country 国家代码
 * @param number $community 社区代码
 */
protected function createItemId($country = 1, $community = 0) {
```

```
    $community = sprintf('%03d', $community);
    $number = 1;
    $model = Item::find()->where('id like :id', [
        ':id' => $country . $community . '%'
    ])->orderBy('id desc')->one();
    if ($model) {
        $number = intval(substr($model->id, 5)) + 1;
    }
    return $country . $community . sprintf('%05d', $number);
}

/**
 * 创建需求 ID
 * @param number $country 国家代码
 * @param number $community 社区代码
 */
protected function createNeedId($country = 1, $community = 0) {
    $community = sprintf('%03d', $community);
    $number = 1;
    $model = Need::find()->where('id like :id', [
        ':id' => $country . $community . '%'
    ])->orderBy('id desc')->one();
    if ($model) {
        $number = intval(substr($model->id, 5)) + 1;
    }
    return $country . $community . sprintf('%05d', $number);
}

/**
 * 获取物品模型
 *
 * @param integer $id
 */
protected function findItemModel($id) {
    if (($model = Item::findOne($id)) !== null) {
        return $model;
    } else {
        throw new NotFoundHttpException('请求的物品不存在');
    }
}

/**
 * 获取需求模型
 *
 * @param integer $id
 */
protected function findNeedModel($id) {
    if (($model = Need::findOne($id)) !== null) {
        return $model;
    } else {
        throw new NotFoundHttpException('请求的需求不存在');
    }
}

/**
 * 获取交易模型
```

```
 *
 * @param integer $id
 */
protected function findMonitorModel($id)
{
    if (($model = Transaction::findOne($id)) !== null) {
        return $model;
    } else {
        throw new NotFoundHttpException('请求的交易不存在');
    }
}
}
```

27.4.5 数据模型的文件

Models 文件夹下包含了很多数据模型文件，主要实现数据表 category(物品分类)、comment(留言)、customer(用户)、item(物品)、item_img(物品图片)、need(需求)、need_img(需求图片)、timetype(时间类型)、transaction(交易)和 type(交易方式)的模型。

下面查看一下 Customer.php(用户数据模型)的代码：

```php
<?php

namespace app\models;

use Yii;

/**
 * 用户数据模型
 *
 * @property integer $id
 * @property string $name
 * @property string $email
 * @property string $password
 * @property string $extkey
 * @property integer $community_id
 * @property integer $customer_type
 */
class Customer extends \yii\db\ActiveRecord
{
    /**
     * @inheritdoc
     */
    public static function tableName()
    {
        return 'customer';
    }

    /**
     * @inheritdoc
     */
    public function rules()
    {
        return [
            [['id', 'name', 'email', 'password', 'community_id','time'], 'required'],
```

```
            [['id', 'community_id','customer_type','time'] ,'integer'],
            [['name', 'email', 'password','number'], 'string', 'max' => 50],
        //[['name'], 'unique'],
            [['email'], 'unique'],
            [['email'], 'email'],
        //[['number'], 'unique'],
        ];
    }

    /**
     * @inheritdoc
     */
    public function attributeLabels()
    {
        return [
            'id' => 'ID',
            'name' => '名字',
            'email' => '邮箱',
            'password' => '密码',
            'extkey' => 'Ext Key',
            'community_id' => '社区',
            'time' => '时间',
            'number' => '手机号码',
        ];
    }

    /**
     * @inheritdoc
     */
    public function beforeSave($insert)
    {
        $this->password = md5($this->password);
        return true;
    }

    /**
     * 用户登录验证，检查用户名与密码是否匹配
     * @return boolean
     */
    public function customValidate()
    {
        $customer = static::findOne([
            'email' => $this->email
        ]);

        if ($customer) {
            if ($customer->password === md5($this->password)) {
                $session = Yii::$app->session;

                // 检查 session 是否开启
                if (!$session->isActive) {
                    // 开启 session
                    $session->open();
                }
                $session->set('CustomerId', $customer->id);
                $session->set('CustomerEmail', $customer->email);
```

```
        $session->set('CustomerName', $customer->name);
        $session->set('CustomerLogin', true);
        $session->set('isAgent', $customer->customer_type == 99);
        return true;
    }
}

    return false;
    }
}
```

由于社区市场系统的文件太多，这里只讲解了核心的文件。对于其他文件，读者可以参照本书的源文件进行查看即可。

27.5 系 统 测 试

下面测试社区市场系统的功能。具体操作步骤如下。

step 01 在浏览器的地址栏中输入社区交易系统的主页的地址：http://localhost/code/ch27/web/index.php，结果如图 27-5 所示。

图 27-5 社区市场主页面

step 02 单击"使用说明"按钮，即可查看社区物品分享的流程，如图 27-6 所示。

图 27-6 查看社区物品分享的流程

step 03 在主页面中单击"代理"链接，即可进入代理登录页面，输入代理的名称和密码，如图 27-7 所示。

图 27-7 代理登录页面

step 04 单击"登录"按钮，即可进入代理的后台页面，可以查看系统的交易记录和我的档案信息，如图 27-8 所示。

step 05 单击"登出"链接，即可退回到系统主页面中。单击"注册"链接，即可进入社区用户注册页面，如图 27-9 所示。输入注册信息后，单击"注册"按钮，即可完成用户注册的操作。

step 06 注册成功后，即可在主页面中单击"登录"链接，进入用户登录页面，输入用户名和密码后，单击"登录"按钮即可，如图 27-10 所示。

图 27-8 代理后台页面

图 27-9 注册页面

图 27-10 社区登录页面

step 07 登录成功后，进入用户的后台管理页面，默认选择"我的物品"选项，可以看出，用户还没有发布物品，如图 27-11 所示。

图 27-11　社区用户管理页面

step 08 进入"发布您的物品"页面，根据页面的提示，输入物品的相关信息即可，如图 27-12 所示。

图 27-12　"发布您的物品"页面

step 09 如果需要上传图片信息，可以单击"上传"按钮，在打开的"选择要加载的文件"对话框中选择需要上传的图片，如图 27-13 所示。

step 10 单击"打开"按钮，返回到"发布您的物品"页面，单击"发布物品"按钮，弹出确认发布信息对话框，如图 27-14 所示。

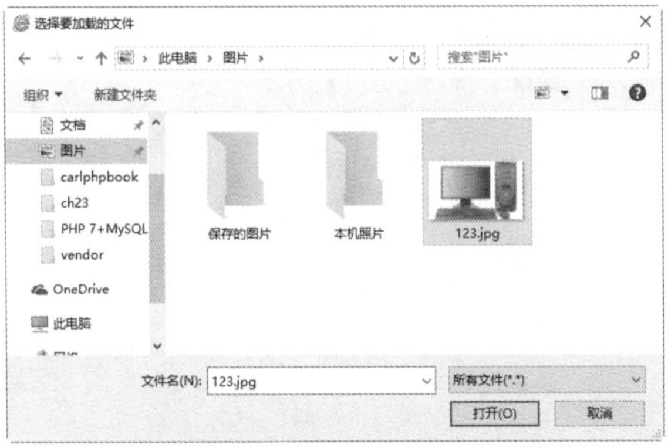

图 27-13　"选择要加载的文件"对话框

物品信息

物品名	九成新电脑转让
种类	工具
详细说明	刚刚使用了三个月的电脑需要转让,需要的速度下手哦
有效时间	08/31/2017
出售	
价格	2600

确认　关闭

图 27-14　确认发布信息

step 11 单击"确认"按钮,即可完成物品的发布操作。在物品列表中可以看到刚刚发布的物品信息,用户可以编辑和删除发布的物品信息,如图 27-15 所示。

图 27-15　成功发布物品信息

step 12 在左侧列表中选择"我的需求"选项,进入"我的需求"页面,如图 27-16 所示。

step 13 单击"添加"按钮,进入"发布您的需求"页面,根据页面提示输入需求信息,如图 27-17 所示。

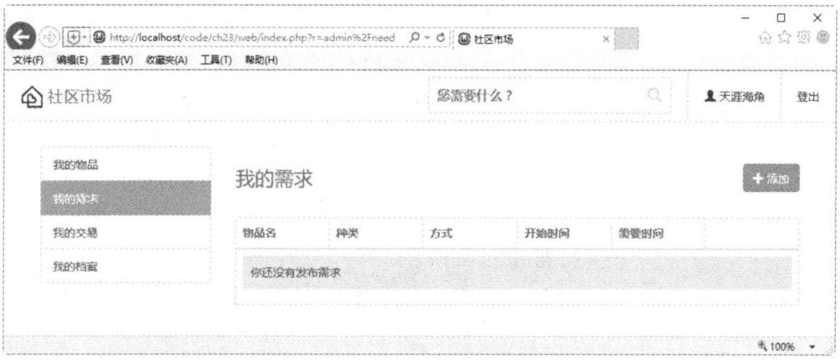

图 27-16 "我的需求"页面

图 27-17 "发布您的需求"页面

step 14 单击"发布需求"按钮，返回"我的需求"页面，即可完成发布物品需求的操作。在需求列表中可以看到刚刚发布的需求信息，用户可以编辑和删除发布的需求信息，如图 27-18 所示。

图 27-18 发布的需求信息

step 15 在左侧列表中选择"我的交易"选项,进入"交易记录"页面,如图27-19所示。

图27-19 "交易记录"页面

step 16 在左侧列表中选择"我的档案"选项,进入"编辑档案"页面,用户可以修改名称、邮箱、手机号码、密码等信息,如图27-20所示。

图27-20 "编辑档案"页面

step 17 单击"社区市场"链接,返回社区市场主页面,即可看到发布的物品转让信息,如图27-21所示。

step 18 如果其他用户单击发布的物品转让信息,即可进入物品转让详情页面,如图 27-22 所示。

step 19 单击"我有问题"按钮,即可在弹出的页面中输入需要咨询的问题,单击"提问"按钮,即可提出疑问,如图27-23所示。

step 20 如果没有疑问,可以在物品转让详情页面中单击"购买"按钮,打开确认购买信息页面,如图27-24所示。

图 27-21　社区市场主页面

图 27-22　物品转让详情页面

图 27-23　我的问题页面

图 27-24　确认购买信息页面

step 21 单击"确认"按钮，即可成功下单。单击"确定"按钮，即可完成购买物品的操作，如图 27-25 所示。

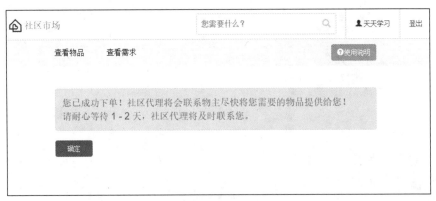

图 27-25　成功下单页面

step 22 此时以代理账号登录，即可在交易记录中查看到社区用户下的订单，如图 27-26 所示。

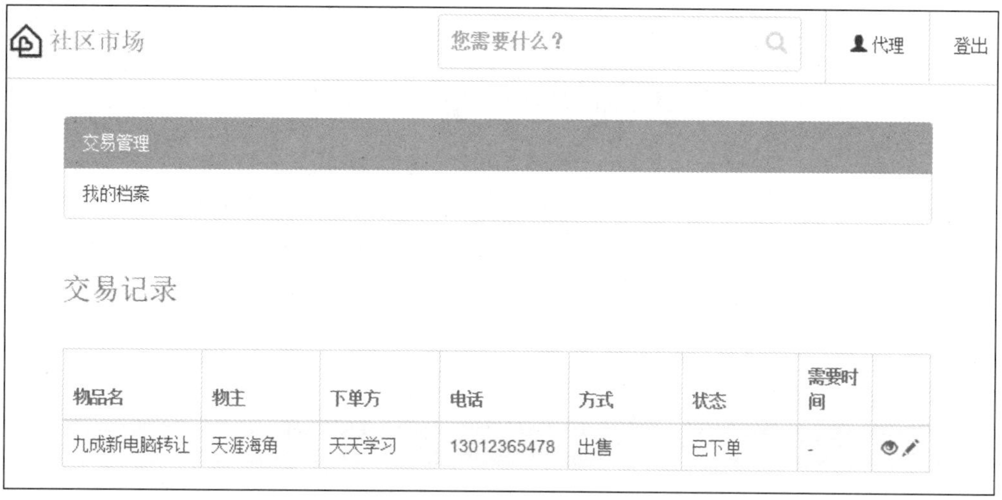

	社区市场	您需要什么？		代理	登出

交易管理
我的档案

交易记录

物品名	物主	下单方	电话	方式	状态	需要时间	
九成新电脑转让	天涯海角	天天学习	13012365478	出售	已下单	-	👁 ✏

图 27-26　查看交易记录